KB041453

Lim Kyung Keun

Hair Style Design-Technology Manual

임경근 헤어스타일 디자인-기술 매뉴얼

Written by Lim, Kyung Keun

Written by Lim, Kyung Keun

임경근은 국내 및 일본 헤어숍 8년 근무, 세계적인 두발 화장품 회사 근무, 헤어숍 운영 28년의 경험을 쌓고 있으며, 90년대 중반부터 얼굴형, 신체의 인체 치수를 연구하고 관상 심리를 연구했으며, 헤어스타일 디자인을 위해 미술을 시작하여 미용 이론과 현장 경험을 토대로 디자인적 가치관을 정립하여 독창적 헤어스타일 디자인을 창출하는 데 노력하고 있습니다.

15년 전부터 AI 시대를 대응하여 얼굴형을 분석하여 헤어스타일을 상담하고 정보를 공유하는 시스템에 대한 연구를 통해 관련 기술과 콘텐츠를 축적하고 있으며, 차별화되고 혁신적인 헤어숍 시스템 서비스를 준비하고 있습니다.

임경근은 헤어 메이크업뿐만 아니라 미술, 포토그래피, 디자인(웹, 앱디자인, 편집디자인, 인테리어 디자인 등), 디지털 일러스트레이션을 토대로 헤어스타일 디자인과 트렌드를 제시하고 퀄리티 높은 콘텐츠를 제작하고 있습니다.

저서

- Hair Mode 2000(헤어스타일 일러스트레이션 & 헤어 커트 이론)
- Hair Mode 2001(헤어스타일 일러스트레이션 & 헤어 커트 이론)
- Hair Design & Illustration
- Interactive Hair Mode(헤어스타일 일러스트레이션)
- Interactive Hair Mode(기술 매뉴얼)
- Lim Kyung Keun Creative Hair Style Design
- Lim Kyung Keun Hair Style Design-Woman Short Hair 270
- Lim Kyung Keun Hair Style Design-Woman Medium Hair 297
- Lim Kyung Keun Hair Style Design-Woman Long Hair 233
- Lim Kyung Keun Hair Style Design-Man Hair 114
- Lim Kyung Keun Hair Style Design-Technology Manual

들어가기 전에 • • •

자연과 사람을 사랑하면 아름다운 헤어스타일을 디자인할 수 있습니다

이제는 개성 있는 다양한 헤어스타일을 디자인해야 합니다!

사람들은 자신의 얼굴형에 잘 어울리면서 건강한 머릿결과 손질하기 편한 개성 있는 헤어스타일을 하고 싶어 합니다.

저자인 임경근은 1990년대 초부터 예술과 과학을 통한 아름다움 창조라는 가치를 추구해 왔습니다.
얼굴형과 신체의 인체 치수 연구를 하고 헤어스타일 디자인을 위해 미술을 시작했습니다.
건강한 머릿결을 유지하면서 손질하기 편한 헤어스타일을 조형하기 위한 과학적이고 체계적인 헤어 커트 기법을 연구하던 중 1990년대 후반 역학적인 원리를 이용한 헤어스타일 조형 기법을 개발했습니다.
인공지능 시대가 빠르게 다가오고 사람들의 가치관, 미의식도 변화하여 자신만의 아름다운 개성을 표현하고 싶어 합니다.
단순한 몇 가지의 헤어스타일을 반복해서는 좋은 헤어스타일을 할 수가 없습니다.
사람들을 분석하고 사람들에게 어울리고 사람들이 좋아하는 다양한 고급스러운 헤어스타일의 개성을 디자인하여야 합니다.
자신에게 어울리고 자신의 개성을 자유롭게 표현할 수 있는 자신만의 헤어스타일을 해야 다양한 개성이 표출되고 뷰티 문화가 발전합니다.

한류, K뷰티가 세계 사람들에게 전해지고 좋아한다고 합니다.
우리의 뷰티 문화가 세계의 사람들과 공유되고 진정으로 소통되려면 모방되거나 획일적 헤어스타일이 아닌 창조적이고 개성화되고 독창적인 헤어스타일을 디자인하여야 합니다.
문화는 다양성을 추구하고 소비되었을 때 발전합니다.

저자인 임경근의 헤어스타일 디자인의 토대는 자연과 사람입니다.
자연과 사람을 사랑하고 좋아하면 좋은 디자인을 할 수 있습니다.

2022년 8월 15일
임 경 근

CONTENTS

CONTENTS

CONTENTS

professional hair cut
헤어 커트의 고급화

- slow: 가위의 움직임을 부드럽게 섬세하고 정성스럽게 합니다.
- detail: 체계적이고 정성스럽게 커트해서 완성도를 크게 높여야 합니다.
- quality: 고객이 감동할 수 있는 고급스러운 헤어스타일을 완성해야 합니다.

|역학적인 원리를 이용한 헤어스타일 조형|

|고객은 예쁘고 손질하기 편한 헤어스타일을 하고 싶어합니다|

|역학적인 원리를 이해하면 특별한 기술력이 완성됩니다|

역학적인 원리란 자전에 의한 모류, 중력 관계, 모발 탄력 관계의 원리를 이해하고 활용하면 고객이 원하는 모발 흐름, 헤어디자이너가 원하는 모발 흐름을 쉽게 만들어 다양한 헤어스타일 디자인에 활용할 수 있고 손질하기 편한 헤어스타일을 할 수 있는 조형 기법입니다.
인터내셔널 커트 메뉴얼을 토대로 특별히 개발된 임경근의 커트 기법을 이해하면 최단 시간 최고의 기술력이 완성됩니다.

예술과 과학을 통한 아름다움 창조

사람들은
건강한 머릿결, 얼굴형에 어울리는 개성 있는 헤어스타일,
손질하기 편한 헤어스타일을 좋아합니다.

제1장 아름답고 손질하기 편한 헤어스타일 조형

| 역학적인 원리를 이용한 헤어스타일 조형 원리 |

두상에 나 있는 머리카락은 가르마를 중심으로 45°~60°의 모류를 형성하고 있습니다.
왼손보다 오른손을 선호하고, 운동장을 돌 때 오른쪽에서 왼쪽으로 도는 것이 자연스럽고, 넝쿨손의 회전 방향도 지구의 자전에 영향을 받고 있음을 알 수 있습니다.

지구에 살고 있는 우리의 인체는 수많은 힘에 의해 영향을 받고, 특히 두상에 나있는 머리카락은 자전, 중력, 탄력의 힘 등에 지배받는 것입니다.
두발은 자전, 중력, 탄력의 힘과 같은 역학의 원리에 지배되며 그 밸런스에 의해 정지, 운동, 방향성 조화, 불안정이 결정됩니다.
머리카락에 미치는 탄력의 힘에 의해 균형 조화 안정 운동 등의 역학적 작용으로 인해 아름다운 헤어스타일이 연출됩니다.

모발을 조형하여 헤어스타일을 연출하는 헤어디자이너는 모발에 미치는 역학적 원리를 이해하고 활용하는 과학적 사고가 중요하며, 이러한 역학적 원리를 파마, 헤어 커트에 활용하면 뻗치는 헤어스타일과 안말음 헤어스타일이 섞여서 자유로움을 표현하는 혼합 헤어스타일의 조형이 쉬워집니다.
역학적 원리를 이용하면 헤어디자이너가 원하는 흐름, 고객이 원하는 흐름을 쉽게 연출하여 손질하기 편한 헤어스타일을 조형할 수 있습니다.

|역학적인 원리를 이용한 헤어스타일 흐름|

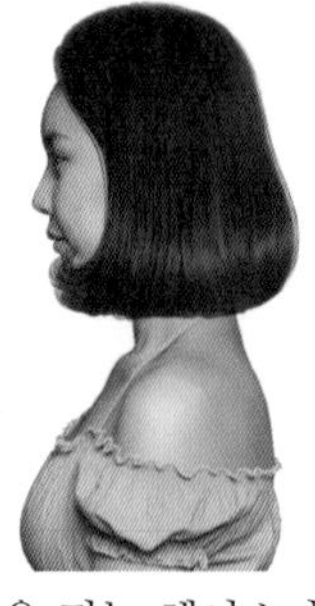
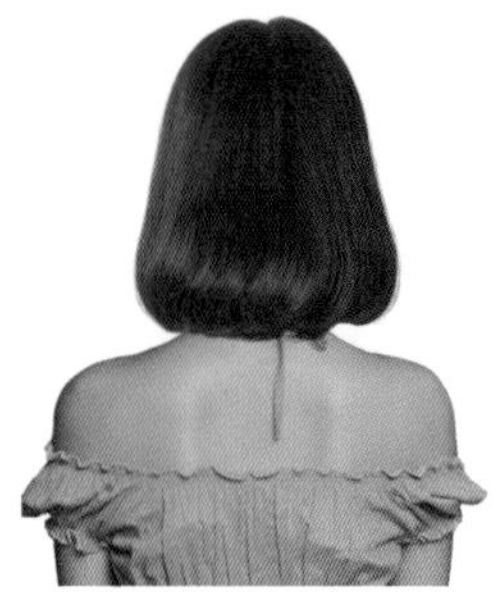

안말음 되는 헤어스타일

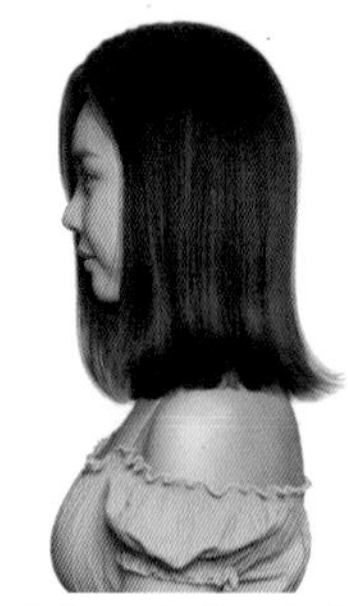
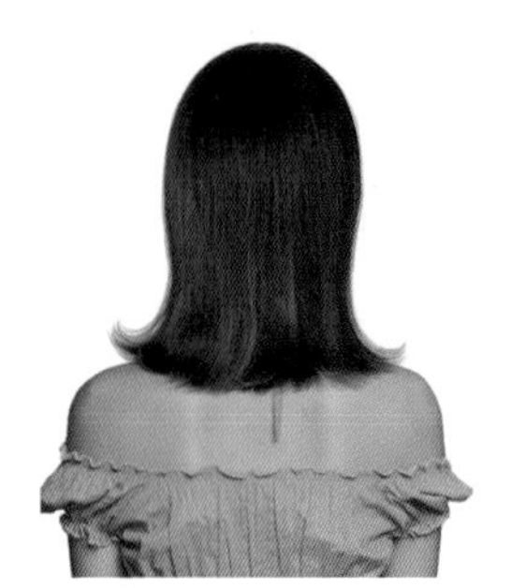

뻗치는 헤어스타일

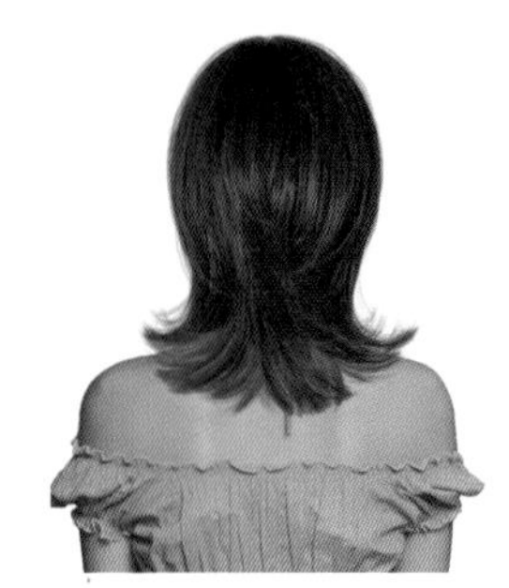

혼합 헤어스타일

머리카락은 지구 자전에 의한 모류, 중력, 모발 자체의 탄력의 힘, 모발의 굽힘, 비틀림과 같은 역학적 힘에 의해 지배되며 그 밸런스에 의해 운동, 정지, 방향, 조화, 불안정이 결정됩니다.
모든 헤어스타일을 3가지로 분류하면 안말음, 뻗치는, 혼합 흐름으로 구분할 수 있습니다.

역학적 원리를 이용하면 차분하고 단정한 이미지의 안말음 흐름, 경쾌한 이미지의 뻗치는 흐름, 자유롭고 개성적인 혼합 헤어스타일(안말음, 뻗치는 흐름이 혼합된)을 연출할 수 있어서 헤어스타일리스트가 원하는 흐름, 고객이 원하는 흐름을 쉽게 연출하여 손질하기 편한 헤어스타일을 조형할 수 있습니다.

|손질하기 편한 헤어스타일의 조형 원리 요소|

안말음 헤어스타일

뻗치는 헤어스타일

혼합 헤어스타일

모든 헤어스타일을 3가지로 분류하면 안말음 헤어스타일, 뻗치는 헤어스타일, 혼합 헤어스타일로 분류할 수 있습니다.
모발의 여러 조건(모류, 모발량, 모질, 직모, 곱슬머리, 웨이브 컬의 크기 조절)을 분석하여 헤어스타일 조형에 활용하면 디자이너가 고객이 원하는 흐름을 쉽게 연출하여 손질하기 편한 헤어스타일을 조형할 수 있습니다.

모발에 흐름에 영향을 미치는 여러 조건을 분석합니다.

- 탄력이 강한 것은 약한 것을 끌어당기는 힘이 있습니다.
- 탄력의 차가 클수록 이쪽저쪽으로 독립합니다.
- 탄력의 차가 적으면 같은 흐름을 유지하려고 합니다.
- 두껍고(무겁다) 탄력이 강한 머리카락일수록 제자리에 있으려는 성질(관성)이 크기 때문에 모발량의 조절, 컬의 크기 조절, 길이 조절이 중요합니다.
- 두피에서 45°~60°의 각도로 회전하는 모류를 이용하면 손질하기 편한 모류를 얻을 수 있습니다.
- 전체적인 헤어스타일 흐름은 뿌리 부분의 탄력과 흐름에 따라 가려고 합니다.
- 수직, 수평, 사선의 흐름은 자전, 중력에 영향을 받고 있으며 길이와 모발량을 조절하여 무게감을 조절하면 원하는 방향성을 얻을 수 있습니다.
- 헤어스타일의 밸런스는 헤어스타일의 언더 부분의 모발 탄력의 역학 관계에 의해 모발의 흐름이 결정됩니다.
- 곱슬머리의 굽힘, 비틀림의 파장을 활용하여 길이를 조절하면 특별한 방향성을 얻을 수 있습니다.

| 모발의 탄력 관계의 힘을 이용한 헤어스타일 조형 |

야구에서 투수가 볼의 회전 방향, 회전수, 힘을 조절하여 투구를 하면 야구공의 회전과 힘, 중력의 힘이 작용하여 타자 앞을 지날 때에 볼 끝의 흐름이 결정됩니다.
헤어 커트, 파마를 할 때 모발의 탄력 관계, 자전과 중력이 모발에 미치는 영향을 분석해서 활용하면 손질하기 편한 헤어스타일을 조형할 수 있습니다.

- 자전과 중력이 모발에 미치는 영향
  모발의 수직, 수평의 흐름은 중력의 영향을 받고 있으며 헤어 커트 시 틴닝, 깎기의 콤비네이션 기법으로 모발량을 조절하고 무게감을 조절하면, 모발의 뿌리, 중간, 끝부분의 질감을 만들면 헤어스타일의 형태와 원하는 표정을 연출하여 손질하기 편한 헤어스타일을 연출할 수 있습니다.
- 모발이 굵고 길수록 중력의 영향을 더 받습니다.
  자전의 영향으로 가마를 중심으로 45°~60°의 방향성의 모류를 형성하는 데 흐름을 활용하면 손질하기 편한 자연스러운 헤어스타일을 조형할 수 있습니다.

모발의 탄력 상관표

구분	탄력의 힘이 강하다	탄력의 힘이 약하다
모발량	많다	적다
모질	경모	연모
길이	짧다	길다
컬의 크기	작다	크다
컬의 수	많다	적다
근원과 모선	근원	모선

* 탄력이 강한 것은 약한 것을 흡수하려는 역학적 힘이 있기 때문에 힘의 관계를 활용하면 균형적인 흐름, 불균형 흐름, 혼합 흐름(균형, 불균형 혼합 흐름)을 만들 수 있어 손질하기 편한 헤어스타일 디자인을 할 수 있습니다.

|힘의 밸런스를 활용한 헤어스타일 조형|

모발의 탄력의 힘과 자전과 중력에 미치는 영향을 활용하여 파마, 커트를 하면 원하는 방향성을 얻을 수 있습니다.

• 수직 운동(안말음 흐름)

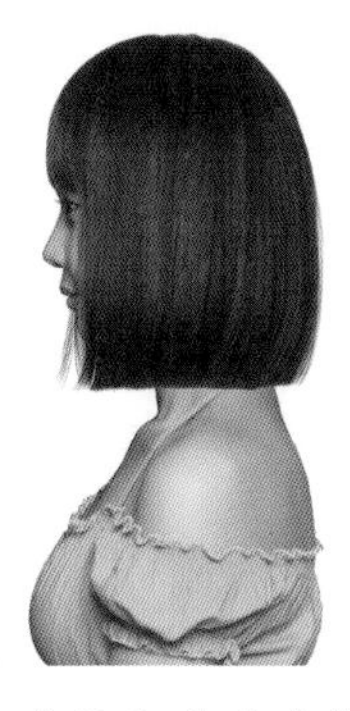
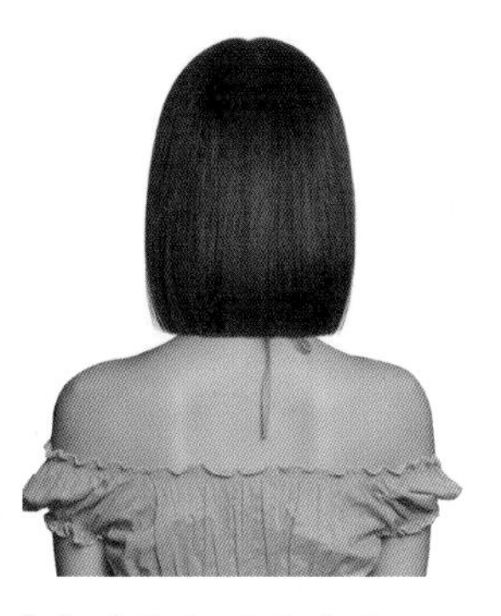
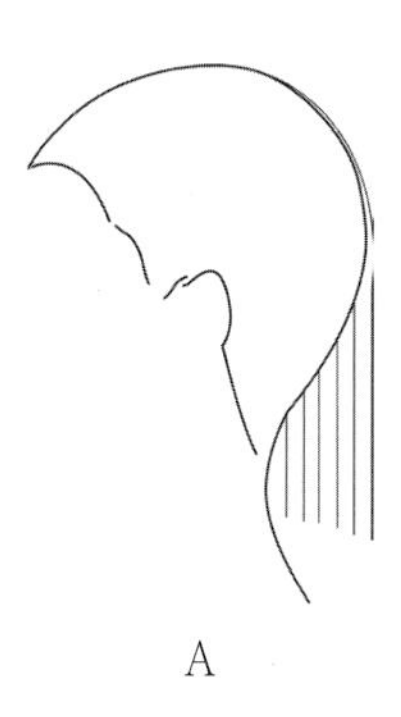

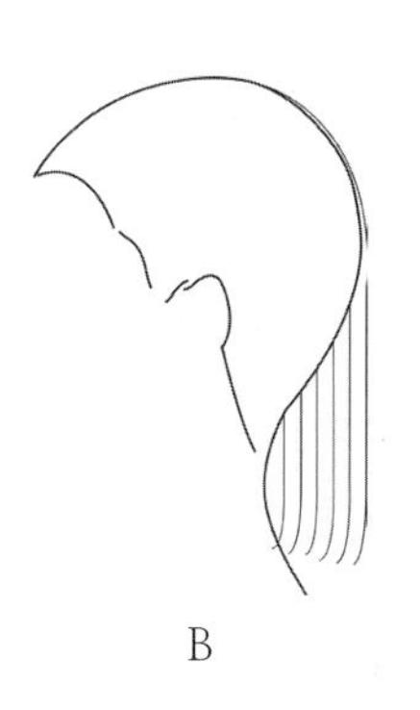

수직선상의 모발 흐름은 모발 자체의 탄력성과 중력의 영향을 받습니다.
그림 A처럼 목덜미 안쪽으로 균일하게 연결하여 미세하게 짧아지게 길이를 조절하면 탄력의 힘과 중력의 수직 운동이 같이 작용하여 힘의 밸런스를 유지하기 때문에 그림 B처럼 자연스러운 안말음 흐름이 연출되어 손질하기가 편해집니다.
원랭스 그러데이션 헤어스타일은 단차를 연결하여 커트하기 때문에 같은 흐름이 연출되어 차분하고 단정한 헤어스타일 디자인이 됩니다.

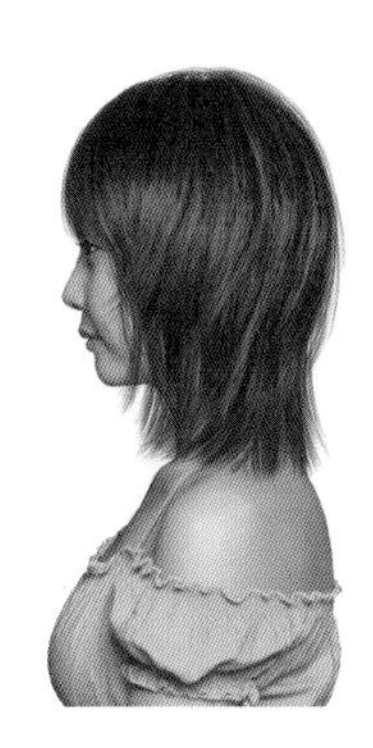
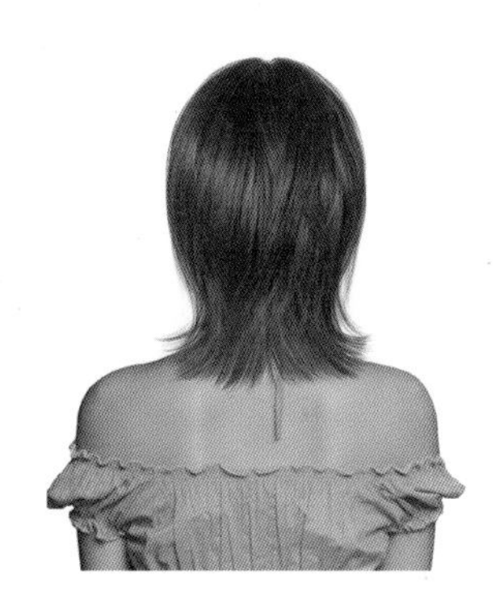

그림 A처럼 길이가 연결되지 않고 들쑥날쑥 지그재그 커트를 하여 길이가 다르다면 서로의 힘의 차이가 크기 때문에 그림 B처럼 독립적 운동이 일어나서 자유로운 방향성을 갖게 됩니다.
커트를 할 때 대담하게 가늘어지는 들쑥날쑥하게 커트를 하였다면 자유롭게 뻗치는 흐름의 헤어스타일 디자인이 됩니다.

|힘의 밸런스를 활용한 헤어스타일 조형|

|사선 운동|

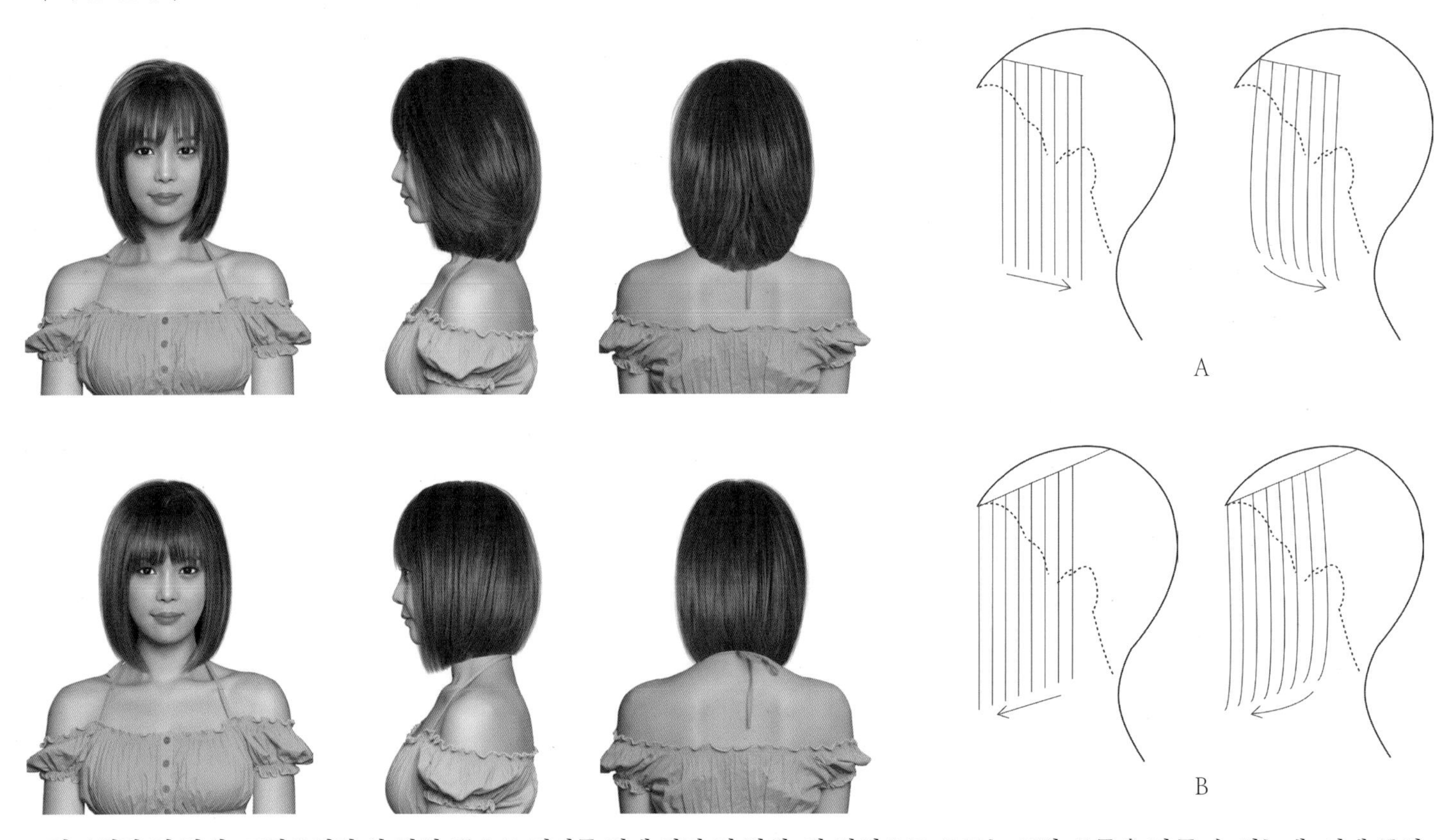

그림 A처럼 뒤 방향, 그림 B처럼 앞 방향 쪽으로 길이를 길게 하면 뒤 방향, 앞 방향으로 흐르는 모발 흐름을 만들 수 있는데, 이때 중력의 영향을 받아 수직으로 떨어지려고 합니다.
모발이 두껍거나 무거우면 중력의 힘이 많이 작용하기 때문에 수직으로 떨어지는 운동이 일어납니다.
바람머리처럼 자연스러운 앞뒤 방향성을 얻으려면 모발 끝을 가늘어지고 가볍도록 커트를 하여야 합니다.

|힘의 밸런스를 활용한 헤어스타일 조형|

|회전 운동|

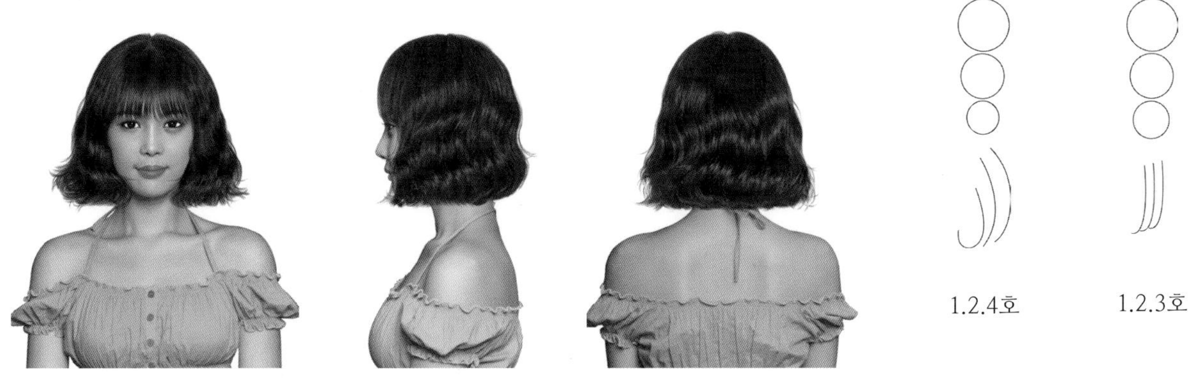

파마를 할 때 롯드 크기를 언더 부분에서 1.2.4호, 1.2.3호로 배열해서 와인딩했다면 안말음 흐름(운동)이 연출됩니다.
모발의 역학적 원리에서 롯드 크기가 작을수록 탄력의 힘이 커져서 탄력의 힘이 큰 모류는 작은 모류를 흡수하려는 작용을 하므로 안말음 운동이 일어나는 것입니다.

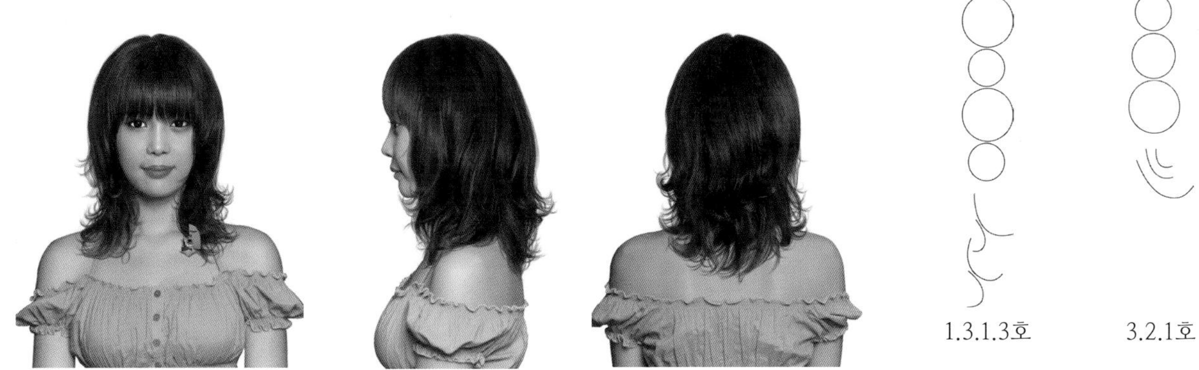

롯드 크기를 헤어스타일의 언더에서 롯드를 작아지게 배열하지 않고 크고 작은 롯드를 불규칙하게 배열했다면 컬의 크기가(힘) 서로 다르게 작용해서 이쪽저쪽으로 자유롭게 움직이는 것입입니다.
이처럼 힘의 작용을 이용해서 안말음, 뻗치는 흐름, 혼합 흐름을 만들 수 있어서 고객이 원하는 손질하기 편한 헤어스타일을 조형할 수 있습니다.

전문가의 숨결이 느껴지는 헤어스타일 기술 메뉴얼

성공하는 헤어디자이너, 헤어숍이 되려면 고객 만족도를 크게 높여야 합니다.
고객 만족도를 50% 이상 높여 보십시요.
특별한 헤어디자이너, 특별한 헤어숍이 됩니다.

제2장 아름답고 손질하기 편한 헤어 커트

제1장에서는 역학적 원리를 이용한 헤어스타일 조형을 통해서 손질하기 편한 조형 원리에 대해서 기술을 하였습니다.

제2장에서는 체계적인 헤어 커트 기법에 따른 모발의 움직임으로 다양한 헤어스타일 표정 연출을 통해서 얼굴형에 어울리는 다양하고 개성 있는 헤어스타일 조형 기법에 대해서 기술하겠습니다.

헤어 커트를 잘하려면 고객의 얼굴형 분석, 모발의 여러 조건을 분석하여 가장 적합한(최적의) 헤어스타일 디자인을 결정하고 결정된 헤어스타일에 대해서 체계적이고 효과적인 조형과 헤어디자인의 표정을 다양하게 연출하는 헤어디자이너의 숙련성과 디자인 감성으로 커트를 하여야 합니다.

저자의 헤어스타일 조형의 핵심 기술은 고객 분석을 토대로 개성 있는 헤어스타일 디자인과 고객이 가정에서 손질하기 편한 헤어스타일을 조형하는 것이 핵심 목표입니다.
체계적이고 섬세하고 부드럽고 정교한 커트를 통해서 고급스러운 헤어스타일 디자인과 완성도를 높이는 데 있습니다.

|두상의 분할|

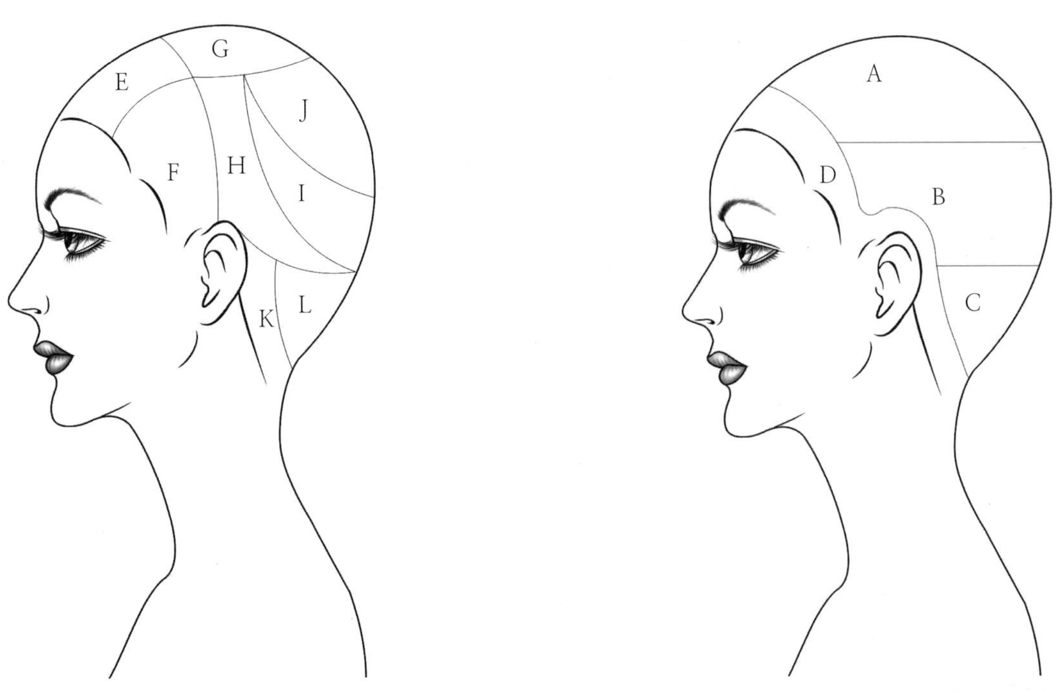

A: 톱섹션 B: 미들섹션 C: 언더섹션 D: 햄라인 섹션 E: 프런트 F: 사이드 G: 톱 H: 백사이드 I: 백 J: 크라운
K: 네이프 사이드, 네이프

두상의 분할(Sectioning)

헤어 커트를 체계적으로 쉽게 하기 위해서는 형태, 각도, 모발의 특징을 고려하여 디자인 계획을 세워서 시술하기 쉽게 두상을 분할하는 것을 말합니다.

|체계적인 헤어 커트|

|슬라이스와 모발 흐름|

헤어 커트를 할 때 슬라이스 방향, 두께, 슬라이스 방향에 따라 모발의 흐름이 달라집니다.
즉 슬라이스 방향(수직, 수평, 사선, 방사상 슬라이스)을 어떻게 하느냐에 따라서 모발의 움직임, 흐름이 결정됩니다.
일반적으로 자신도 모르게 익숙한 기법으로 슬라이스를 해서 커트를 하는 경향이 있으나 단순한 기법으로는 완성도 높은 헤어 스타일 디자인과 자연스럽고 손질하기 편한 흐름을 연출하기가 어렵습니다.
헤어스타일의 형태에 적합한 슬라이스 방향과 두께(평균 2cm)로 커트하여야 움직임이 좋고 자연스러운 표정을 연출하여 고객이 손질하기 편한 헤어스타일을 조형할 수 있습니다.

|슬라이스(slice)|

분할된 섹션을 가장 손쉽게 효과적으로 세밀하게 커트하기 위해 세부적으로 나누는 것으로 일반적으로 슬라이스 패턴은 커트 라인에 수평하게 됩니다.

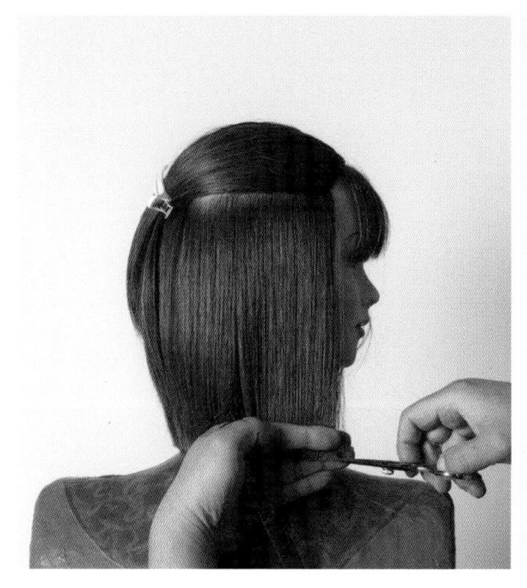

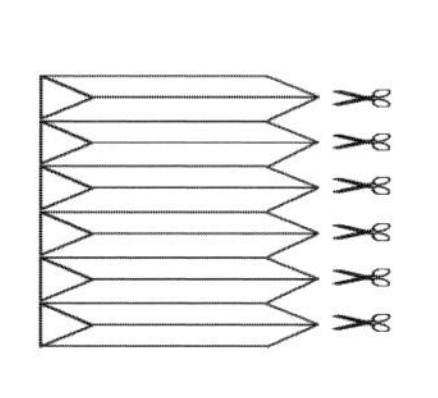

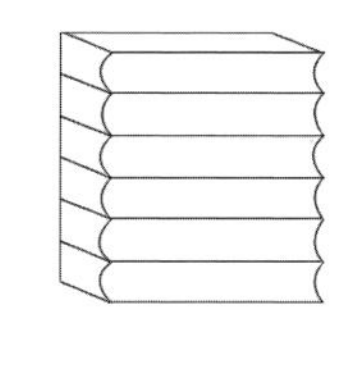

A

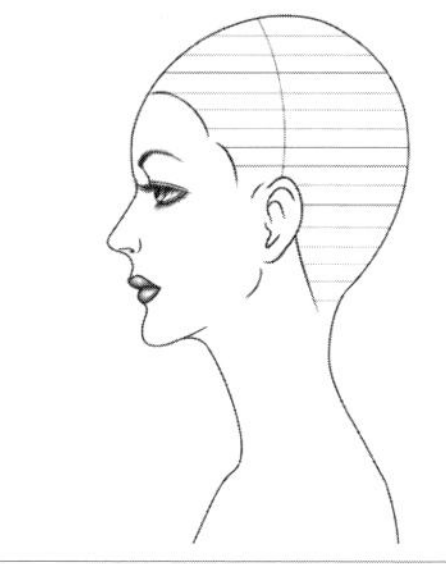

|수평 슬라이스|

그림 A처럼 수평 라인으로 슬라이스하여 가위 방향으로 커트하고, 수평의 커트 라인에 대해서 90° 수직으로 브러싱하게 되면 들뜸이 발생하게 되는데, 이럴 경우 모발 끝을 좌우로 움직이는 흐름은 좋지만 위아래의 수직으로의 움직임은 홈이 크면 클수록 겹치고 뭉쳐져서 표면이 거칠고 자연스러운 흐름을 연출하기 어렵습니다.

예를 들면 목 둘레에서 목선을 감싸고 자연스러운 흐름을 만들 때는 수직 슬라이스가 좋으며, 옆머리를 바람에 흩날리는 듯 뒤 방향으로 자연스럽게 움직임을 연출할 때는 수평 슬라이스가 좋습니다.

|수직 슬라이스|

그림 A처럼 수직으로 슬라이스하면서 커트한 후 좌우 수평으로 빗질하게 되면 들뜸이 발생하게 되는데, 좌우의 흐름보다는 상하의 흐름이 좋아지므로 상하의 자연스럽고 부드러운 흐름을 만들 때 적합하며 스타일의 언더 부분(목덜미 사이드) 등에서 적용하면 좋은 결과를 얻을 수 있습니다.

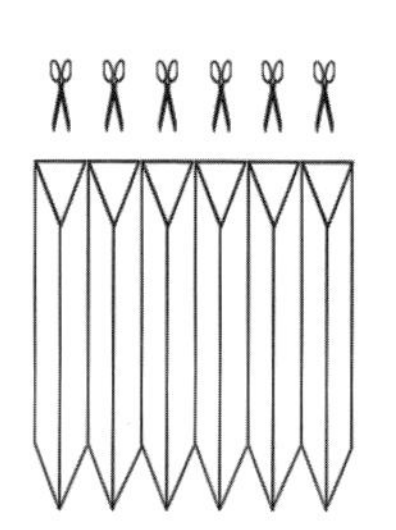
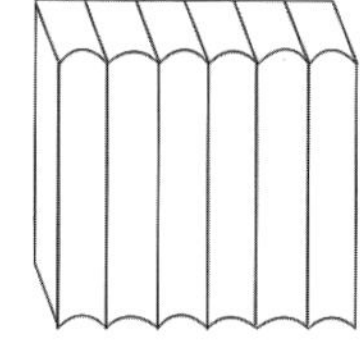
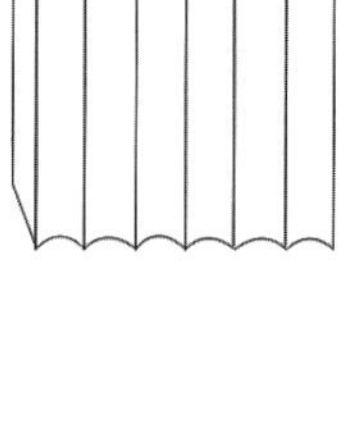

A

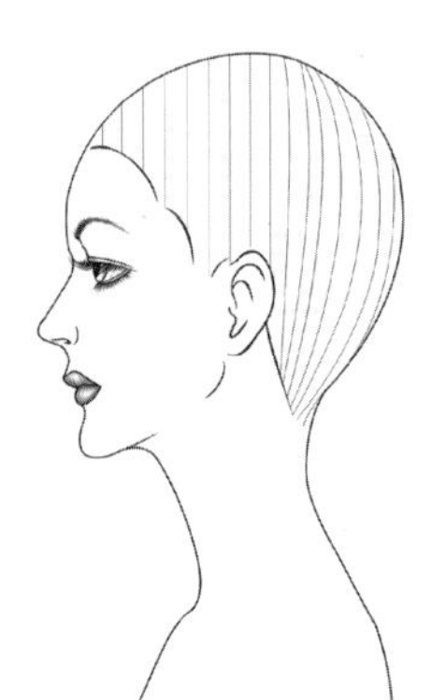

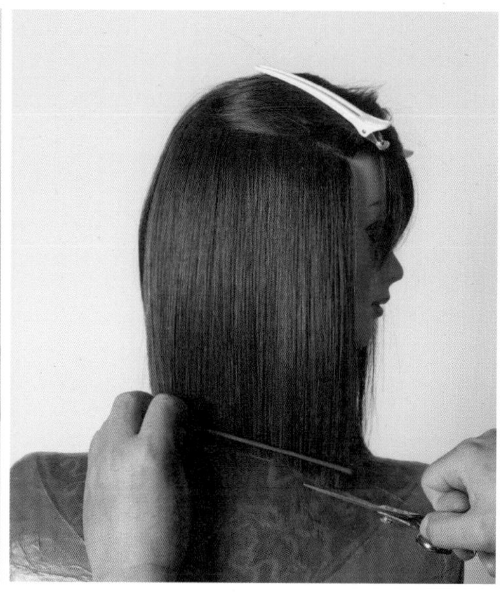

|앞 방향 사선 슬라이스|

그림 A처럼 앞 방향 사선으로 슬라이스하면서 커트한 후 사선에 대해 90°로 브러싱하게 되면 뒤방향 사선으로 들뜸이 발생하지만, 앞 방향 사선의 모발 흐름이 좋아집니다.
얼굴을 감싸는 듯한 흐름을 만들 때 적용하면 좋은 흐름의 움직임을 연출할 수 있습니다.

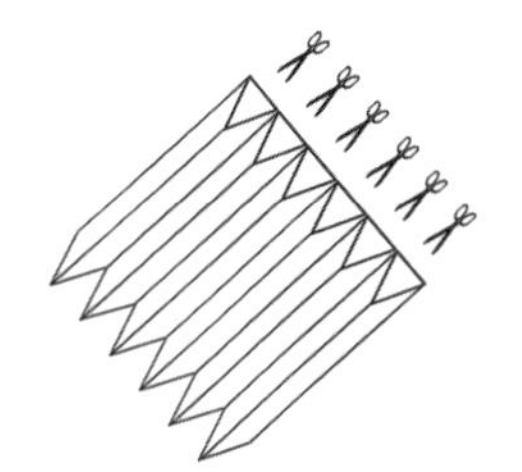

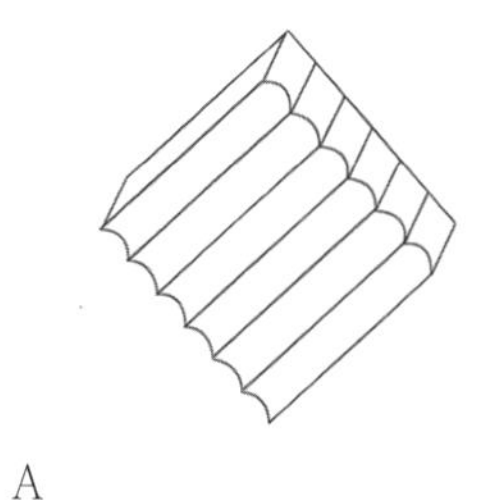

A

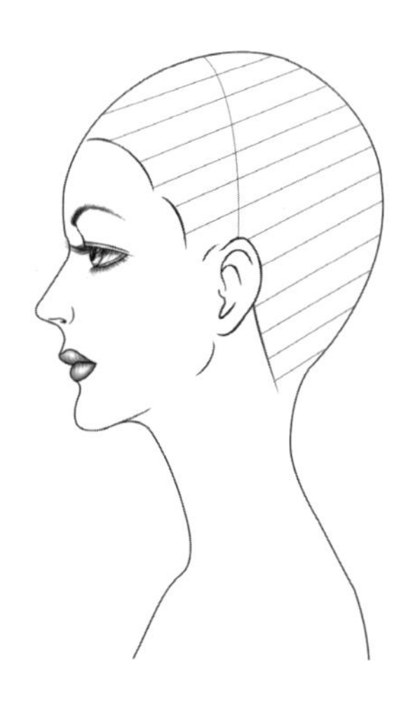

|뒤 방향 사선 슬라이스|

그림 A처럼 뒤 방향 사선으로 슬라이스하면서 커트한 후 사선에 대해 90˚로 브러싱하게 되면 거칠은 들뜸이 생기지만, 뒤 방향 사선 방향은 흐름이 좋아지므로 바람머리 스타일처럼 뒤 방향으로 흐르는 스타일을 할 때 적용하면 손질하기 편한 헤어스타일을 조형할 수 있습니다.

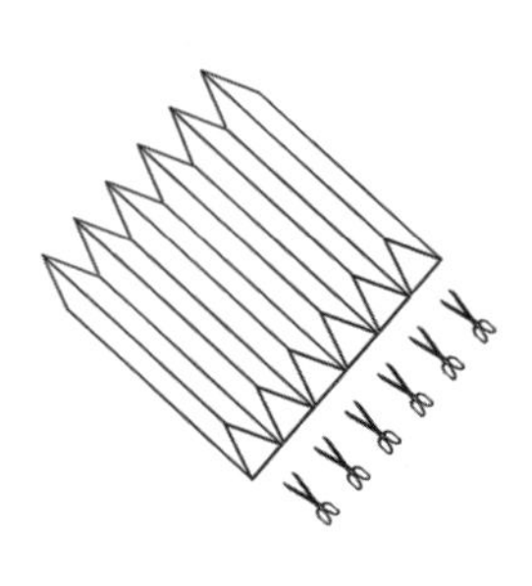

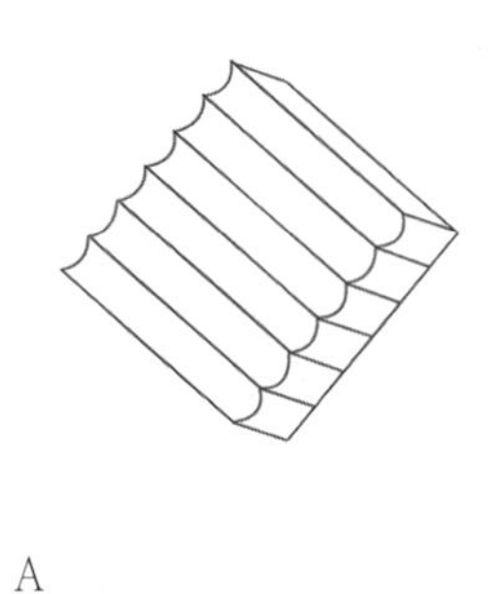

A

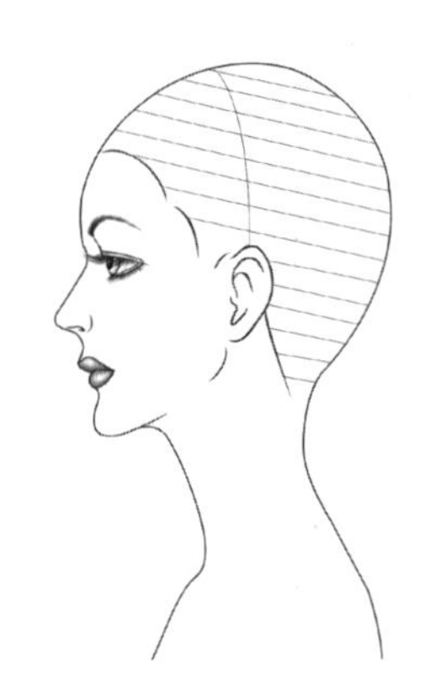

|슬라이스 라인|

평균 2cm가 적당

두상에서 분할된 섹션을 효과적으로 세밀하게 커트하기 위해서 세부적으로 나누는 것을 말하며, 슬라이스 라인의 패턴은 커팅 라인에 대하여 수평하게 하며 두께는 스타일에 따라서 다를 수 있고 얇게 슬라이스를 하면 더 섬세한 커트를 할 수 있지만 시간이 많이 소요되는 것을 감안할 때 평균 2cm가 적당합니다.

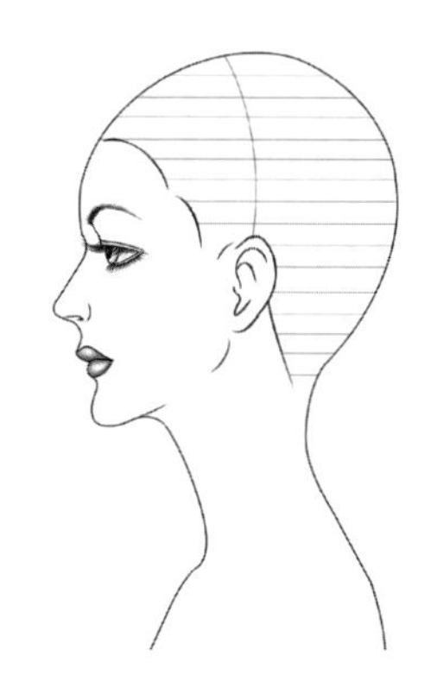

|수평 슬라이스(horizontal line)|

정중선과 측중선으로 섹션을 나누고 네이프에서 수평 슬라이스를 시작하여 일정하게 선의 방향과 간격을 유지하여 톱 섹션까지 수평으로 슬라이스하는 것입니다.

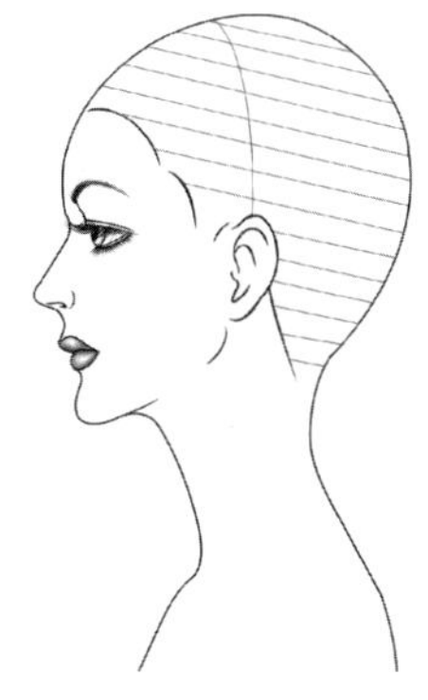

|뒤 방향 슬라이스(digonal back line)|

뒤 방향으로 기울어지는 사선으로 스타일에 따라 기울기가 다를 수 있지만 평균 30도로 언더 섹션에서 일정한 간격을 유지하면서 사선으로 톱 섹션까지 슬라이스하는 것입니다.

| 슬라이스 라인 |

평균 2cm가 적당

두상에서 분할된 섹션을 효과적으로 세밀하게 커트하기 위해서 세부적으로 나누는 것을 말하며, 슬라이스 라인의 패턴은 커팅 라인에 대하여 수평하게 하며 두께는 스타일에 따라서 다를 수 있고 얇게 슬라이스하면 더 섬세한 커트를 할 수 있지만 시간이 많이 소요되는 것을 감안할 때 평균 2cm가 적당합니다.

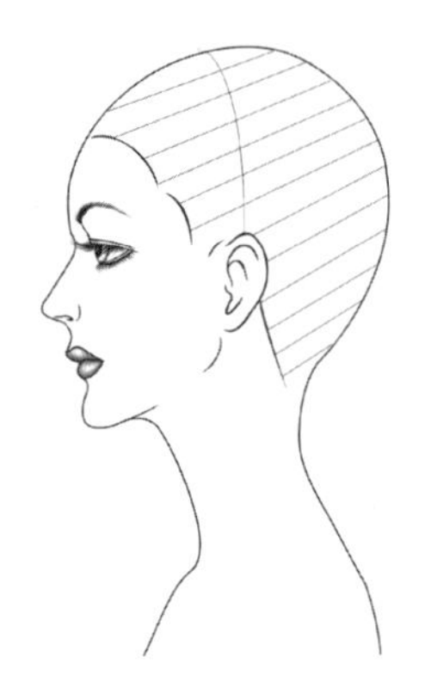

| 앞 방향 사선 슬라이스(diagonal forward line) |

앞 방향 사선으로 스타일에 따라서 기울기가 다를 수 있지만 평균 30도로 기울어지는 사선으로 일정하게 간격을 유지하면서 슬라이스하는 것입니다.

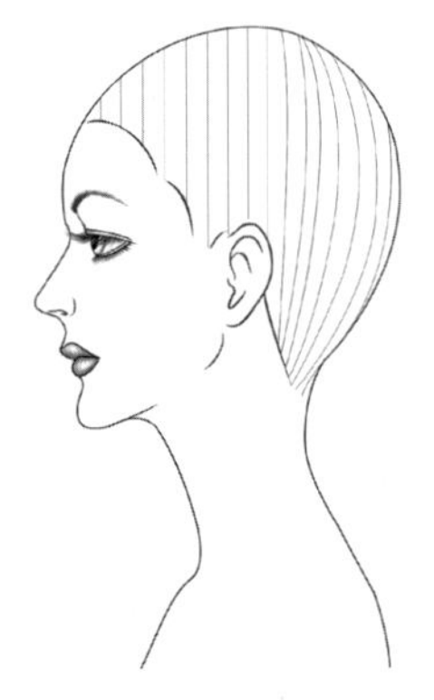

| 수직 슬라이스(vertical line) |

정중선과 측중선으로 나누고 수직으로 슬라이스하는 것입니다.

|체계적인 헤어 커트|

|슬라이스 라인에 따른 헤어스타일의 움직임|

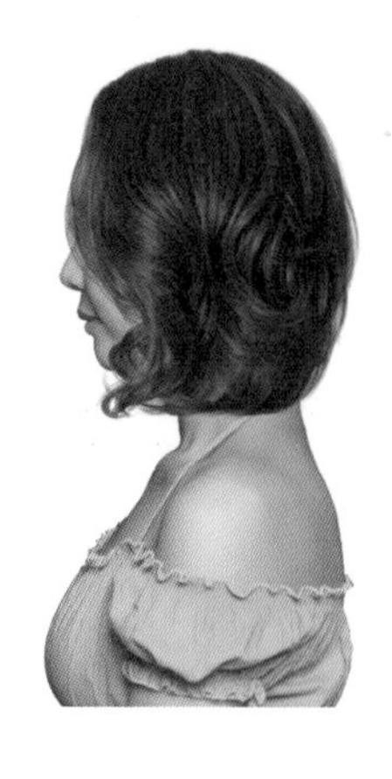
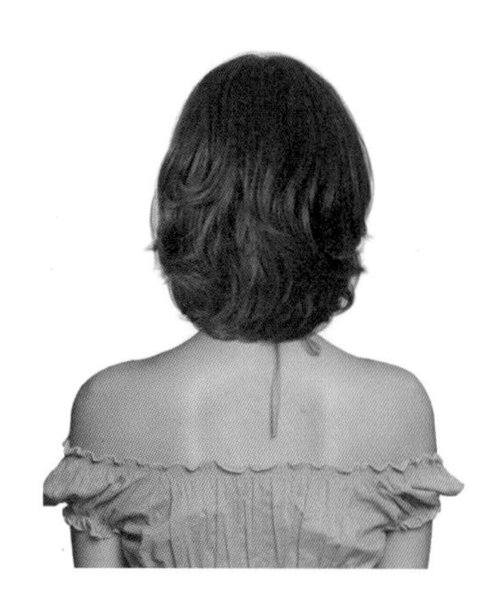

|수평 슬라이스|

수평 슬라이스는 좌우의 헤어스타일 흐름과 표정이 좋아지는 기법입니다.
고객이 가장 원하는 헤어스타일은 얼굴형에 어울리는 헤어스타일, 손질하기 편한 헤어스타일입니다.
스타일링을 할 때 후두부 방향으로 빗어 넘기거나 얼굴 방향으로 감싸는 듯 내려주는 모발 흐름을 연출할 때는 가로 슬라이스가 좋고, 얼굴을 감싸면서 흐르는 모발 흐름은 앞 방향 사선 슬라이스가 움직임을 좋게 하여 헤어스타일의 자연스러운 표정 연출이 좋습니다.

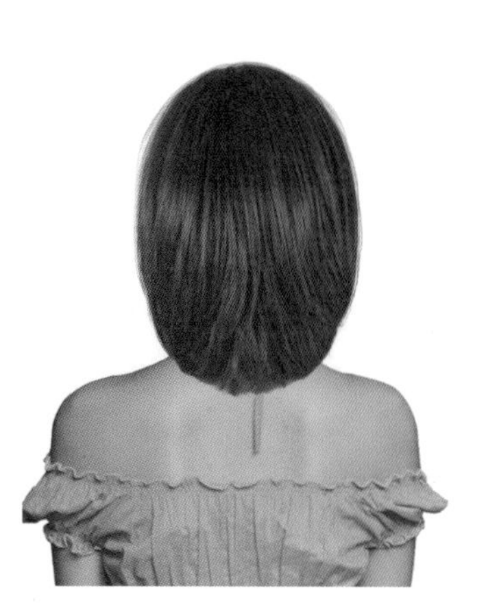

|뒤 방향 사선 슬라이스|

뒤 방향 사선 슬라이스는 얼굴 주변(페이스 라인) 사이드 부분의 층 조절과 뒤 방향으로 그러데이션, 레이어를 넣을 때 이상적이며, 뒤 방향으로 자연스럽게 길어지는 헤어 커트로 바람머리처럼 자연스러운 흐름을 연출할 때 좋은 움직임을 만들 수 있습니다.

|슬라이스 라인에 따른 헤어스타일의 움직임|

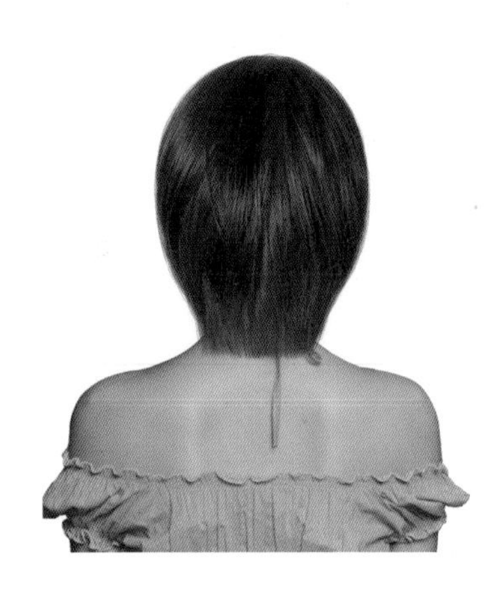

|앞 방향 사선 슬라이스|

얼굴을 감싸는 듯 자연스러운 흐름의 떨어지는 포워드 헤어스타일을 만들 때나 네이프에서 목선과 어깨선을 감싸는 듯한 모발 흐름과 실루엣을 연출할 때는 이상적인 슬라이스 기법입니다.

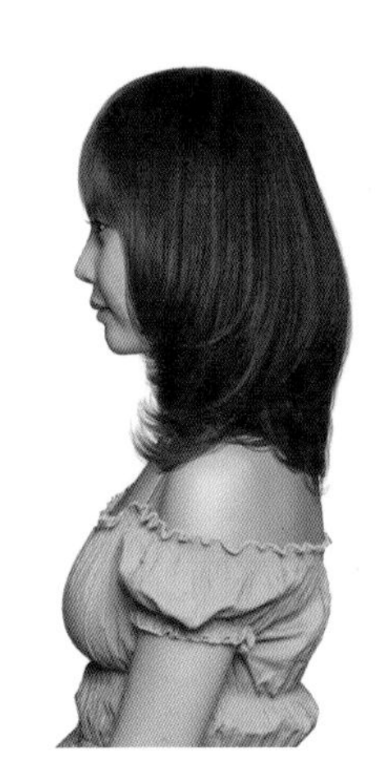

|수직 슬라이스|

수직 슬라이스는 상하의 움직임을 들뜨지 않고 자연스러운 스타일의 표정을 연출할 때 좋으며, 특히 네이프에서 목덜미를 감싸고 흐르는 자연스러운 실루엣을 연출할 때 쉽고, 세밀한 움직임을 좋게 하는 기법입니다.

|체계적인 헤어 커트|

|단차에 의한 헤어스타일의 형태 구축|

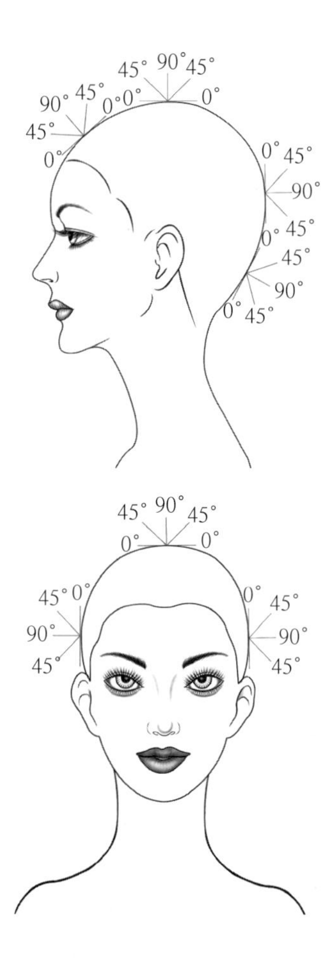

헤어스타일의 형태에 따라서 슬라이스를 하면서 커트를 하고자 하는 방향과 형태에 따라 각도를 유지하면서 세밀하고 섬세하게 빗질하여야 다양하고 좋은 헤어스타일 디자인과 움직임을 좋게 하는 헤어스타일을 조형할 수 있습니다.
특히 빗질을 할 때에는 빗의 움직임이 디자인의 설계된 각도에 따라서 정확하게 빗질하여야 원하는 헤어스타일을 디자인할 수 있으며 실패를 줄이고 완성도를 크게 높일 수 있습니다.

두상은 곡선으로 되어 있기 때문에 빗질하는 각도에 따라서 모발의 단차가 달라지고 헤어스타일의 형태가 변화합니다.

커트 빗의 형태는 빗살이 듬성듬성하면 정확한 각도, 텐션이 어려우므로 좋은 커트를 할 수 없기 때문에 표준화된 커트 빗을 사용하여 체계적이고 섬세하게 빗질하여야 합니다.

두상에서 평평한 부분은 0°이며 30°, 45°, 60°, 90° 각도가 일반적으로 많이 사용되므로 각도의 개념을 이해하고 세밀하게 빗질하여야 좋은 헤어스타일 형태를 구축을 할 수 있습니다.

| 두상의 위치 |

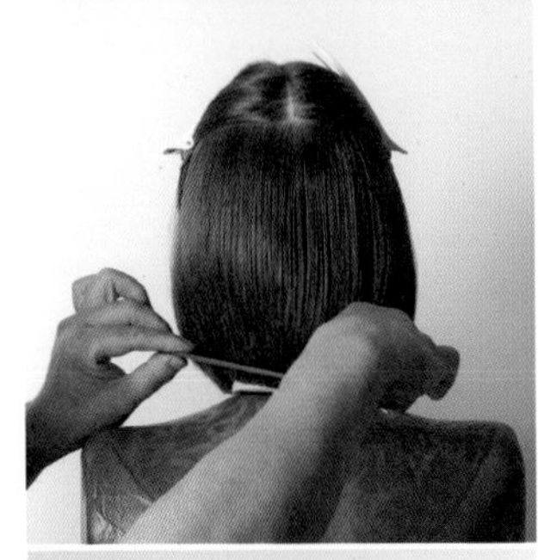

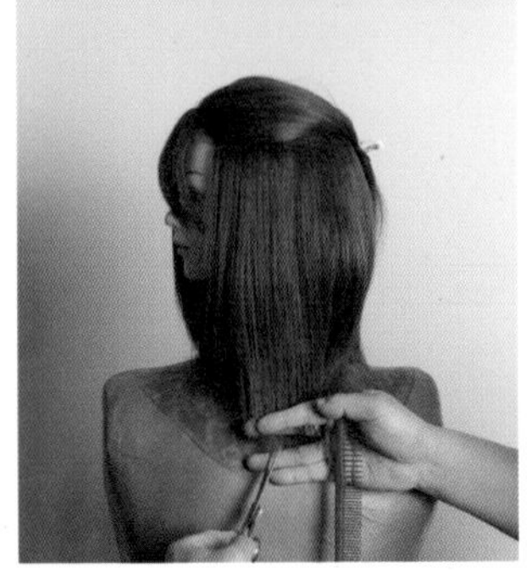

- **스타일에 따라서 두상의 위치, 각도 조절**

앞머리, 옆머리, 뒷머리 길이의 가이드라인을 결정할 때는 고객과 상담 후, 다시 길이를 확인하고 결정해야 실패의 요인을 줄일 수 있습니다.

헤어 커트를 할 때 스타일에 따라서 두상의 위치와 각도를 조절하여야 합니다.
이것은 머릿결과(흐름과) 모발 길이에 직접적인 영향을 줍니다.
만약 원랭스 폼을 만들기 위해서는 후두부를 커트할 때 숱이 많고 두꺼운 모발일수록 고개를 앞 방향으로 30도를 숙이고 목둘레에 밀착시켜서 커트하여야 속머리가 길어지는 것을 방지하여 깨끗한 라인을 만들 수 있습니다.

저자는 아주 긴 롱 헤어를 커트할 때, 롱 레이어드, 원랭스 등 고객에게 이해를 구하고 고객이 서 있는 상태에서 정확한 두상의 위치, 길이를 확인하고 커트를 하면 더욱 깨끗한 라인을 만들 수 있다.
어깨선보다 짧은 길이의 원랭스 폼을 만들기 위해 커트할 때 두상을 90˚로 세워서 두정부의 정수리를 정점으로 중력에 의해 떨어지는 수직 흐름의 길이를 확인하고 조절하여 손가락을 넣어서 잡지 않고 빗으로 형태 라인을 고정시켜서 커트를 하게 되면 좋은 결과를 얻을 수 있습니다.
어깨선보다 긴 길이의 사이드를 커트할 때는 어깨에 닿기 때문에 형태선이 굴곡이 생겨서 균형 있는 스타일을 만들기 어려으므로 두상의 위치를 좌우로 최대한 돌려서 두상을 커트라인 반대 방향으로 약간 젖히고 커트하면 깨끗한 라인을 만들 수 있습니다.

| 헤어스타일의 형태 구축을 위한 단차의 이해 |

| 형태의 기본적 이해 |

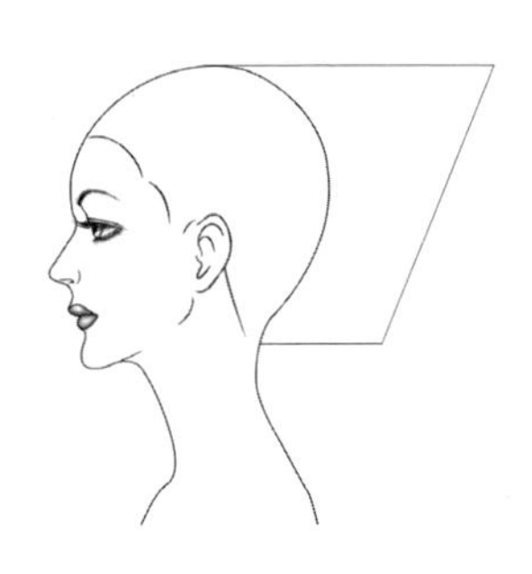

| 그러데이션 |

왼쪽의 일러스트는 기본적으로 간단한 전개도입니다.
톱이 가장 길고 네이프에 걸쳐서 조금씩 짧아지고 있으므로 쌓이는 층, 즉 그러데이션을 표현한 것입이다.
그러데이션은 톱이 길고 언더 부분이 짧게 자르는 것에 대한 단차 구성의 미디엄 기본 형태로 하이 그러데이션이라 불리우는 스타일의 각도는 각도 차가 크고 로우 그러데이션은 각도 차가 작아집니다.

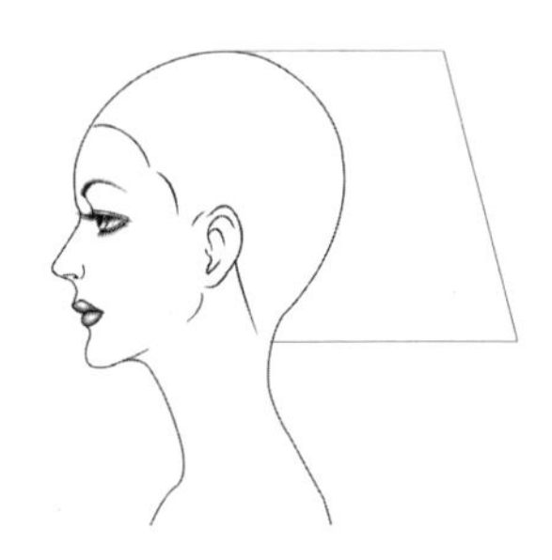

| 레이어드 |

레이어드는 톱 부분이 짧게, 언더 부분이 길어지게 자르는 것에 대한 단차 구성의 형태입이다.
하이 레이어드는 각도 차가 크고 로우 레이어드는 각도 차가 작아집니다.

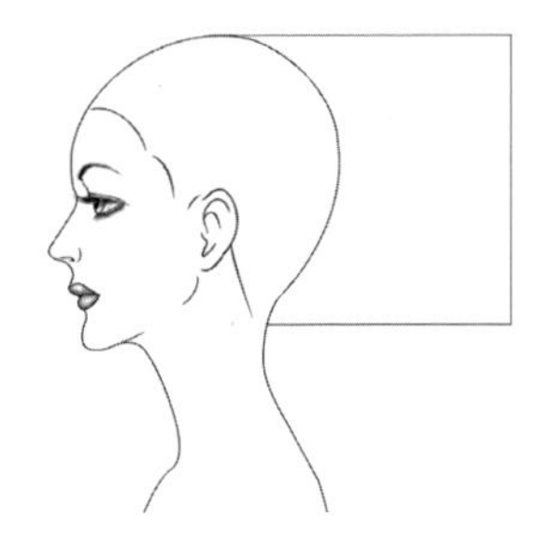

| 스퀘어 레이어드, 인크리스 레이어드 |

인크리스 레이어드는 머리 길이가 아래로 갈수록 길어지는 단차의 형태이고, 스퀘어 레이어드는 빗질된 머리카락이 수직으로 커트된 상태를 말하는 것으로 스퀘어 레이어드라 합니다.
레이어드 일종으로 세임 레이어드는 같은 길이로 커트한 것으로 비슷한 형태가 됩니다.

|헤어스타일의 형태 구축을 위한 단차의 이해|

|단차의 컨트롤|

|형태는 단차에 의해서 결정됩니다|

헤어스타일의 형태는 단차에 의해서 다양한 형태와 흐름으로 변화하며, 단차를 컨트롤하여 커트하면 다양한 헤어스타일을 디자인할 수 있습니다.
과거나 현재나 무수한 헤어스타일이 유행되고 트렌디한 헤어스타일이 창조되지만 헤어스타일 형태 구축은 기본 헤어스타일의 커트 기법, 원랭스 그러데이션, 레이어드 기법을 조합한 콤비네이션 기법으로 형태를 구축하고 다양한 커트 기술인 틴닝과 깎기의 콤비네이션 기법으로 모발의 흐름과 헤어스타일의 표정을 연출하고 스타일링하여 헤어스타일을 완성하는 것입니다.

기본 스타일의 단차의 이해와 다양한 기법으로 설계하는 콤비네이션 기법으로 다양한 헤어스타일을 조형하여야 합니다.

|헤어스타일의 형태 구축을 위한 단차의 이해|

|단차에 의한 여러 가지 헤어스타일 형태|

• 여러 가지 형태를 보면서 실루엣과 웨이트 포인트(무게중심)를 확인해 봅니다.

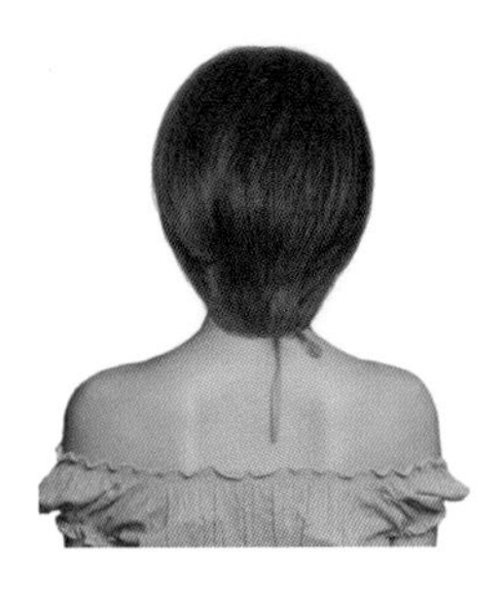

숏 레이어드

|숏 레이어드|

전체적으로 길이 차이가 없는 형태로 둥근 느낌의 숏 레이어드입니다.

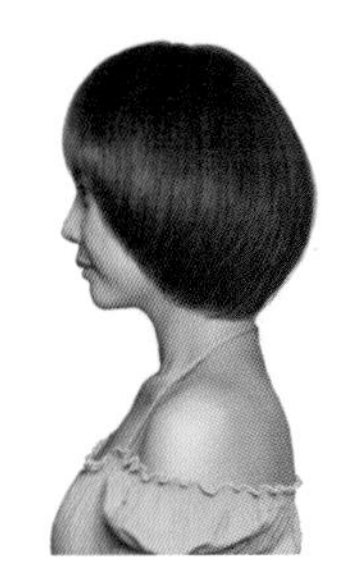
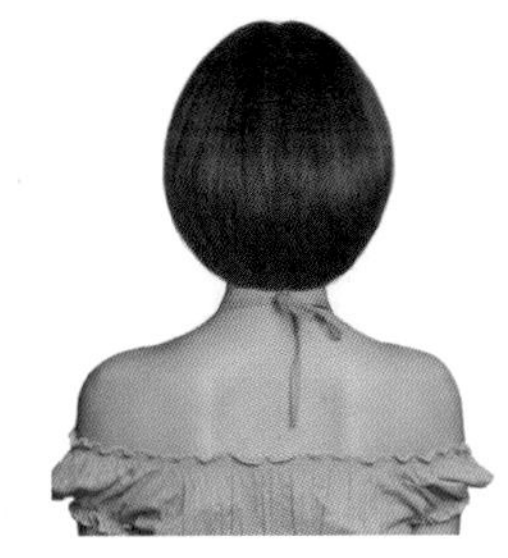

그러데이션 보브

|그러데이션 보브|

머시룸(버섯 모양) 스타일로 상당히 낮게 설정되는 그러데이션 보브 헤어스타일입니다.

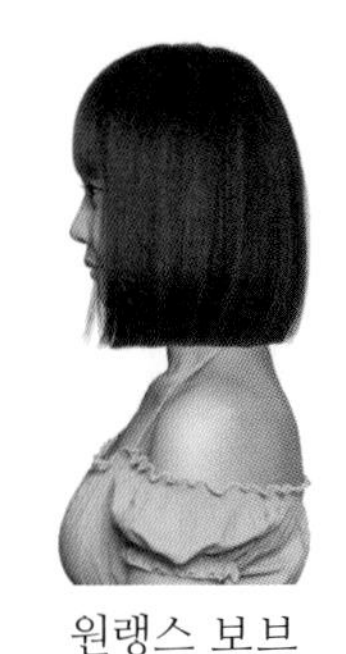
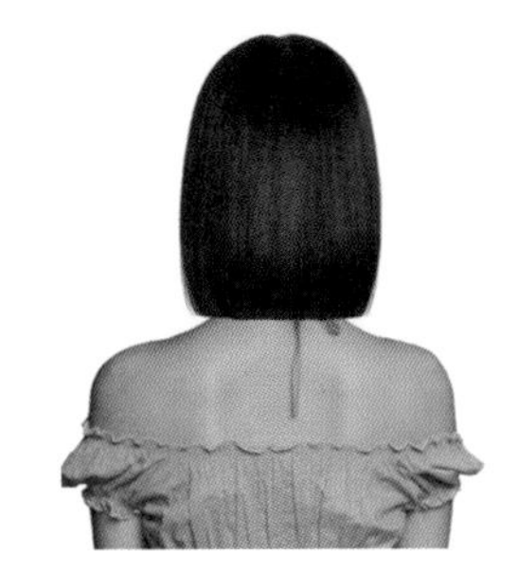

원랭스 보브

|원랭스 보브|

앞머리는 무겁게 앞으로 내리는 단차가 없는 클래식 감각의 전통적인 원랭스 보브 헤어스타일입니다.

|헤어스타일의 형태 구축을 위한 단차의 이해|

|단차에 의한 여러 가지 헤어스타일 형태|

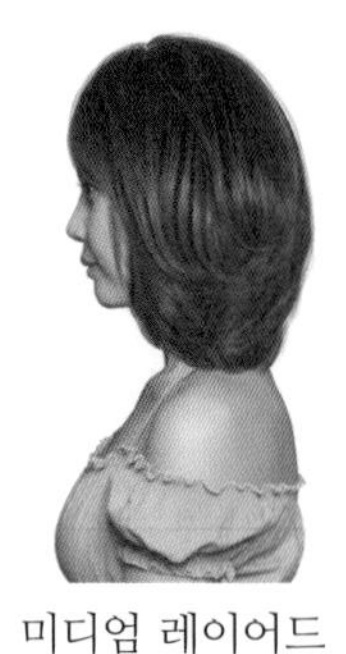
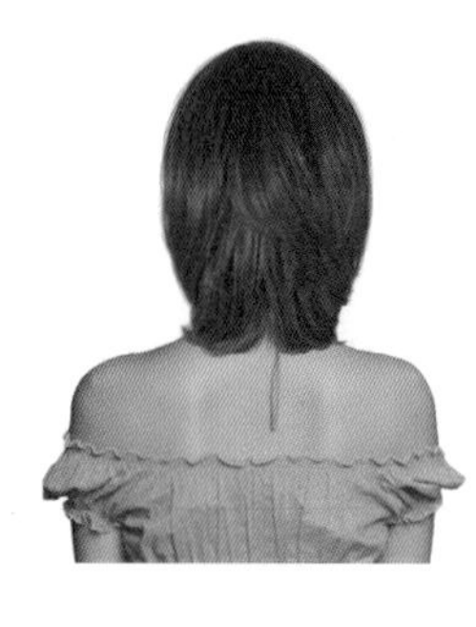

미디엄 레이어드

|미디엄 레이어드|

프론트 길이와 라인 설정은 롱 레이어드와 같이 톱 쪽과 언더 쪽으로 층지게 커트하고 언더 부분에 적당히 볼륨을 살린 미디엄 레이어드입니다.

롱 레이어드

|롱 레이어드|

톱 쪽이 짧고 언더 쪽이 긴 롱 레이어드입니다.

|헤어스타일의 형태 구축을 위한 단차의 이해|

|길이와 단차에 따른 헤어스타일 형태 변화|

• 원랭스 보브(one lengh cut)

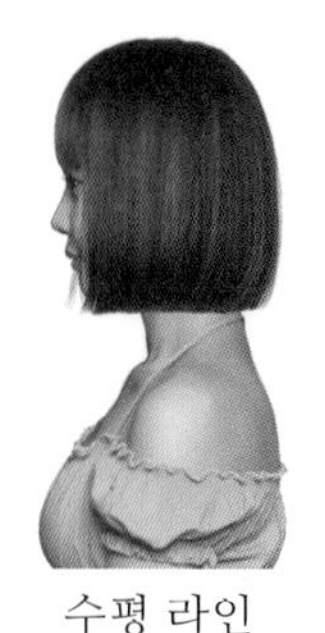
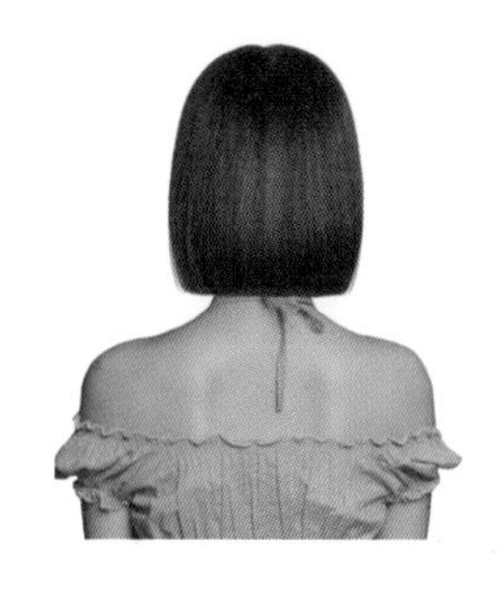

수평 라인

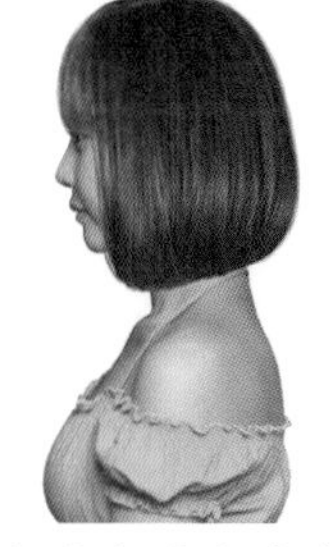
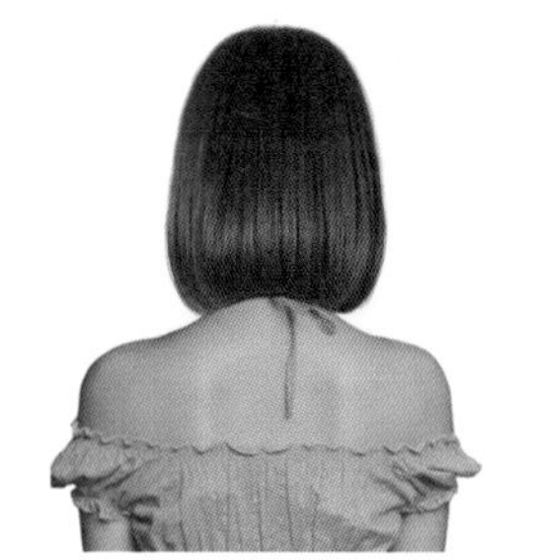

앞 방향 사선 라인

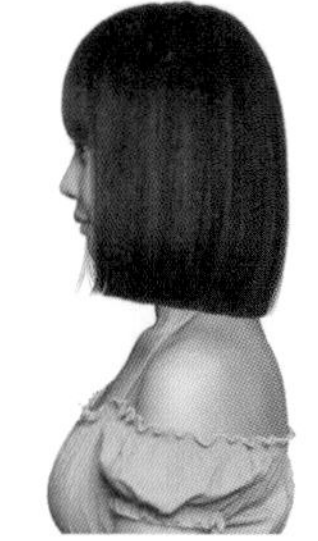
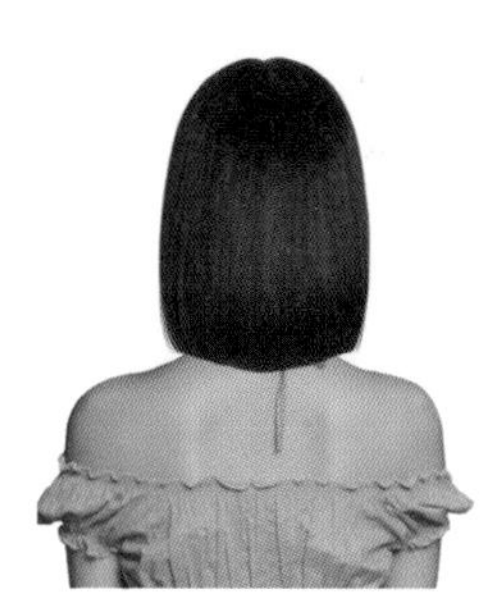

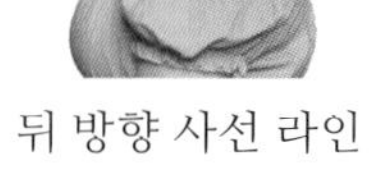
뒤 방향 사선 라인

원랭스 레이어드, 그러데이션, 인크리스 레이어드 스타일지라도 길이와 언더라인의 변화에 의해서 다양한 헤어스타일로 디자인됩니다.

원랭스 보브 헤어스타일은 길이의 변화와 라인의 변화를 주면 다양한 헤어스타일의 디자인이 되며, 얼굴형 신장, 목선의 형태에 따라서 적합한 라인을 결정하고 길이를 조절하여 디자인하고, 얼굴 크기, 목의 두께, 형태, 짧고 긴 턱선의 형태에 맞게 디자인하면 턱선을 부드럽게 할 수도 있고, 단점을 커버하여 아름다운 헤어스타일을 디자인할 수 있습니다.

* 제1권의 헤어스타일 디자인에서 자세히 수록하였으므로 참고하기 바랍니다.

| 헤어스타일의 형태 구축을 위한 단차의 이해 |

| 길이와 단차에 따른 헤어스타일 형태 변화 |

• 그러데이션 보브 헤어스타일

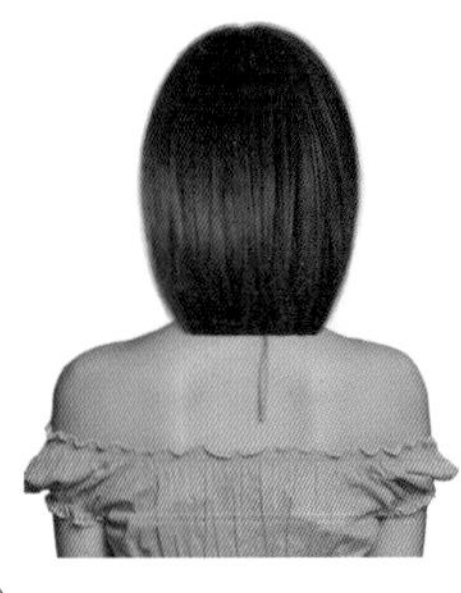

그러데이션 보브(수평)

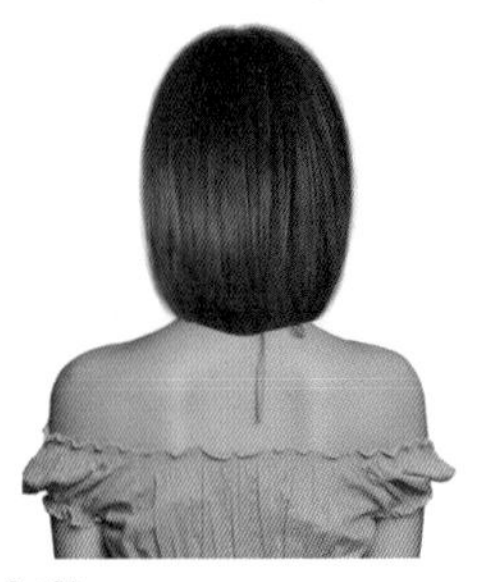

그러데이션 보브(앞 방향 사선)

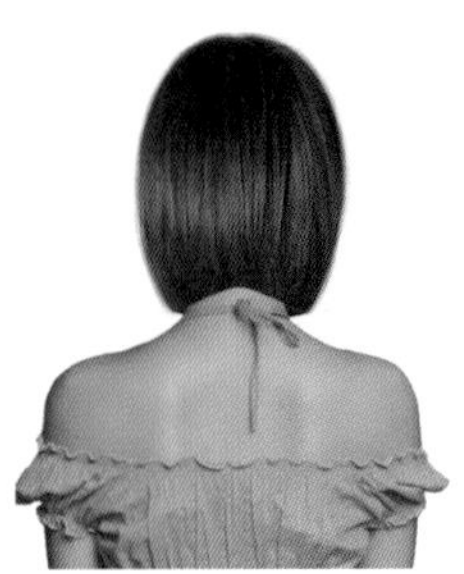

그러데이션 보브(뒤 방향 사선)

그러데이션 보브 헤어스타일은 언더에서 원랭스 라인으로 가이드라인을 설정하고 다양한 길이와 라인의 변화. 단차를 조절(하이, 미디엄, 로우 등)하면 다양한 헤어스타일을 디자인할 수 있습니다.

원랭스 라인의 그러데이션 보브 헤어스타일은 전통적으로 오래도록 사랑받아 왔던 헤어스타일의 기본으로 빗질과 각도를 잘 조절하여 섬세한 층(단차)을 만들고 틴닝과 깎기의 콤비네이션 기법으로 모발의 흐름과 헤어스타일의 표정을 연출하면 다양하고 아름다운 헤어스타일을 조형할 수 있습니다.
오랫동안 사랑받아온 클래식 감성의 헤어스타일이지만 앞머리 형태 라인의 변화를 주면 언제나 트렌디한 감성을 주는 헤어스타일입니다.

|헤어스타일의 형태 구축을 위한 단차의 이해|

|길이와 단차에 따른 헤어스타일 형태 변화|

- 그러데이션 보브 헤어스타일

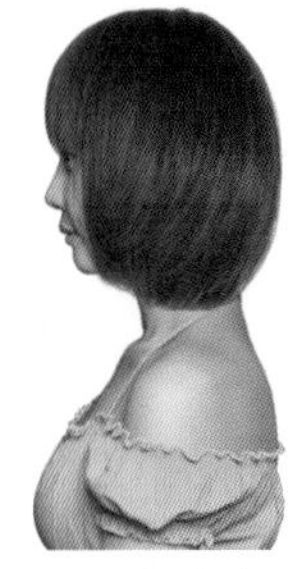
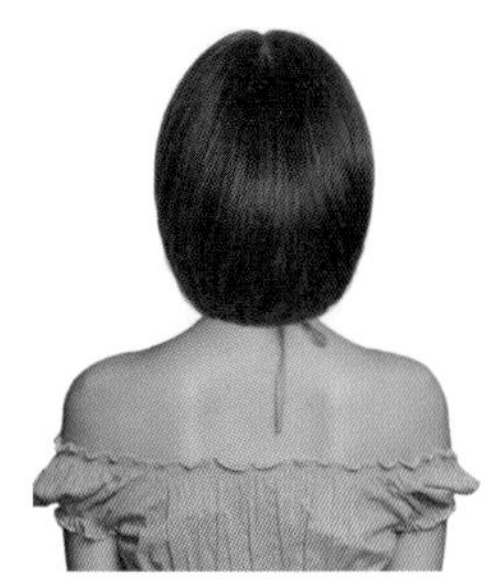

그러데이션 보브(앞 방향 라운드 라인)

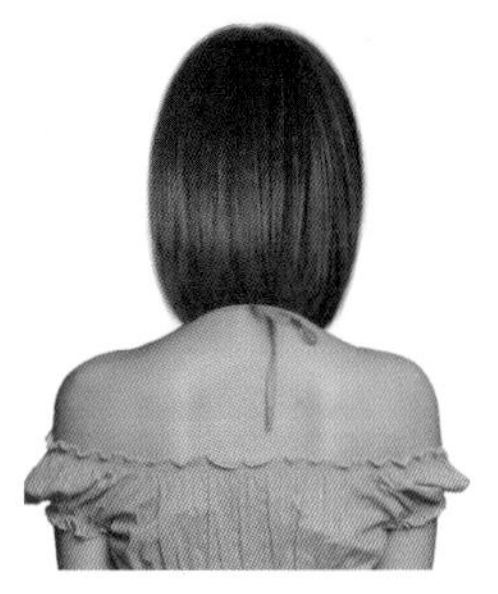

그러데이션 보브(뒤 방향 라운드 라인)

| 헤어스타일의 형태 구축을 위한 단차의 이해 |

| 길이와 단차에 따른 헤어스타일 형태 변화 |

• 그러데이션(gradation)

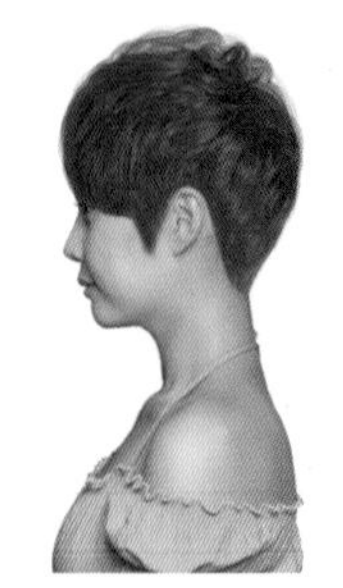
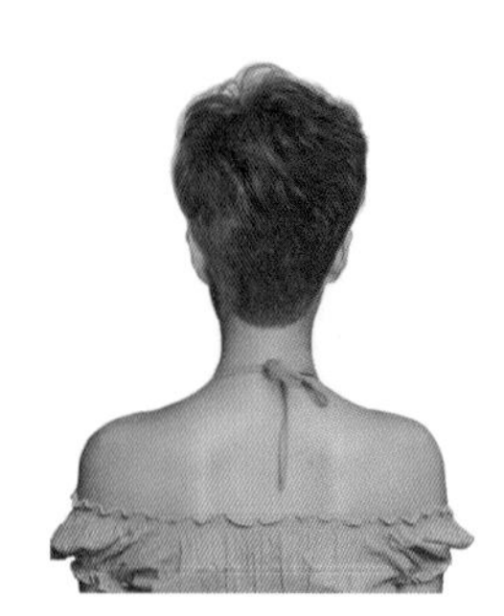

하이 그러데이션

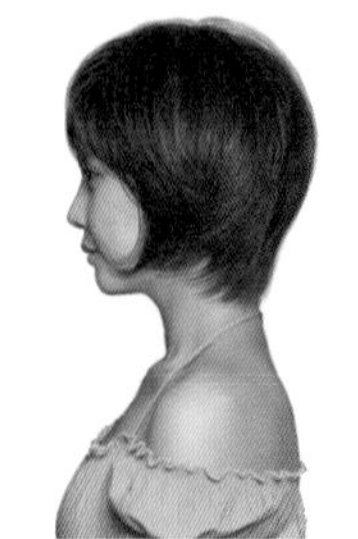
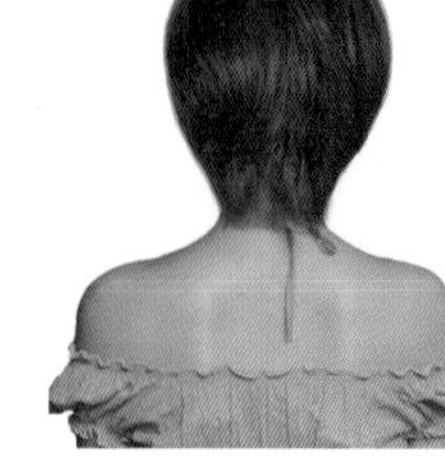

미디엄 그러데이션

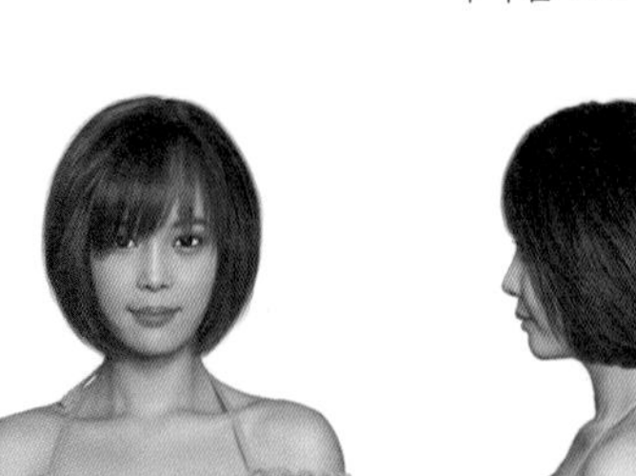
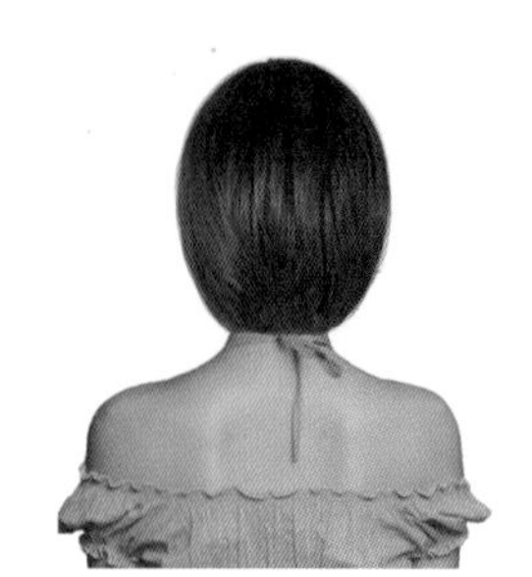
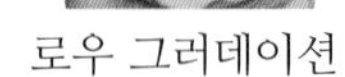

로우 그러데이션

그러데이션 헤어스타일은 단차의 변화, 웨이트 포인트의 위치, 언더라인의 변화, 길이에 따라서 다양하고 변화무쌍한 형태가 디자인이 되는 헤어스타일입이다.

스타일의 형태에 따라서 활동적인 느낌, 단정하고 차분한 이미지, 발랄하고 깜직한 소녀 감성을 엄격성과 우아함을 주기도 하고 순수하고 청순한 느낌을 주기도 합니다.
헤어 커트는 헤어디자이너가 고객을 분석하고 커뮤니케이션하여 결정된 헤어스타일을 조형하는 과정이지만, 핵심 포인트는 고객마다 다른 얼굴형과 체형, 라이프 스타일에 적합하게 다양한 헤어스타일을 제안하고 고객의 개성을 표현해 주는 것이 헤어 커트의 디자인이고 고급화입니다.

|헤어스타일의 형태 구축을 위한 단차의 이해|

|길이와 단차에 따른 헤어스타일 형태 변화|

• 레이어드 헤어스타일(Layered Hair Style)

하이 레이어드

미디엄 레이어드

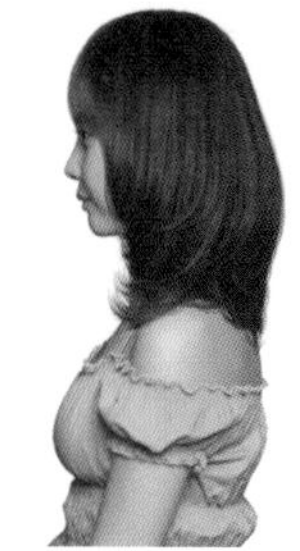

로우 레이어드

레이어드 헤어스타일은 단차의 크기와 길이, 언더라인의 형태, 끝부분의 틴닝과 깎기의 질감 처리에 의해서 다양한 헤어스타일로 변화되는 형태입니다.

차분한 느낌을 주는 커트, 자유롭고 움직임을 연출하는 커트로 디자인되는 레이어드 스타일은 다양한 헤어스타일의 표정이 변화무쌍하게 연출됩니다.

|헤어스타일의 형태 구축을 위한 단차의 이해|

|길이와 단차에 따른 헤어스타일 형태 변화|

• 레이어드 헤어스타일(Layered Hair Style)

롱 레이어드

인크리스 레이어드

|헤어스타일의 형태 구축을 위한 단차의 이해|

|길이와 단차에 따른 헤어스타일 형태 변화|

• 콤비네이션 헤어스타일(Combination Hair Style)

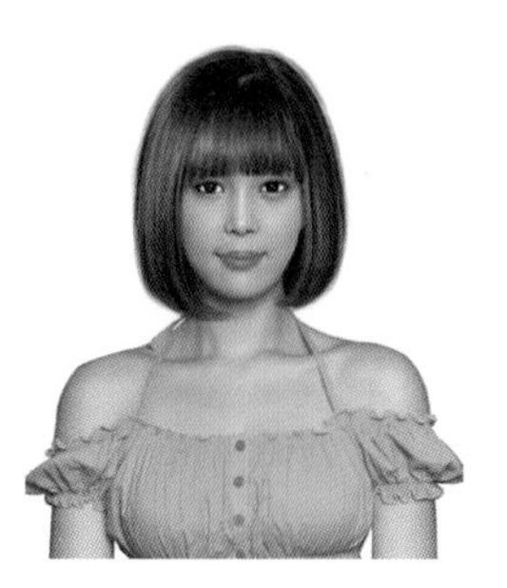
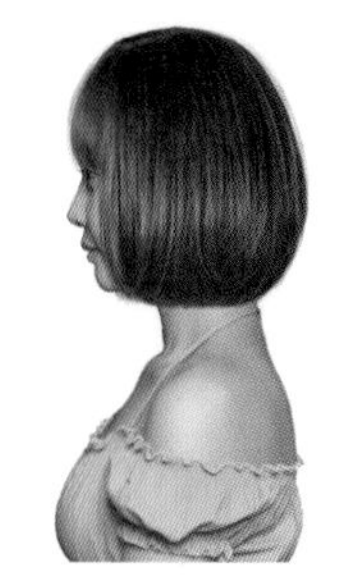
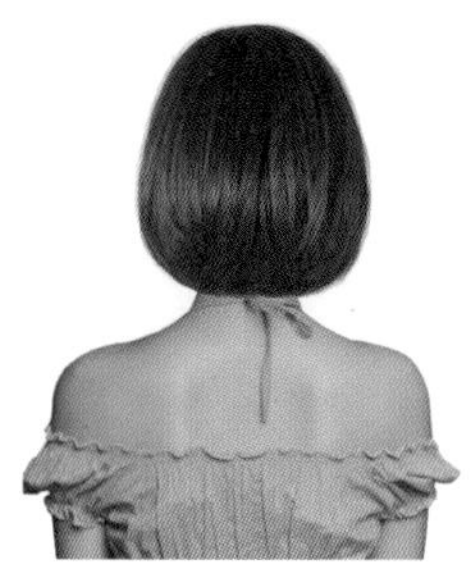

원랭스 그러데이션

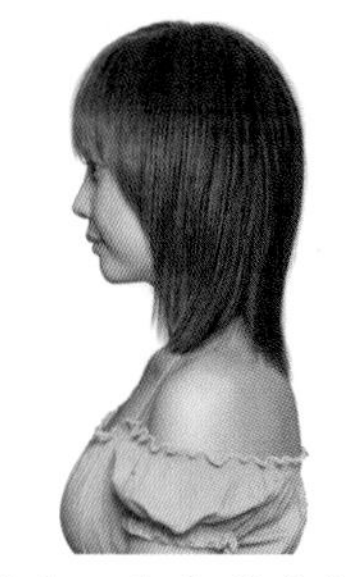
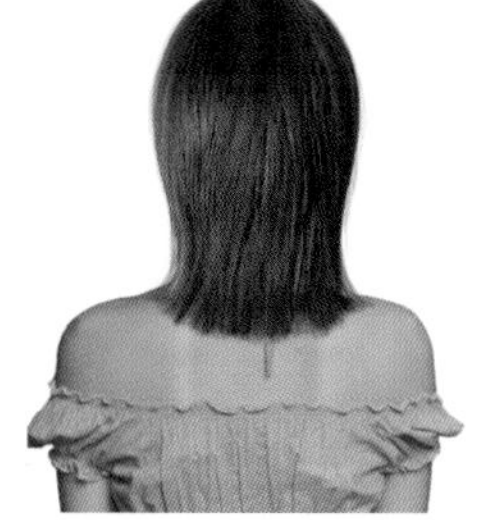

페이스 라인 레이어드

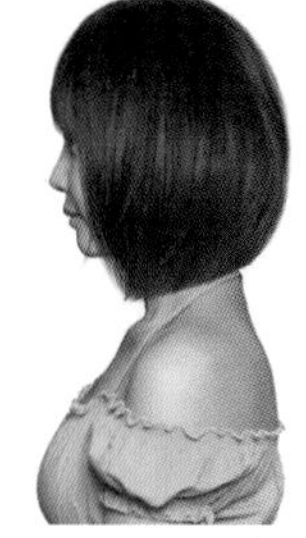
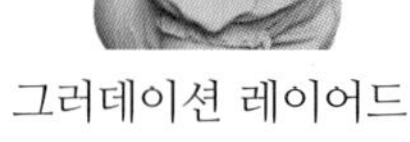

그러데이션 레이어드

기본 헤어스타일의 기법을 조합하여 커팅되는 콤비네이션 커트 기법은 다양한 헤어스타일 형태로 변화합니다.

거의 모든 헤어스타일은 콤비네이션 기법에 의해 다양한 변화를 일으키며 길이, 단차의 크기, 웨이트 포인트의 위치, 틴닝과 다양한 깎기의 콤비네이션 기법에 의해서 다양한 이미지의 형태 변화를 주는 것을 알 수 있습니다. 단순한 몇 가지 헤어스타일을 반복한다면 평생해도 기술과 디자인은 발전하지 못하고 고객에게 인정받기도 어렵고 프로 디자이너가 될 수 없습니다.

|헤어스타일의 형태 구축을 위한 단차의 이해|

|길이와 단차에 따른 헤어스타일 형태 변화|

• 콤비네이션 헤어스타일(Combination Hair Style)

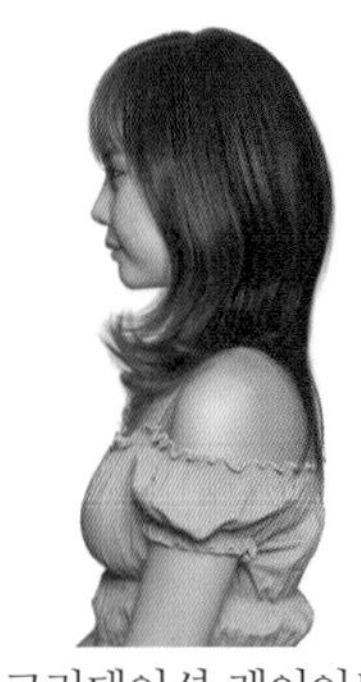

그러데이션 레이어드

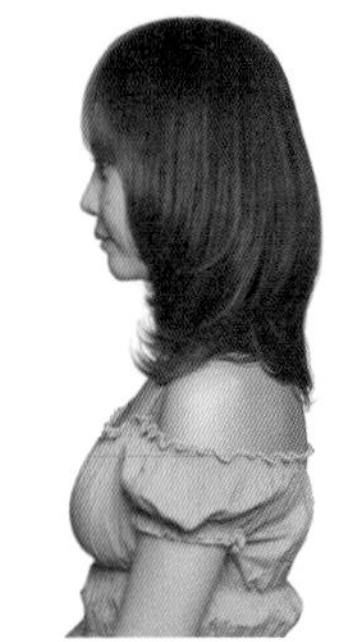
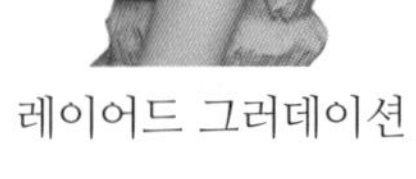

레이어드 그러데이션

제3장 여러 가지 커트 단면과 특징

제1장과 제2장에서 역학적인 원리를 이용한 손질하기 편한 헤어스타일 조형과 길이와 단차에 따른 다양한 형태 변화를 기술하였습니다.

제3장에서는 길이와 단차에 의해서 구축된 스타일의 형태를 헤어디자인이라는 관점에서 아름답고 손질하기 편한 모발의 흐름, 표정 연출을 어떻게 할 것인지 섬세하고 디테일하게 연구하도록 하겠습니다.

|여러 가지 커트 단면과 특징|

|자른 단면에 대한 연구|

헤어 커트를 할 때 가위를 어떤 기법으로 넣어서 자를 것인가. 자른 단면의 표현은 다양하고, 커트된 기법에 따른 단면에 의해 무게감, 움직임, 모발의 흐름, 방향, 헤어스타일의 표정 연출이 다양하게 변화합니다.
몇 가지 단순한 기법으로는 다양한 형태를 만들 수 없기 때문에 헤어스타일의 표현도 단순할 수밖에 없습니다.
예쁘고 다양한 표현, 손질하기 편한 헤어스타일 디자인을 하기 위한 커트 기법에 대해 기술하도록 하겠습니다.

같은 형태의 헤어스타일이라 할지라도 자른 단면, 다양한 틴닝, 깎기 기법에 의해서 모발의 움직임이 변화하며 다양한 헤어스타일의 표정 연출로 다양한 헤어디자인이 가능해집니다.

|여러 가지 커트 단면과 특징|

|자른 단면과 모발 흐름|

직선 커트(브란트)

사선 커트(바이어스 브란트)

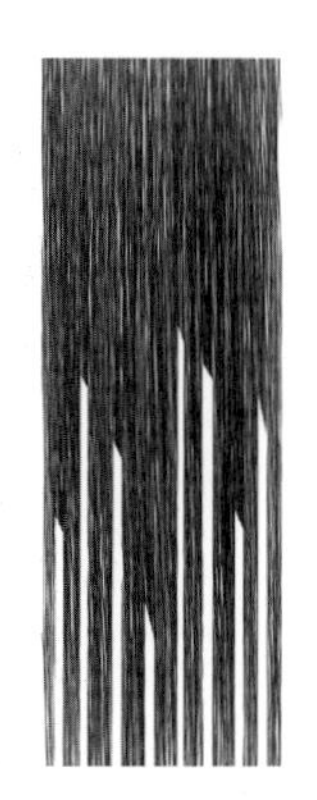

지그재그 커트

같은 양의 슬라이스 패널을 3가지 기법으로 커트했을 때 자른 단면에 따라 질량, 중량감, 움직임, 방향 등 모든 요소가 변화하고, 사선 커트, 지그재그 커트를 할 때 커트 각도, 절단면의 깊이에 따라서 움직임 방향 등이 다양하게 변화하도록 다양한 기법을 활용하여 커트하여야 다양한 헤어스타일 디자인이 가능하고 체계적이고 섬세한 고급 커트를 할 수 있습니다.

|여러 가지 커트 단면과 특징|

|자른 단면과 헤어스타일 결과|

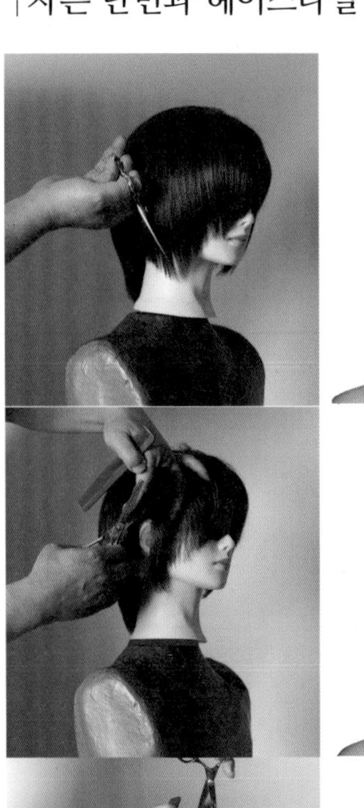

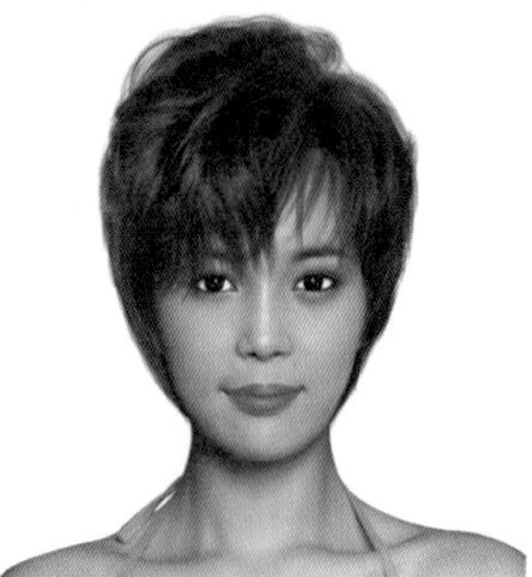

자른 면이 다르면 질량, 중량감, 흐름, 방향의 모든 요소가 달라집니다.
헤어스타일의 형태에 따라서 다양한 헤어스타일의 모류, 표정을 연출할 수 있습니다.
헤어 커트를 할 때는 단면을 어떻게 할 것인지 완성된 헤어스타일의 표정을 연상하면서 커트하여야 합니다.

|여러 가지 커트 단면과 특징|

|다양한 커트 면|

브란트 커트와 바이어스 브란트 커트의 움직임이나 흐름의 특징, 방향, 웨이트의 위치가 다릅니다.
같은 지그재그라 할지라도 형태나 깊이에 따라서 달라집니다.
커트된 각각의 개요를 살펴보도록 합니다

얕은 지그재그(규칙적)
모발 끝에서 1~2cm 길이로
균일하게 커트된 상태

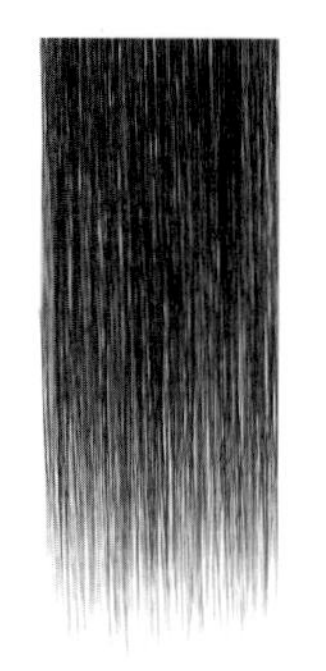

깊은 지그재그(규칙적)
모발 끝에서 4~6cm 길이로
균일하게 지그재그 커트된 상태

모발 끝에서 어떤 깊이, 형상에 따라 지그재그 커트하느냐에 따라서 모발의 흐름, 질량, 웨이트 포인트 위치가 변화합니다.

이러한 변화를 이해하여 헤어스타일의 표정에 적합한 커트 기법을 활용하는 것이 중요합니다.

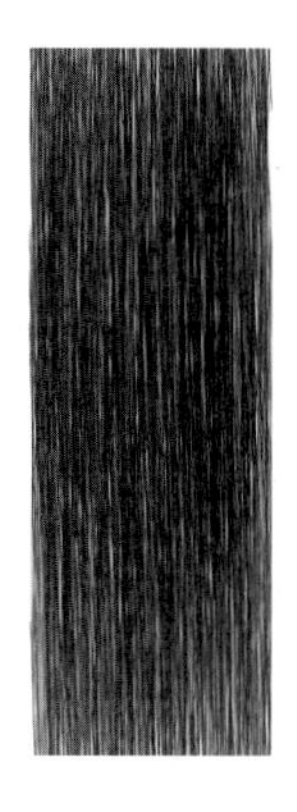

브란트 커트
모발의 흐름에 맞춰 90도로
커트된 상태

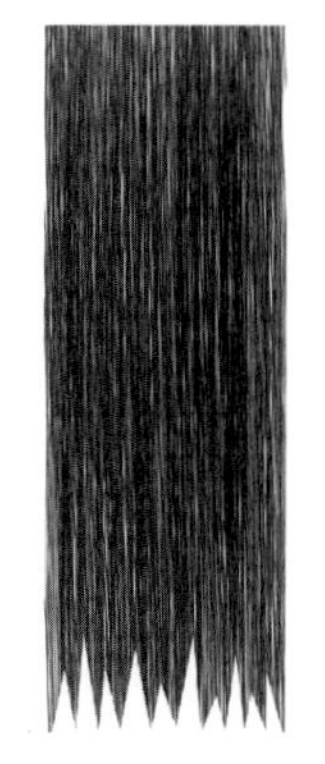

모발 끝에서 얕게 불규칙적으로
지그재그 커트된 상태

모발 끝에서 불규칙적으로
지그재그 커트된 상태

|여러 가지 커트 단면과 특징|

|지그재그 형상에 따른 무게감의 변화|

• 규칙적 지그재그

브란트 커트

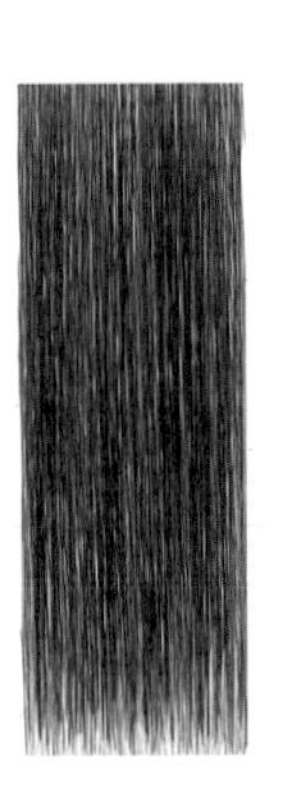
1~2cm

2~4cm

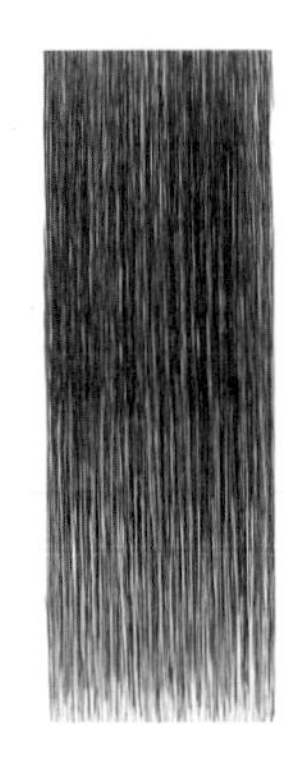
4~6cm

모발 끝에서 균일하게 점점 깊게 커트한 형태로 전체 길이는 짧아지지 않습니다.
깊게 커트할수록 모발이 가늘어지고 무게감이 가벼워지는 형상을 볼 수 있습니다.

• 불규칙적 지그재그

얕게 커트 1~2cm

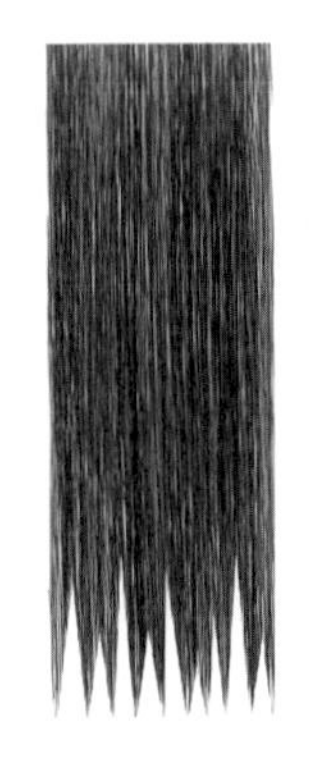
얕게 커트 1~2cm

얕게 커트 3~4cm

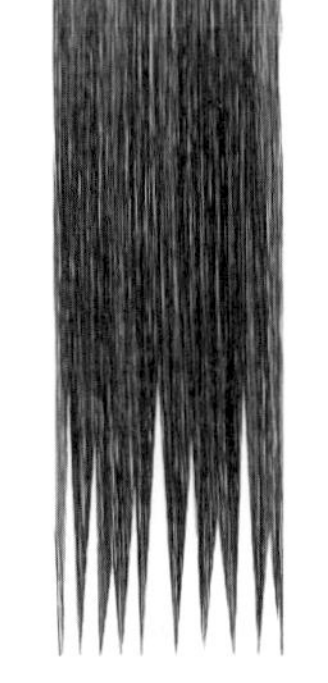
얕게 커트 5~6cm

불규칙 지그재그는 디자인 측면에서 부분적으로 포인트나 가벼움, 자유로운 움직임을 표현할 때 사용하는 기법입니다.

|여러 가지 커트 단면과 특징|

|모발의 움직임의 원리(방향성)|

모발의 움직임은 커트 면에 따라서 모발의 방향성이 달라집니다.
여러 가지의 절삭 면을 통해서 어떻게 움직이는지 알아 보겠습니다.
커트 기법에 따라서 모발의 흐름, 방향성이 달라지므로 응용하여 커트하면 손질하기 편한 특별한 헤어스타일 흐름을 연출할 수 있습니다.

깎지 않기

모발 흐름에 맞추어 90도로 브런트 커트한 상태로 좌우로 움직임이 거의 없고 경직되어 있습니다.

A

B

중간부터 커트

그림 A처럼 우측면에서 3cm 아래 각까지 비스듬히 커트한 상태는 좌측으로 모발 흐름이 좋으며,

그림 B처럼 좌측면에서 우측으로 비스듬히 커트하면 오른쪽으로 자연스럽게 움직이 좋아집니다.

A

B

뿌리부터 슬라이딩 커트

그림 A처럼 우측면의 뿌리부분에서 모발 끝까지 슬라이딩 커트한 상태는 좌측으로 모발 흐름이 좋으며,

그림 B처럼 좌측면에서 모발 끝까지 슬라이딩 커트하면 오른쪽으로 가볍고 자연스러운 움직임이 좋아집니다.

|여러 가지 커트 단면과 특징|

|다양한 깎기와 모발의 움직임|

헤어스타일의 자연스러운 표정을 연출하기 위해 틴닝과 슬라이딩 커트 등의 다양한 기법으로 모량을 조절하여 가볍고 부드러운 움직임을 표현해야 합니다.
헤어스타일을 조형할 때 다양한 방향성(원하는 모발 흐름)을 연출하기위해 필요한 다양한 깎기 커트 기법에 대해 알아 보겠습니다.
다양한 깎기 기법으로 커트를 하면 헤어스타일에 적합한 표정을 연출하여 헤어스타일의 완성도를 크게 높일 수 있습니다.
깎기 방법에 따라 모발의 움직임과 질감이 달라집니다.

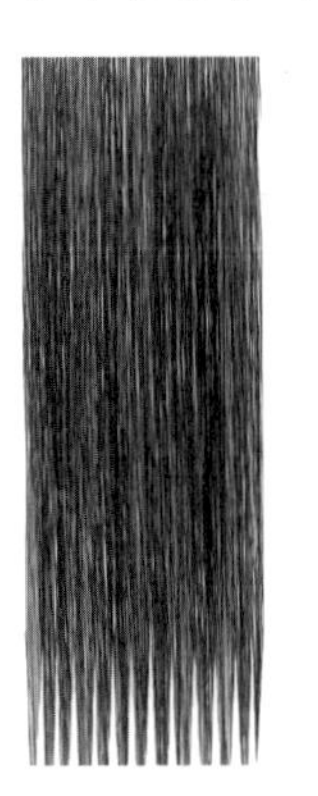
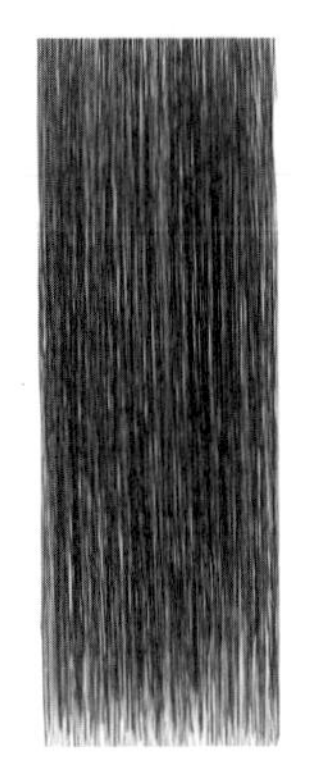

모발 끝에서 2~3cm 깎기로 끝부분에 약간의 가벼움을 주지만 움직임이 크지 않습니다.

전체적인 모량을 줄이지 않으면서 끝부분에 가벼운 움직임을 표현하는 기법입니다.

모발 끝에서 5~6cm 깎기로 가벼운질감을 표현하여 자연스러운움직임을 연출합니다.

헤어스타일의 가벼운 흐름과 율동감을 표현하는 기법입니다.

모발 끝에서 10cm 깎기로 깃털처럼 가벼운 움직임과 바람에 날리는 듯 경쾌하고 자연스러운 움직임을 연출합니다.

헤어스타일에 대담하게 가늘어지고 자유로운 율동감을 표현할 때 활용하는 기법입니다.

|여러 가지 커트 단면과 특징|

|헤어스타일의 다양한 틴닝 기법|

이번 섹션에서는 모발의 숱을 조절하는 틴닝 커트 기법에 대해 알아봅니다.
헤어숍에서 모발량을 조절하기 위해 틴닝 커트를 많이 하지만 틴닝 커트를 통한 숱아내기의 이해없이 하게 되면 헤어스타일 자체를 망가뜨릴 수 있습니다.
헤어스타일의 흐름, 움직임, 표정에 대한 디자인의 적합한 틴닝 방법으로 헤어스타일 커트를 해야 합니다.

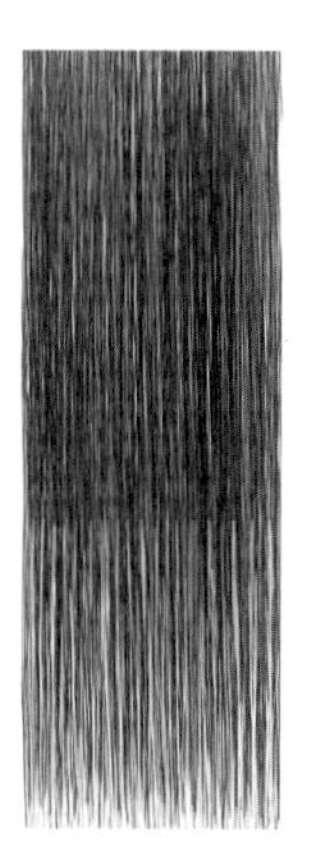
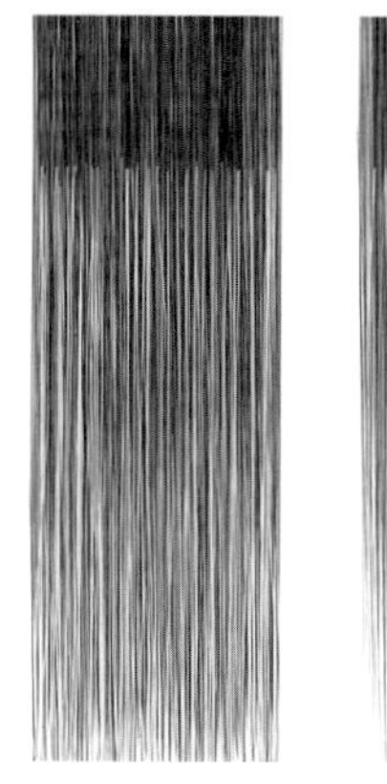
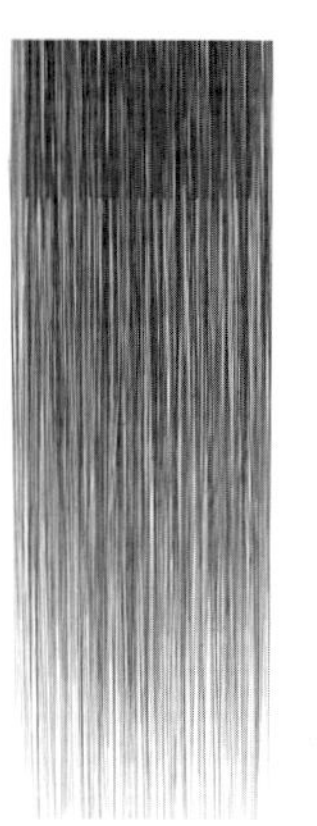

모발 끝부분만 숱기

헤어스타일의 무게감을 유지하면서 끝부분에 가벼운 질감을 표현하기 위해 틴닝합니다.

헤어스타일의 볼륨과 무게감을 줄이지 않으면서 끝부분에 가벼운 움직임을 표현하는 기법입니다.

중간부터 숱기

적당한 모발량 조절로 가벼운 질감을 표현하기 위해 틴닝합니다.

헤어스타일의 가벼운 흐름과 율동감을 표현하는 기법입니다.

뿌리 부분부터 숱기

모발 숱이 너무 많을 때 모발량을 조절하기 위해 하는 기법으로 지나치게 많이 커트하면 들뜨거나 커트한 짧은 모발이 튀어나올 수 있어서 주의하며 섬세한 빗질을 하면서 모량을 확인하고 조금씩 틴닝합니다.

|여러 가지 커트 단면과 특징|

|틴닝 가위를 넣는 각도별 솎아내기 결과|

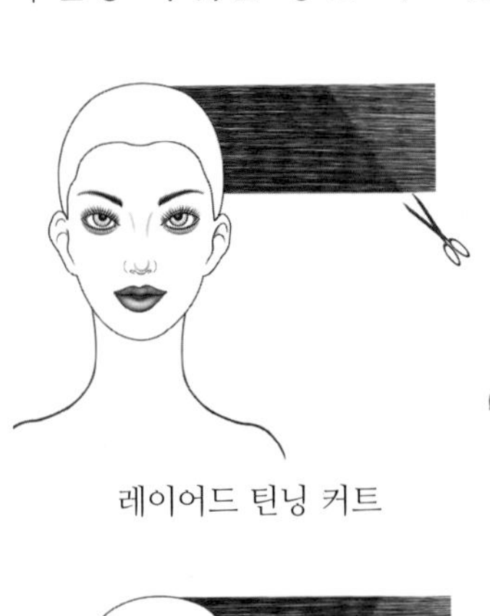

레이어드 틴닝 커트

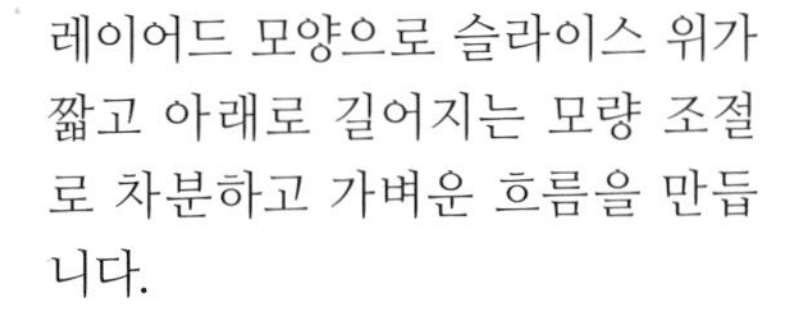

레이어드 모양으로 슬라이스 위가 짧고 아래로 길어지는 모량 조절로 차분하고 가벼운 흐름을 만듭니다.

톱 쪽으로 짧고 언더쪽으로 길어지면서 끝부분이 가볍고 부드러우면서 뻗치는 흐름이 만들어집니다.

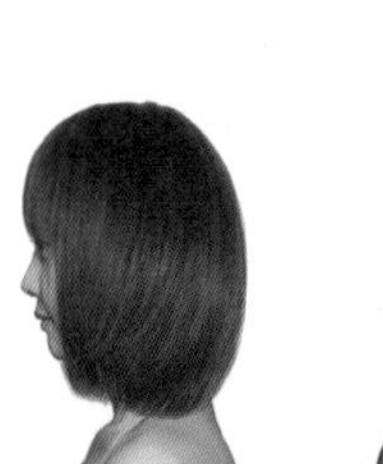

그러데이션 틴닝 커트

그러데이션 모양으로 슬라이스 아래가 짧고 위가 길어지는 흐름으로 가벼우면서 볼륨을 만들고자 할 때 유리합니다.

톱 쪽보다 언더 쪽으로 층이 짧아지면 중력, 모발의 탄력 관계의 힘이 안말음 운동이 일어나서 안정된 안말음 헤어스타일을 연출할 수 있습니다.

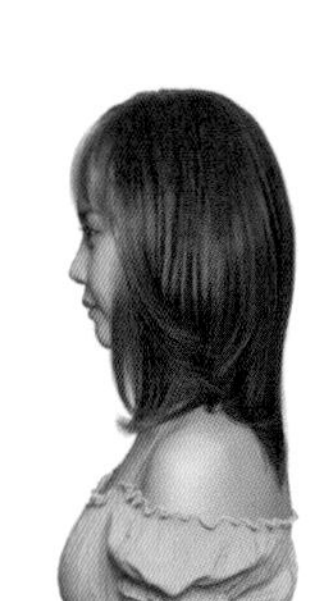

모발 흐름에 맞추어 90도 직각으로 틴닝을 넣는다.

일반적인 틴닝으로 헤어스타일 디자인에 따라 뿌리 부분, 중간 부분, 끝부분에서 틴닝을 하여 모발량을 조절합니다.

|여러 가지 커트 단면과 특징|

|솎아내기 이해|

틴닝 커트는 어디를 넣어서 솎느냐에 따라 헤어스타일의 형태가 달라지므로 헤어스타일의 디자인에 알맞은 틴닝 커트를 하여 모량을 조절해서 가벼움, 볼륨, 움직임, 표정을 연출합니다.

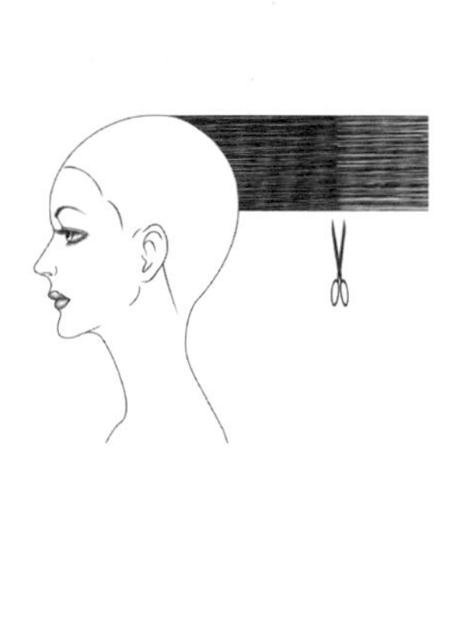

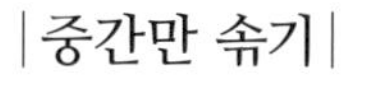

|중간만 솎기|

적당한 모발량 조절로 가벼운 질감을 표현하기 위해 틴닝을 합니다.

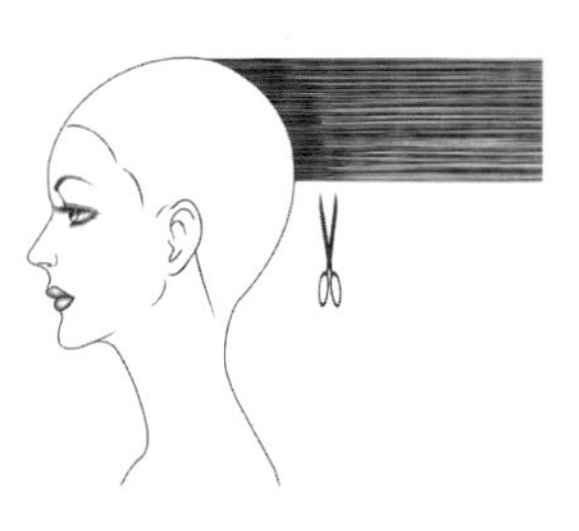

|뿌리만 솎기|

모발 숱이 너무 많을 때 모발량을 조절하기 위해 하는데 지나치게 많이 커트하면 들뜨거나 커트한 짧은 모발이 튀어나올 수 있으므로 주의합니다.

|여러 가지 커트 단면과 특징|

|솎아내기 이해|

틴닝 커트는 어디를 넣어서 솎느냐에 따라 헤어스타일의 형태가 달라지므로 헤어스타일의 디자인에 알맞은 틴닝 커트를 하여 모발량을 조절해서 가벼움, 볼륨, 움직임, 표정을 연출합니다.

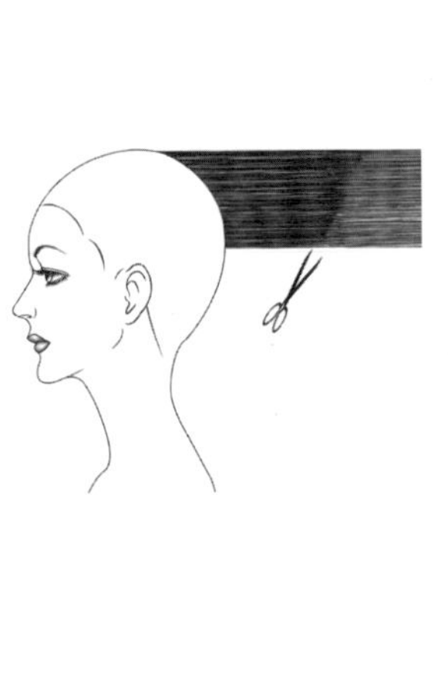

|그러데이션 틴닝(중간, 모발 끝에서 틴닝)|

헤어스타일의 모발량을 조절하여 가벼운 움직임과 볼륨을 줄 때 틴닝하는 기법입니다.

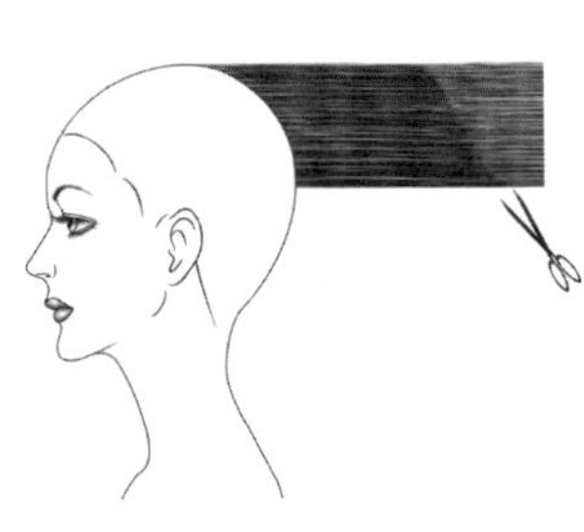

|레이어드 틴닝(중간, 모발 끝에서 틴닝)|

모발량을 조절하여 볼륨을 줄이고 차분하고 자유로운 표면을 만들 때 틴닝하는 기법입니다.

|틴닝과 깎기에 따른 헤어스타일의 움직임과 표정의 변화|

|솟 헤어스타일의 표면|

틴닝과 깎기는 헤어스타일의 움직임, 가벼움, 무게감, 방향, 율동감, 표정 등이 달라지므로 다양한 틴닝과 깎기에 따라서 헤어스타일 디자인이 어떻게 변화하는지 알아보겠습니다.

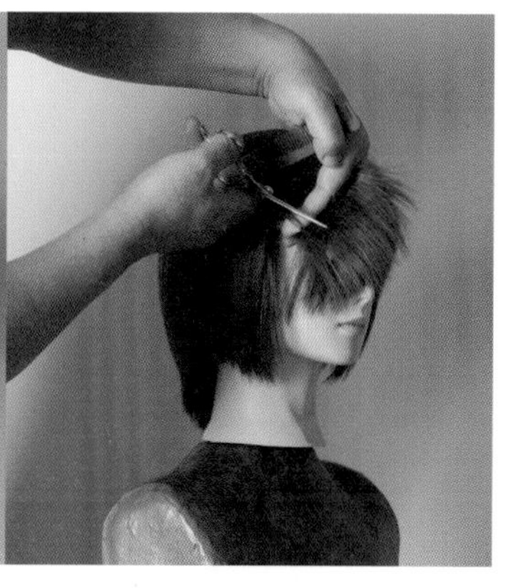

헤어스타일의 형태에서 절삭면이 헤어스타일의 표정(표정이란 모발의 흐름이나 움직임)에 다양한 형태의 변화를 줍니다.
솟 헤어스타일의 경우 차분하고 부드럽고 율동감을 주려면 섬세한 커트를 해야 합니다.
슬라이스 아래에서 가위를 넣어서 모발 끝으로 비스듬히 슬라이딩 커트를 하면 얼굴을 감싸는 듯 자연스러운 모발흐름이 연출됩니다.

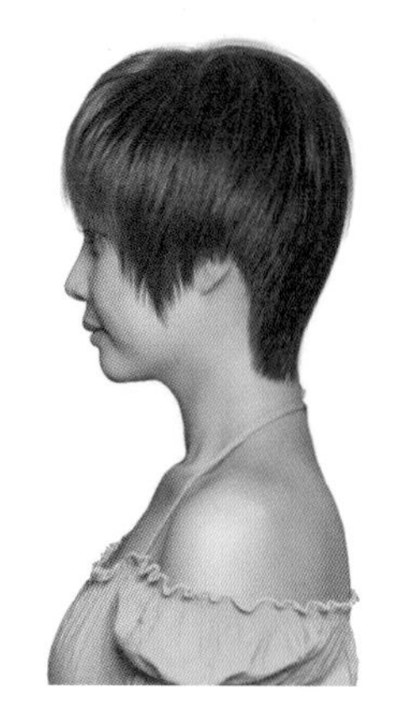

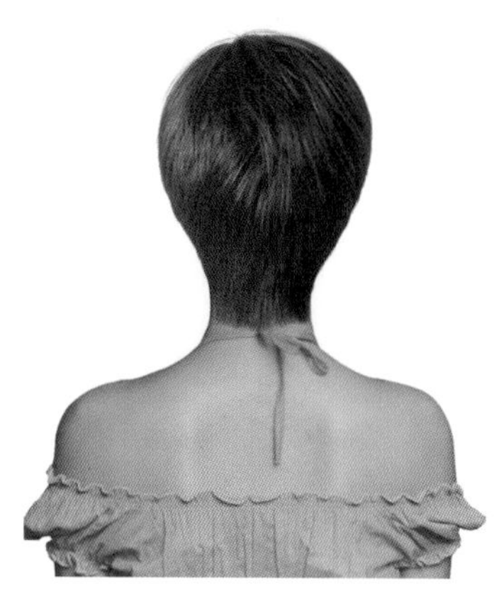

|틴닝과 깎기에 따른 헤어스타일의 움직임과 표정의 변화|

|롱 헤어스타일|

틴닝과 깎기는 헤어스타일의 움직임, 가벼움, 무게감, 방향, 율동감, 표정 등이 달라지므로 다양한 틴닝과 깎기에 따라서 헤어스타일 디자인이 어떻게 변화하는지 알아보겠습니다.

롱 헤어스타일은 차분하고 부드러우면서 자연스러운 움직임을 연출하는 커트를 하여야 합니다.

무게감을 줄여서 가벼운 흐름을 표현하기 위해 모발 길이 중간에서 끝부분으로 슬라이스 양쪽에 가위를 넣어서 비스듬히 슬라이딩 커트를 섬세하게 합니다.

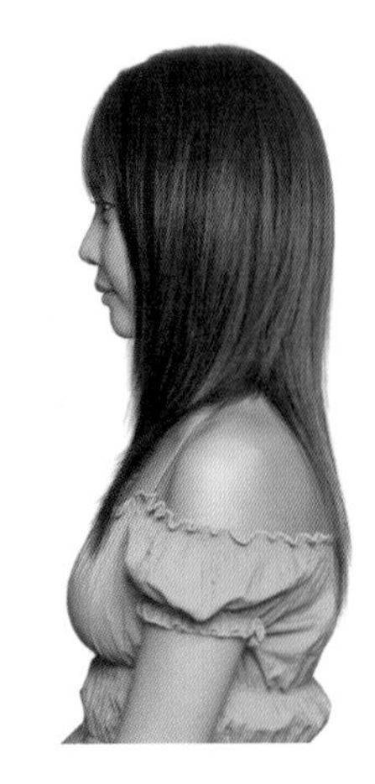

|틴닝과 깎기에 따른 헤어스타일의 움직임과 표정의 변화|

|미디엄 헤어스타일|

틴닝과 깎기는 헤어스타일의 움직임, 가벼움, 무게감, 방향, 율동감, 표정 등이 달라지므로 다양한 틴닝과 깎기에 따라서 헤어스타일 디자인이 어떻게 변화하는지 알아보겠습니다.

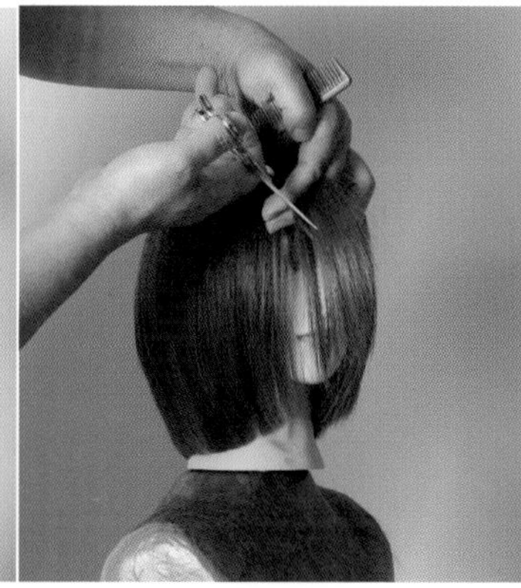

미디엄 헤어스타일의 틴닝과 깎기는 볼륨을 주면서 안말음 흐름의 운동이 잘되고 부드럽고 가벼운 흐름을 연출하기 위해서 합니다.

틴닝은 모발 길이 중간, 끝부분에서 커트하고 슬라이스 폭 아랫면에서 가위를 비스듬히 넣어서 슬라이딩 커트를 하여 끝부분이 가늘어지고 가벼운 흐름으로 안말음이 되고 얼굴을 감싸는 듯 자연스러운 질감을 표현합니다.

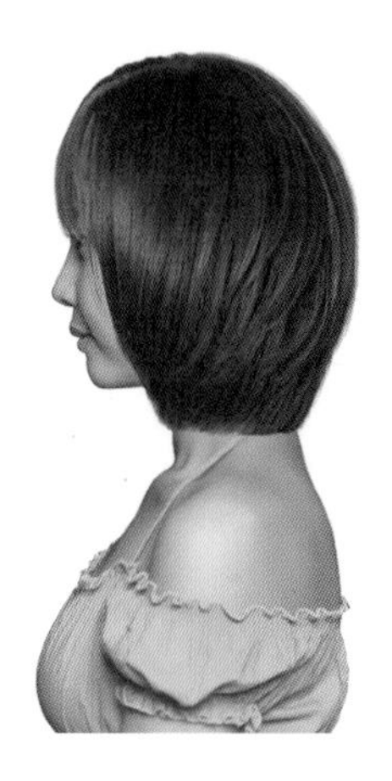

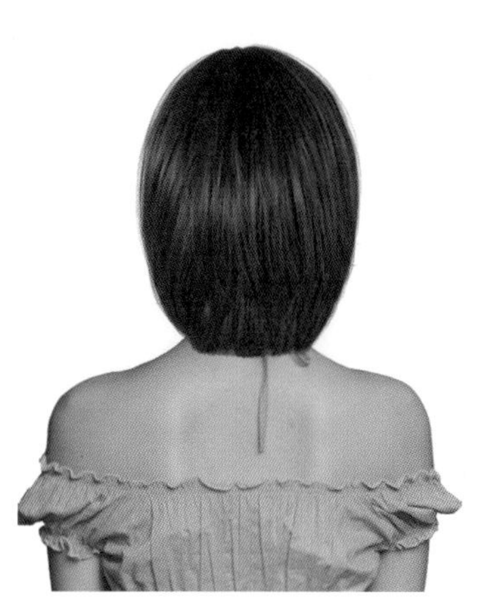

|틴닝과 깎기에 따른 헤어스타일의 움직임과 표정의 변화|

|깎기 커트에 따른 형태 변화|

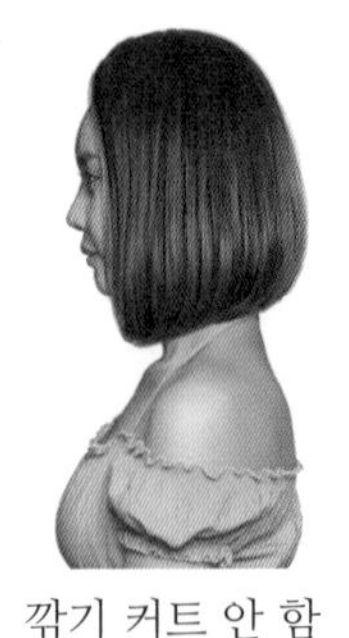
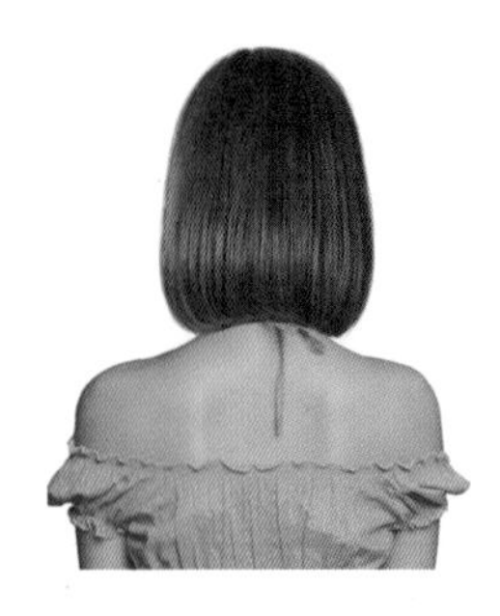

깎기 커트 안 함

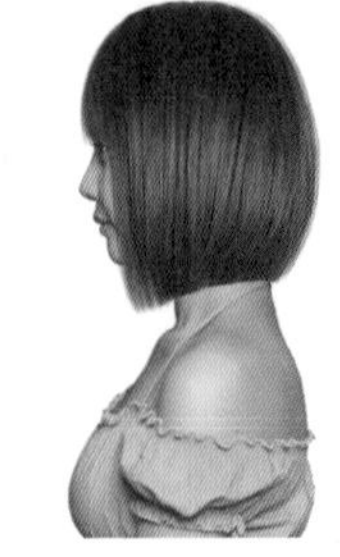
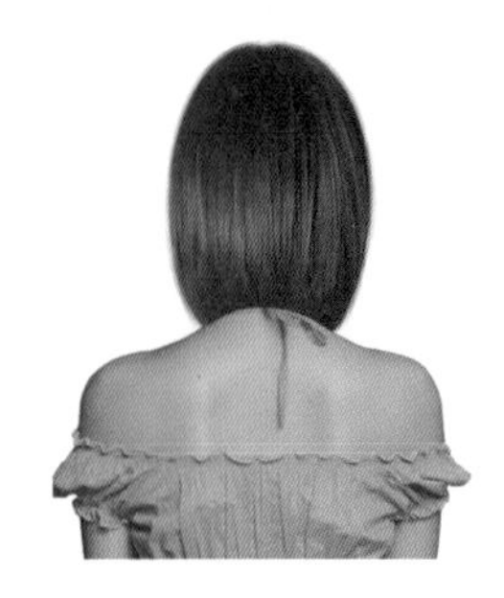
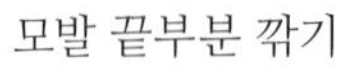

모발 끝부분 깎기

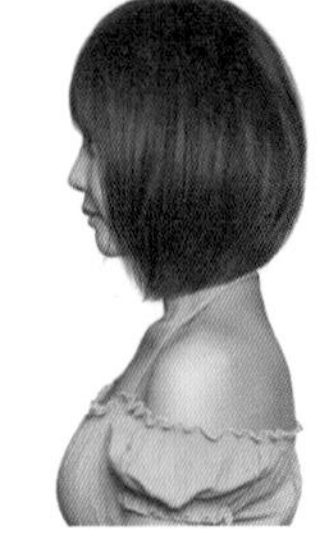
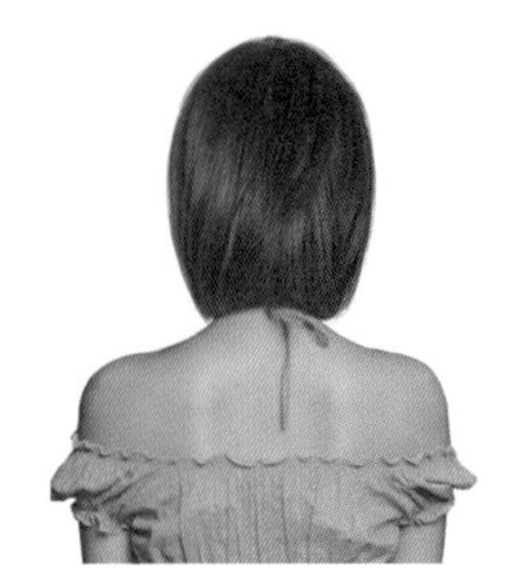

모발 중간, 끝부분 깎기

헤어스타일의 형태는 단차 구성에 따라 결정되고. 베이스의 토대를 만든 후 틴닝과 깎기 커트를 하면 다양한 형태가 변화합니다.
깎기 커트를 안 한 헤어스타일은 무게감으로 중력의 힘이 작용하여 볼륨감이 없어집니다.

모발의 중간, 끝부분에서 틴닝과 깎기 커트를 하면 볼륨감과 움직임이 좋아지는 흐름이 연출됩니다.

헤어스타일 디자인은 형태, 라인, 단차, 틴닝과 깎기 커트 기법에 따라 스타일이 다양하게 변화합니다.

프로페셔널 헤어디자이너는 얼굴형을 분석하여 가장 잘 어울리는 헤어스타일을 제안하고 특별한 커트 기법으로 개성화된 헤어스타일을 조형하여야 고객이 손질하기 편해지고 아름다워져서 감동하게 됩니다.

|틴닝과 깎기에 따른 헤어스타일의 움직임과 표정의 변화|

|틴닝과 깎기 커트의 콤비네이션|

틴닝과 깎기 커트를 혼합해서 사용하여 헤어스타일의 움직임, 무게감 조절, 헤어스타일의 표정을 연출합니다.

틴닝과 깎기 커트는 비슷한 것 같지만 다른 효과가 있어서 각각의 특성을 이해하여 효과적으로 사용하면 좋은 헤어스타일 디자인을 마무리할 수 있습니다.
깎기 커트만으로는 살롱 커트에서 효율성이 떨어지므로 디테일한 틴닝 커트를 병행하면 다양한 헤어스타일 표정을 연출할 수 있습니다.

헤어디자이너, 헤어숍의 특별한 성공 포인트

변화하고 차별화하고 혁신하는 것이 성공하는 길입니다.
디테일한 헤어스타일 디자인 상담으로 고객과 소통하고 헤어스타일의 디자인의 완성도를 크게 높여서 고객이 감동해야 합니다.

제4장. 웨트 커트와 드라이 커트(Wet cut, Dry cut)

헤어디자이너들은 다양한 커트 기법을 구사하면서 헤어스타일을 조형하고 있습니다.
커트를 할 때 고려해야 하는 것은 기법만이 아니라 젖은 상태(Wet cut)에서 커트할 것인지 수분이 약간 있는 건조한 상태(Dry cut)에서 커트할 것인지 판단하여 커트하여야 효율을 높이고 완성도를 높이는 조형을 할 수 있습니다.

고객의 머리카락은 다양한 조건(저항성모, 건강모, 약손상모, 극손상모, 곱슬기의 정도)에 따라 다른 특성을 가지고 있습니다.

두상에서 정수리를 중심으로 45~60도의 각도로 소용돌이 방향성으로 자라서 중력에 의해 아래로 향하는 흐름을 분석하여 헤어스타일을 디자인하고 헤어커트를 하여야 합니다.

본장에서는 웨트 커트와 드라이 커트의 장단점을 분석하고 조건에 맞는 방법을 선택해서 커트하는 것이 완성도를 높이는 헤어스타일 조형을 할 수 있습니다.

처음 헤어 커트를 시작하는 초보 헤어디자이너는 보통 웨트 커트를 하여 형태를 구축하고 숙련도를 높이기 시작합니다.

웨트 커트는 저항성모, 건강모, 곱슬머리를 빗질하여 직선으로 쉽게 커트하기는 좋으나 정수리를 중심으로 자연상태에서 중력에 의해 움직이는 전체 흐름을 파악하기가 어려운 단점이 있습니다.

적당히 수분을 스프레이 해서 축축한 상태에서 웨트 커트로 전체적인 헤어스타일 형태를 구축한 후 수분을 약간 유지하는 상태로 드라이하여 모발의 무게감, 움직임, 헤어스타일의 표정을 연출하여 마무리 완성하는 것이 좋습니다.

웨트 커트는 브란트 커트하기 좋고 드라이 커트는 깊게 비스듬히 커트하는 바이어스 브란트 커트, 슬라이딩 커트 등의 깎기를 하기가 좋습니다.
모발이 많이 손상되어 있을수록 빗질이 어려우므로 드라이 커트하는 것이 작업의 효율도 높고 정확하게 커트할 수 있는 장점이 있습니다.

저자는 90년대부터 웨트 커트, 드라이 커트의 콤비네이션 기법으로 커트를 하기 시작했고, 현재는 수분이 약간 있는 드라이 커트를 많이 합니다.

| 웨트 커트와 드라이 커트(Wet cut, Dry cut) |

| 웨트 커트와 드라이 커트의 비교 분석 |

웨트 커트와 드라이 커트의 비교를 통해서 특성을 이해하고, 헤어 커트 시 좋은 커트 방법과 효율을 높이기 위해서 비교 분석을 했습니다.

구분	웨트 커트	드라이 커트
모발의 수분 함유량	촉촉한 상태	수분이 약간 있는 건조한 상태
모발 상태	굵은 모발, 저항성모, 건강모	약손상모, 극손상모
모발이 자란 방향	알기 어렵다	알기 쉽다
텐션	손상모는 텐션을 가하면 늘어남	늘어나지 않는다
짧게 커트하면 모발의 움직임	거칠은 면, 방향성 알기 어렵다	움직임, 미세한 단차 알기 쉽다
커트 양	많이 잘린다	모발이 흩어지기 때문에 많이 잘리지 않는다
절삭하는 방법	브란트 커트, 슬라이딩 커트	비스듬한 바이어스 브란트 커트, 틴닝 커트 모발량 조절을 위한 슬라이딩 커트
내추럴 폴 상태	보기 어렵다	실루엣, 움직임을 확인할 수 있다

* 숱이 많은 모발, 저항성모, 건강모는 웨트 커트로 헤어스타일의 형태를 만든 후 드라이하여 수분이 약간 있는 건조한 상태에서 Natural Fall을 확인하면서 움직임, 방향성, 표정을 연출하여 헤어스타일을 완성하는 것이 좋습니다.

모발이 손상이 되어 있는 상태라면 드라이 커트하는 것이 효율성을 높이고 정교하게 커트를 할 수 있습니다.

* Natural Fall: 정수리에서 45~60도 방향으로 회전해서 중력에 의해 자연스럽게 아래로 늘어뜨린 모발 흐름입니다.
이 모습에서 모발의 겉모습, 머릿결, 형태선의 방향과 특성을 분석할 수 있습니다.

| 웨트 커트와 드라이 커트(Wet cut, Dry cut) |

| 웨트 커트와 드라이 커트의 작업 순서 |

고객방문

헤어스타일 상담 및 카운셀링

고객의 얼굴형에 어울리는 헤어스타일을 결정하는 것은 디자인에 있어서 가장 중요한 과정입니다.
상담을 잘하려면 우선 고객의 생각을 잘 들어 주어서 어떤 헤어스타일을 원하는지 분석하고 판단하는 것이 매우 중요합니다.
6:4 카운슬링이란 60%는 고객의 생각을 충분히 들어주고, 40%는 전문가로서 고객에게 어울리는 적합한 헤어스타일을 제안하여 고객과 상의해서 결정하여야 합니다.
헤어디자이너가 다양한 헤어스타일 디자인 제안을 효과적으로 하려면 다양한 헤어스타일의 아이디어, 고객 분석 능력, 디자인 감각을 갖추고 있어야 합니다.
상담 시간이 긴(약 10분) 헤어디자이너가 짧고 단순하게 하는 디자이너에 비해 매출이 약 2.5배 높다는 연구 결과가 있습니다.

샴푸

스타일링제 등 더러움을 제거하고 커트하기 쉬운 상태를 만듭니다.
샴푸 후 타월 드라이하고 빗질하고 고객이 방문 시 헤어스타일링 상태를 상상하고 머릿속에 염두해 둡니다.

웨트 커트와 드라이 커트 결정

웨트 커트: 건강하면서 숱이 많은 모발, 저항성모, 건강모는 타올로 드라이하고 촉촉한 상태까지 드라이하고 빗질하여 전체 헤어스타일의 형태, 길이를 설정하여 커트합니다.

드라이 커트: 모발의 손상 정도가 심할수록, 곱슬이 심할수록 수분이 약간 있는 드라이 커트를 하는 것이 커트의 효율을 높이고 섬세한 커트를 할 수 있습니다.

헨드 드라이, 트리트먼트 처리 (treatment)

극손상모일수록 커트를 하기 전 샴푸를 깨끗이 하고 트리트먼트제를 고르게 도포하고 마사지한 후 적정 시간을 방치하고 충분히 헹군 후 타올로 드라이해서 수분이 약간 있는 상태에서 드라이 커트하는 것이 효율을 높이고 내추럴 폴 상태를 확인하면서 커트할 수 있기 때문에 좋은 헤어스타일을 조형 할 수 있습니다.

| 웨트 커트와 드라이 커트(Wet cut, Dry cut) |

| 웨트 커트와 드라이 커트의 작업 순서 |

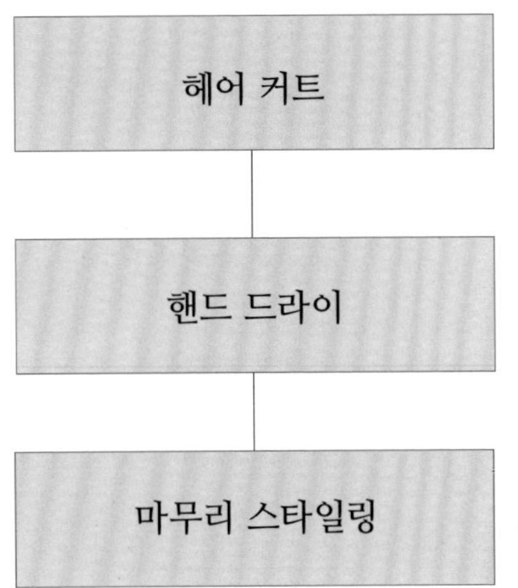

커트는 체계적이고 섬세하게 커트해서 완성도를 크게 높여야 고객이 안심하고 재방문율을 높일 수 있습니다.
결정된 헤어스타일을 완성도를 높이기 위해 섬세하게 커트해서 디자인을 완성합니다.

웨트 커트를 했다 할지라도 핸드 드라이를 해서 수분이 약간 있는 상태에서 드라이하여 체크 커트하고, 섬세하게 모발량 조절, 움직임, 헤어스타일의 표정을 연출하여 완성도를 높입니다.

고객이 가정에서 손질법이나 스타일링제 사용법을 어드바이스해서 헤어디자인을 마무리합니다.

손질하기 편한 헤어스타일 조형이라는 것은 헤어 커트를 역학적 원리를 이용하여 체계적, 과학적이고, 움직임, 무게감, 방향성, 스타일의 표정을 잘 연출하면 고객이 집에서 손질하기 쉽고 헤어디자이너도 마무리 스타일링이 효율적으로 빠르게 완성할 수 있습니다.

헤어숍에서 마무리 스타일링 할 때는 괜찮다고 생각했었는데 집에서 손질이 어렵고 예쁘지 않다라는 말을 많이 들었을 것입니다.
커트를 높은 수준으로 하지 않았다는 반증입니다.

제5장 헤어 커트와 조형 예술

헤어스타일 디자인은 형태, 모발의 방향성, 단차, 길이, 컬러에 따라서 다양한 헤어스타일로 변화할 수 있으며 고객의 욕구와 희망하는 헤어스타일은 아주 다양합니다.

다양한 헤어스타일 디자인을 하기 위해서는 헤어디자이너는 다양한 헤어스타일 디자인의 아이디어, 예술적 영감, 체계적, 과학적으로 숙련된 테크닉을 갖추기 위해 노력해야 합니다.

헤어스타일 디자인은 미술, 건축 등과 마찬가지로 예술적, 철학적, 과학적 개념을 포함하는 아트 분야라 할 수 있으며 아름다운 헤어스타일을 표현하는 미학적 측면과 손질하기 편한 스타일을 조형해야 하는 기능적 욕구를 충족시켜야 합니다.

훌륭한 헤어디자이너가 되기 위해서는 예술적 시각과 과학적 사고를 하여야 하며 고객의 얼굴형, 모발 조건, 손질 습관, 라이프스타일 등을 분석하여 아름답고 손질하기 편한 헤어스타일을 조형하여야 합니다.

본장에서 소개되는 커트 기법은 저자가 현장에서 오랜 경험을 바탕으로 창의적이고 과학적으로 커트 기법이 고안되었기 때문에 역학적 원리를 이용한 헤어스타일 조형을 이해하고 학습하면 빠른 기간에 일취월장하는 특별한 기술력이 완성됩니다.

|기본 헤어스타일 디자인의 이해|

기본 헤어스타일 디자인은 원랭스 커트(one length cut), 그러데이션(graduation), 레이어드(layered), 인크리스 레이어드(increase layered)의 4가지 헤어스타일이 있습니다. 헤어스타일은 다양하지만 형태를 분석하면 하나의 기본 헤어스타일이거나 여러 가지 기본 헤어스타일의 혼합된 콤비네이션 기법으로 형태를 구축하고 틴닝과 깎기 커트 기법으로 모발의 흐름, 방향성, 헤어스타일의 표정을 연출하여 헤어스타일을 완성하는 것입니다.

헤어스타일을 디자인할 때는 얼굴형, 손질법, 라이프스타일을 고려하여 기본 헤어스타일을 응용하고 조합해서 설계하면 다양한 헤어스타일의 디자인을 할 수 있습니다.

|원랭스 커트(one length cut)|

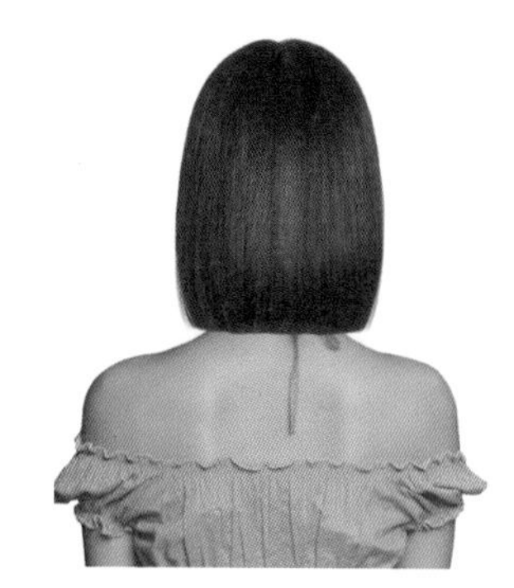

원랭스 커트는 네이프 안쪽에서 길이가 짧고 톱 쪽으로 점점 길이가 길어집니다. 정수리에서 방사상 곡선으로 내려오면서 중력에 의해 자연스럽게 수직으로 떨어져서 언더라인에서는 길이가 같아집니다.

질감은 구부러지지 않고 형태 라인에서 길이가 같기 때문에 언더에서 무거운 각진 형태선이 나타납니다.

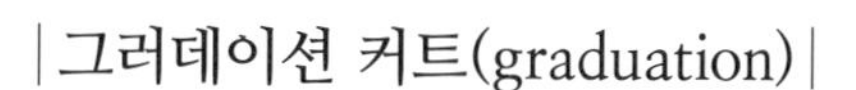

|그러데이션 커트(graduation)|

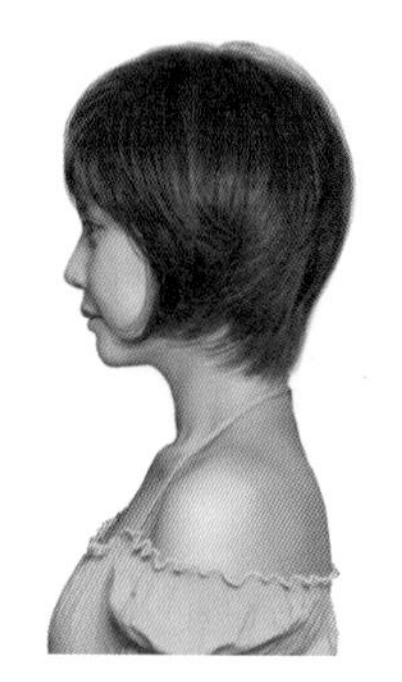

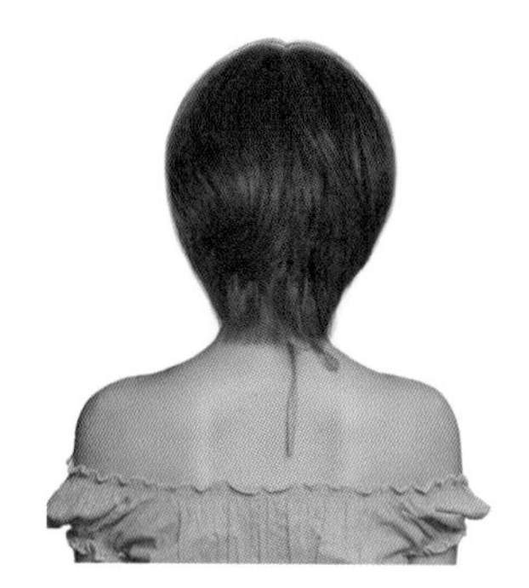

그러데이션 형태는 네이프에서 길이가 짧고 톱 쪽으로 올라갈수록 모발이 쌓여져 길이가 길어지고 미들 섹션에서 풍성한 볼륨이 만들어집니다.

|레이어드(layered)|

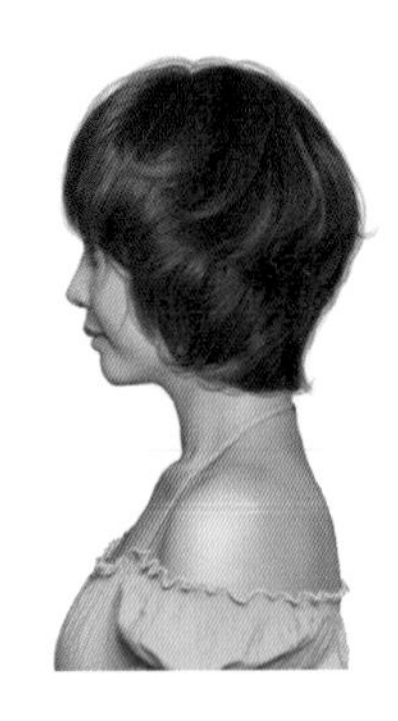

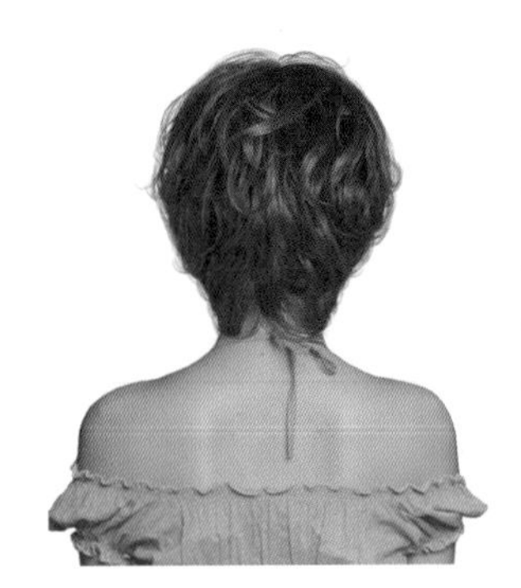

전체 두상에 걸쳐서 비슷한 길이로 층지게 커트되어 무게감 없이 들뜬 상태로 움직임이 좋은 둥그런 스타일입니다.

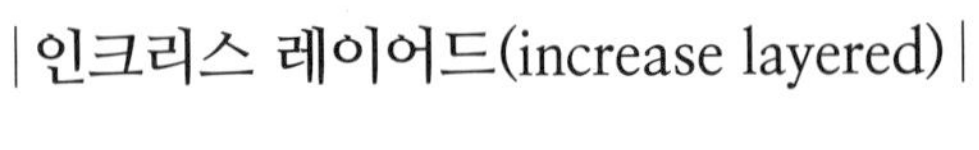

|인크리스 레이어드(increase layered)|

이 형태는 층지게 커트되어 톱에서 언더 쪽으로 길이가 길어져서 스타일이 무게감 없이 가벼워지고 가늘어지는 헤어스타일입니다.

|원랭스 커트(one length cut)|

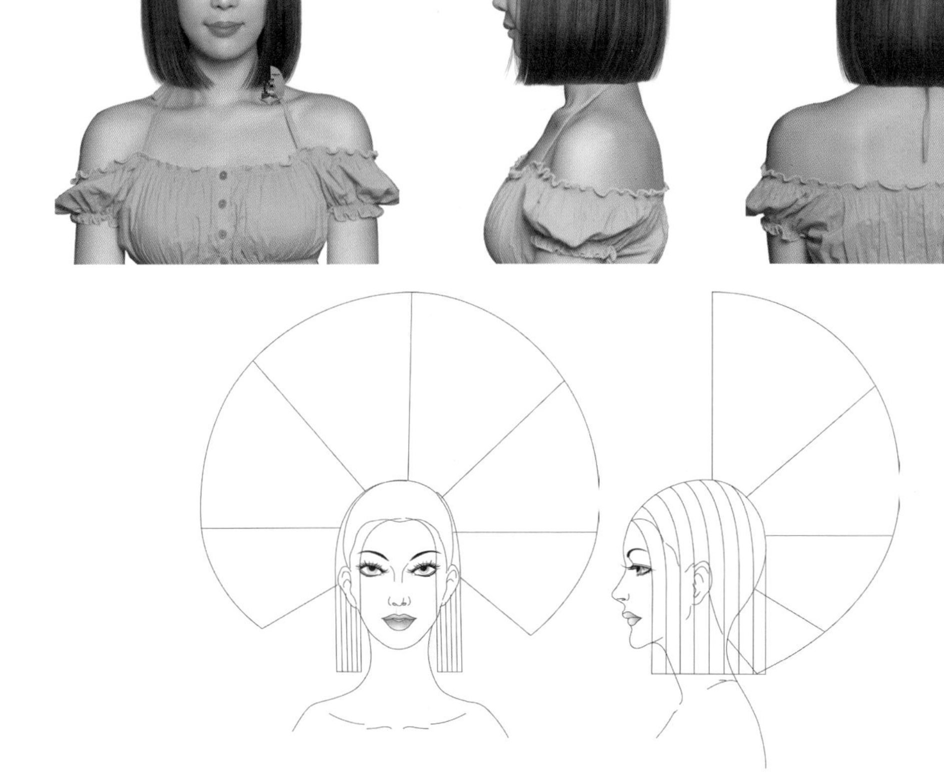

|형태|

원랭스 커트 헤어스타일은 직모인 상태에서 완벽한 모양과 찰랑거리는 실루엣을 느낄 수 있으며, 웨이브 펌을 하게 되면 미들 섹션과 언더 섹션으로 내려갈수록 풍성한 무게감이 생기면서 언더에서 A라인의 헤어스타일이 만들어집니다.

|구조|

톱 포인트 길이가 가장 길고 언더 섹션으로 길이가 짧아집니다.

중력에 의해 떨어지는 헤어 라인에서는 길이가 같아지고 층이 나지 않는 헤어스타일입니다.

|원랭스 커트(one length cut)|

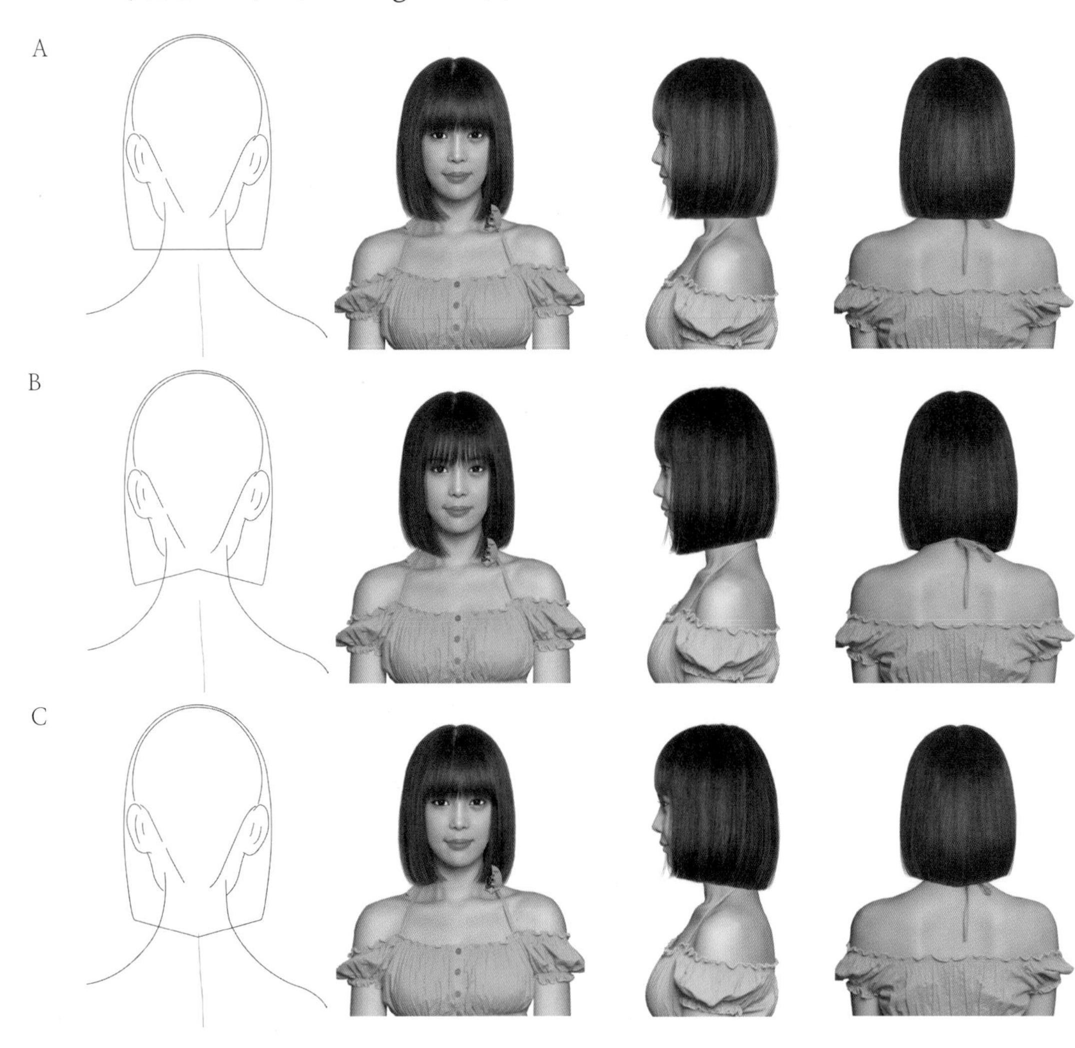

원랭스 폼의 디자인

원랭스 폼은 수평 라인, 사선 라인, 곡선 라인을 응용하면 다섯 가지의 기본 형태가 만들어지며 다양한 형태의 앞머리의 변화를 주면 다양한 헤어스타일을 연출할 수 있습니다.

원랭스 폼은 오랫동안 사랑받아온 클래식 감성의 헤어스타일이며 얼굴형에 어울리는 디자인을 하면 심플하면서도 개성을 표현할 수 있는 언제나 유행을 리드하는 헤어스타일입니다.

디자인을 결정할 때는 고객의 얼굴형과 신체 형태를 분석하여 디자인하여야 합니다.

목이 짧다면 그림 B의 앞 방향 사선 라인의 스타일을 하게 되면 키가 작고 목이 짧아 보이는 착시현상이 일어나며, 그림 C는 키가 커 보이고 목이 길어 보이는 현상이 일어나므로 고객의 조건을 고려하여 길이와 형태를 결정하여 디자인하는 것이 좋습니다.

그림 A의 수평 라인도 얼굴이 크거나 턱선이 둥글다면 턱선보다 길게 하여 안말음 흐름을 연출하면 얼굴을 갸름하게 하고 작아 보이게 합니다.

| 원랭스 커트(one length cut) |

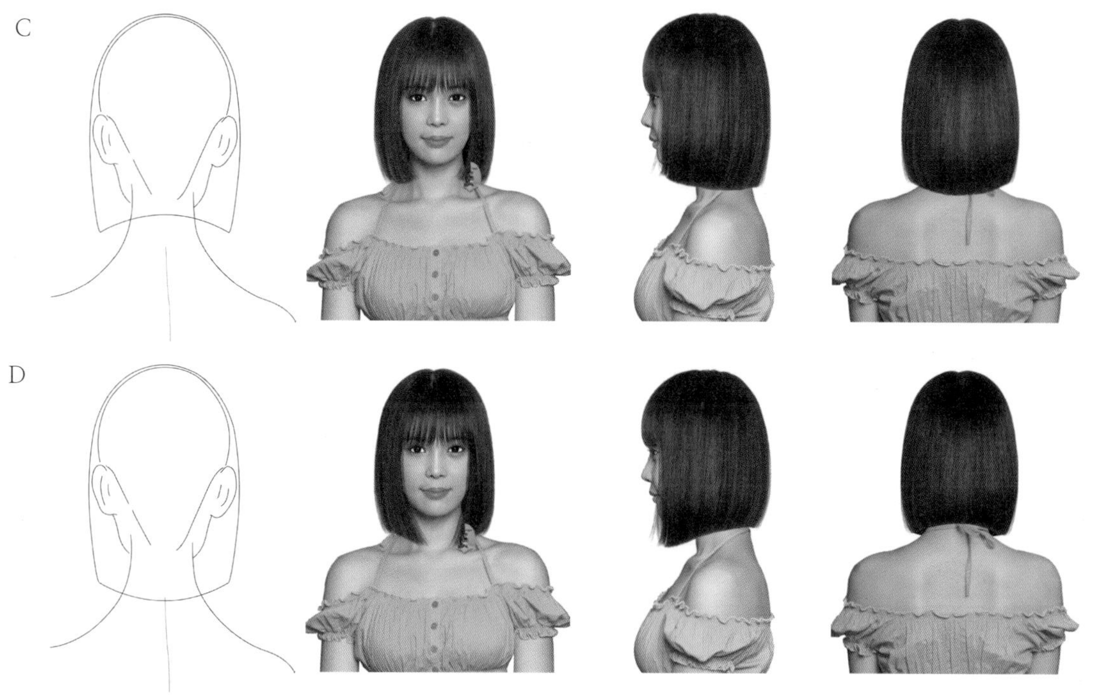

원랭스 폼의 디자인

원랭스 스타일 중에서 그림 D의 둥근 라인은 가장 많이 하는 헤어스타일이며, 목이 길어 보이고 부드럽고 청순한 이미지를 주는 헤어스타일입니다.

그림 C의 앞 방향으로 길어지는 둥근 라인은 모델이 목이 길고 키가 큰 몸매라면 도시적이고 현대적인 특별한 개성의 아름다움을 줄 것입니다.

원랭스 폼은 언더라인의 변화와 길이를 조절하면 다양한 헤어스타일 디자인으로 변화하는 스타일입니다.

|원랭스 커트(one length cut)|

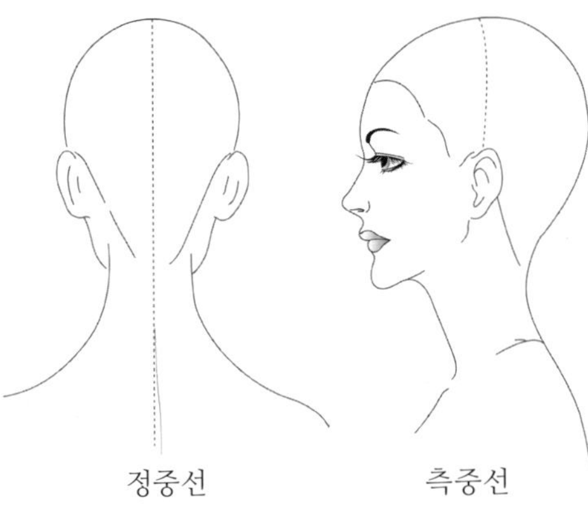

정중선　　　측중선

|섹션과 슬라이스 라인|

|섹션 라인|

커트의 시술을 쉽게 하기 위해 정중선과 측중선으로 나눕니다.

|슬라이스 라인|

슬라이스 라인은 언더라인의 형태 라인과 수평하게 하며 일반적으로 슬라이스 라인의 두께는 2~3cm 정도이나 헤어숍에서의 커트는 두상의 언더에서 톱까지 3~4등분하여 커트해도 됩니다.

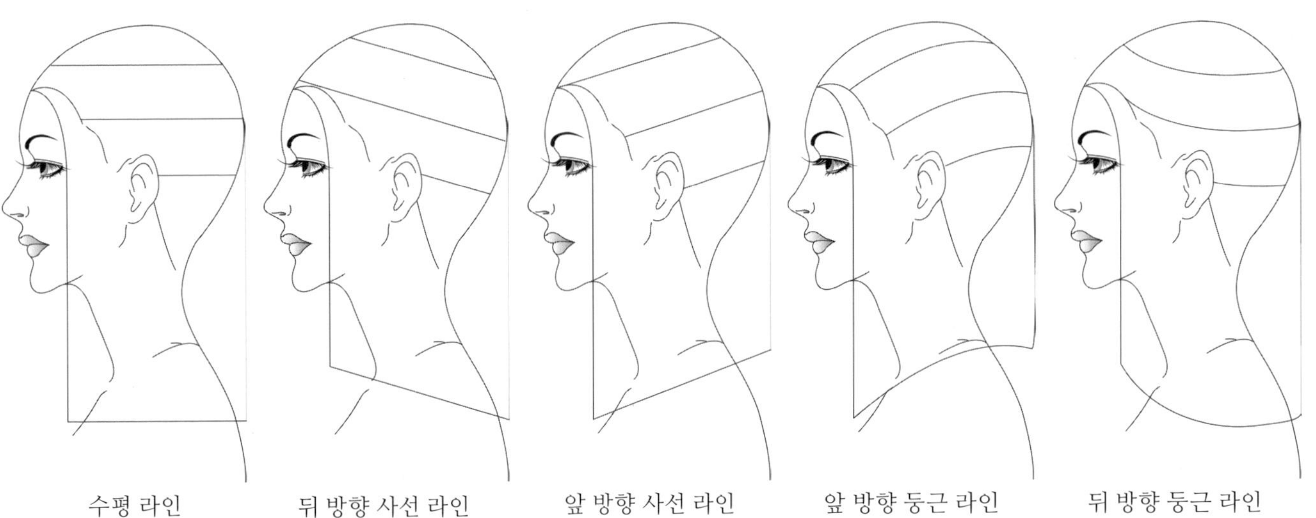

수평 라인　　뒤 방향 사선 라인　　앞 방향 사선 라인　　앞 방향 둥근 라인　　뒤 방향 둥근 라인

|기본 헤어스타일 디자인의 이해|

|원랭스 커트(one length cut)|

|브러싱과 각도|

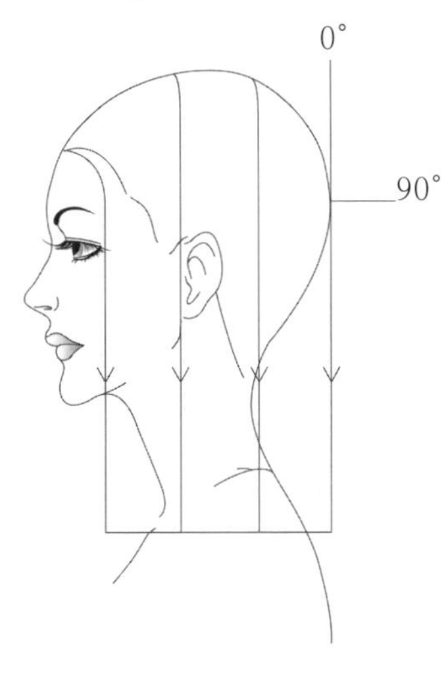

두상은 둥글기 때문에 정중선과 측중선을 중심으로 전두부는 수직으로 빗질하고, 후두부는 정수리를 중심으로 방사상 수직으로 빗질하면서 중력에 의한 내추럴 폴 상태를 확인하면서 자연스럽게 수직으로 향하는 흐름으로 빗질하여야 하며 커트 각도는 0도를 유지하여야 합니다. 모발의 슬라이스 면이 들리면 층이 나서 속머리가 길어지므로 주의하여야 합니다.

빗질의 움직임은 수직선상에서 곡선이 되지 않도록 주의하여야 하며, 수직선상에서 흔들리지 않고 섬세하게 빗질하여야 합니다.
커트는 손가락으로 형태선을 유지하여 커팅 라인을 만들므로 형태선에 수평으로 유지하며 숏, 미디엄 원랭스 커트는 손날 또는 빗을 이용하여, 손날은 목덜미에서 밀착시켜서 커트를 하거나 커트 빗으로 고정시켜서 커트를 합니다.
만약 어깨선에 닿는 긴 길이의 원랭스 커트라면 후두부는 고개를 숙여서 커트하고, 사이드는 고개만 충분히 돌려서 반대 방향으로 약간 숙여서 커트하거나, 롱 헤어 원랭스라면 고객이 의자에서 일어나 서서 내추럴 폴 상태를 확인하면서 커트하는 것이 정확한 라인을 만들 수 있습니다.
커트를 할 때는 모발의 슬라이스 패널을 부드럽게 잡고서 커트를 하며 사이드의 귀 둘레 부분을 커트할 때는 텐션을 주지 않고, 중력에 의한 자연스러운 수직 흐름을 중시하여 커트하여야 곡선 라인이 발생하지 않습니다.
곱슬머리는 자연스럽게 떨어지는 길이와 텐션을 가했을 경우의 차이를 주시하면서 커트를 하여야 합니다.
손가락으로 잡지 않고 빗으로 형태선을 유지하면서 커트하는 기법도 좋습니다.

| 원랭스 커트(one length cut) |

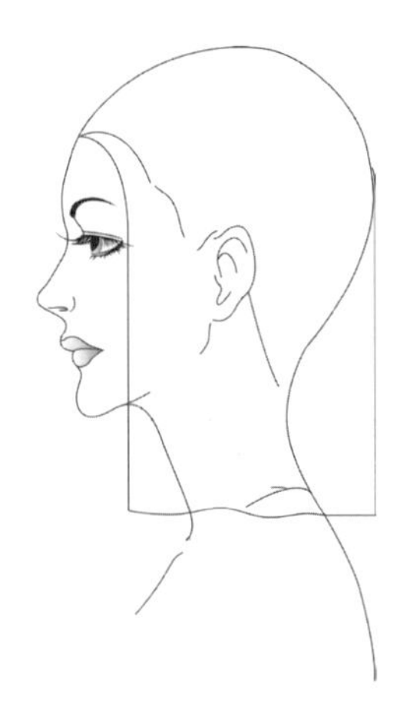

| 텐션 |

커트를 할 때 슬라이스를 손가락으로 부드럽게 잡고서 커트를 해야 하며 귀 둘레를 커트할 때는 텐션을 주지 않고(중력에 의한 자연스러운 수직 흐름 중시) 커트를 하여야 형태선이 그림처럼 곡선 라인이 발생하지 않습니다.

곱슬기가 있는 모발은 자연스럽게 떨어지는 길이와 텐션을 가했을 경우의 차이를 주시하면서 커트를 해야 합니다. 손가락으로 잡지 않고 빗으로 형태선을 유지하면서 거트하는 기법도 좋습니다.

| 두상의 위치 조절 |

헤어스타일의 길이를 결정하기 위해 가이드라인을 확인할 때는 두상의 위치는 수직이고 네이프에서 커트를 시작할 때는 약 30˚ 정도 숙여서 커트를 해야 합니다.
모발이 굵고 숱이 많은 모발은 더 깊이 숙여서 커트하여야 깨끗한 라인을 만들 수 있습니다.
어깨선에 닿지 않는 짧은 단발은 손가락으로 잡지 않고 자연스러운 수직 흐름 상태에서 커트를 할 때는 두상의 위치는 수직이며, 어깨선을 넘는 길이는 어깨선에 닿아서 굴곡이 생기기 때문에 속 길이가 길게 되므로 옆머리를 커트할 때는 고개를 좌우 어깨 쪽으로 최대한 돌리고 수직인 상태에서 앞가슴 쪽에서 커트를 합니다.

롱 헤어의 후두부를 커트할 때는 30˚ 정도 숙여서 커트를 하고, 옆머리를 커트할 때는 좌우측으로 고개를 최대한 돌려서 등 쪽으로 떨어지는 수직 흐름 상태에서 커트를 하게 되면 간결한 형태선을 만들 수 있습니다.

|원랭스 커트 - 수평 라인|

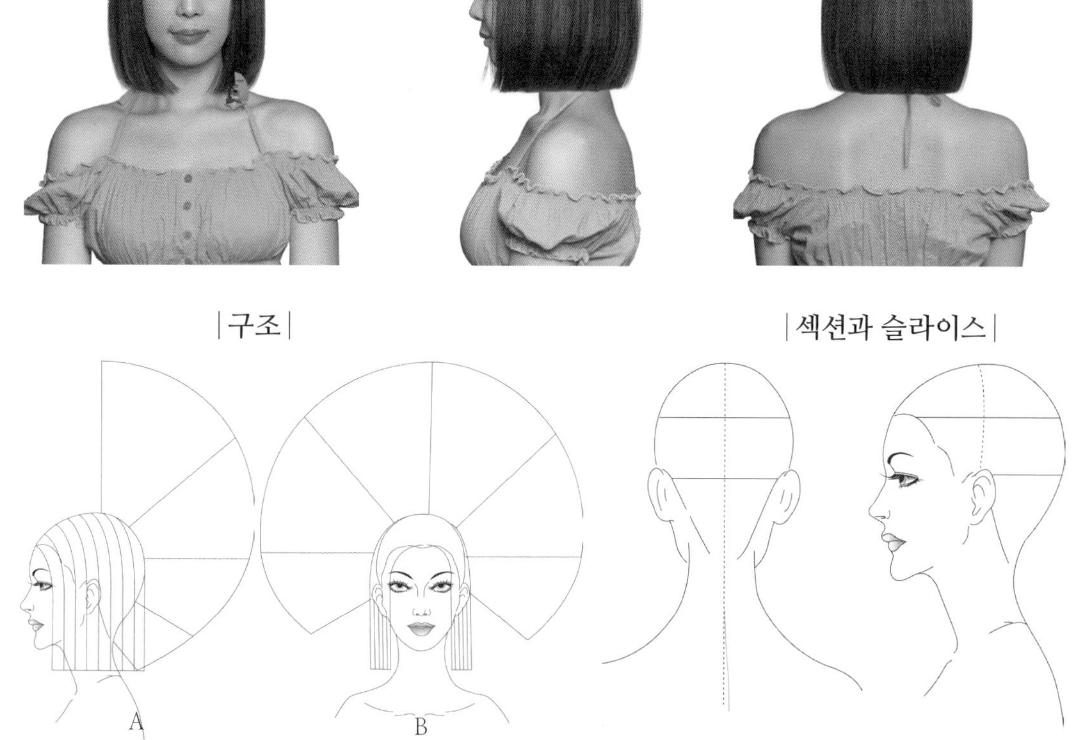

형태 라인의 길이를 같게 하는 수평 라인의 보브 헤어스타일은 정교하고 섬세하게 커트하여 뻗치지 않고 안말음 운동이 잘되어서 고객이 손질하기 편한 헤어스타일을 조형하여야 하며 곱슬기가 있는 모발이라면 스트레이트 펌을 하거나 원컬 스트레이트 파마를 해 주면 손질하기 편해집니다.

A. 후두부의 언더 길이가 짧고 톱 쪽으로 길이가 길어집니다.

B. 사이드는 귀 윗부분의 언더에서 짧고 프런트의 길이가 길어집니다.

|원랭스 커트-수평 라인|

1

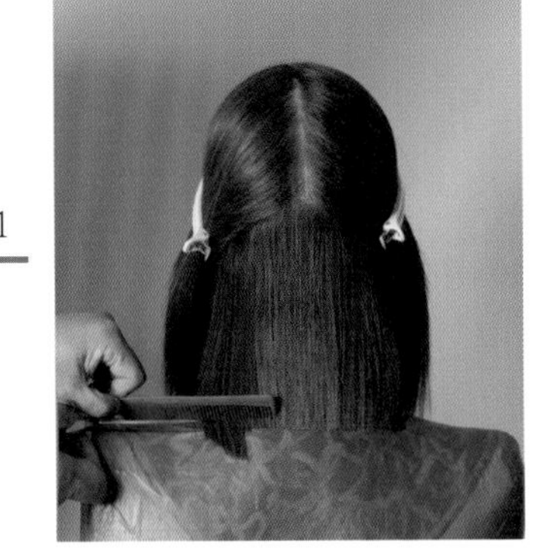

정중선과 측중성으로 나누고 슬라이스를 3등분하여 수직으로 내려 빗어서 가이드 길이를 확인하고 정교하게 커트를 합니다.

2

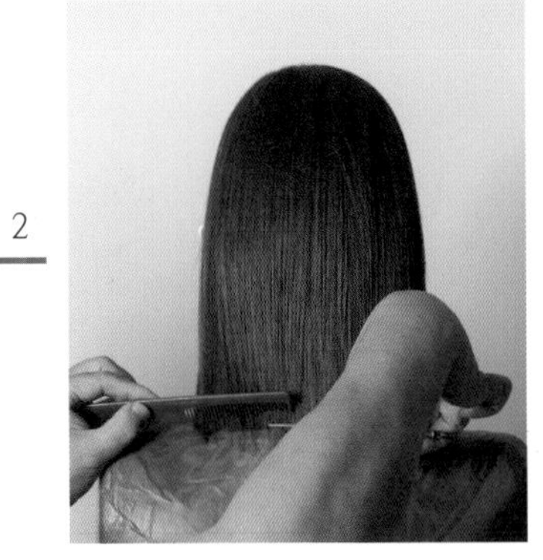

정수리에서 방사상으로 고르게 빗질하며 수직선상에서 속머리가 길어지지 않도록 커트합니다.

3

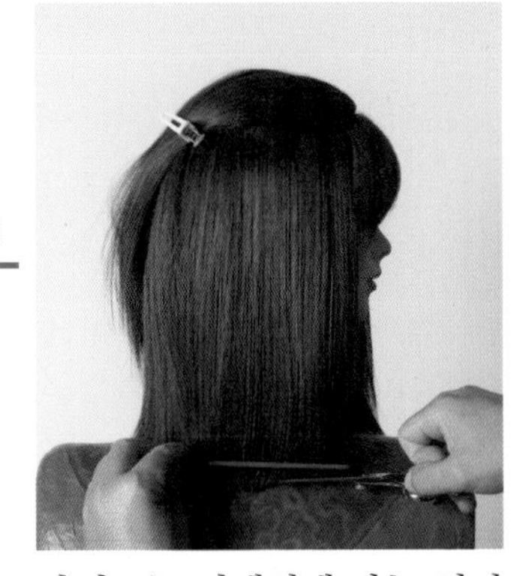

사이드는 어깨선에 닿는 길이라면 어깨선으로 최대한 고개를 돌리고 두상을 수직으로 위치시킨 후 고운 빗살로 빗질하고 수직 흐름을 확인하면서 커트합니다.

4

가르마를 확인하고 사이드 전체를 빗은 후 언더라인이 정확한 수평 라인이 되도록 커트합니다.

5

반대쪽 사이드도 텐션을 주지 않고 수평 라인이 굴곡지지 않도록 세밀하게 커트합니다.

6

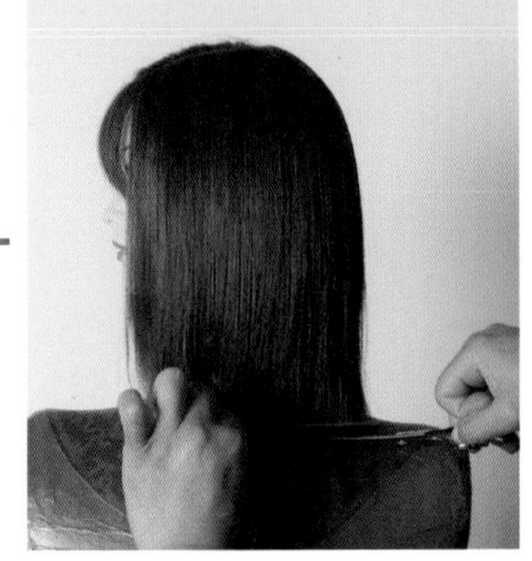

사이드 전체를 고르게 빗질하여 커트합니다.

|원랭스 커트-수평 라인|

7

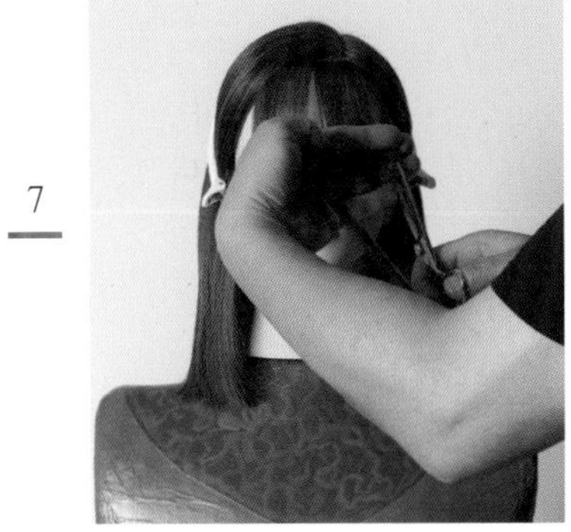

앞머리 길이를 결정하고 예리하게 바이어스 브란트 커트를 합니다.

8

슬라이딩 커트로 가늘어지고 가볍게 커트하여 시스루 느낌을 연출합니다.

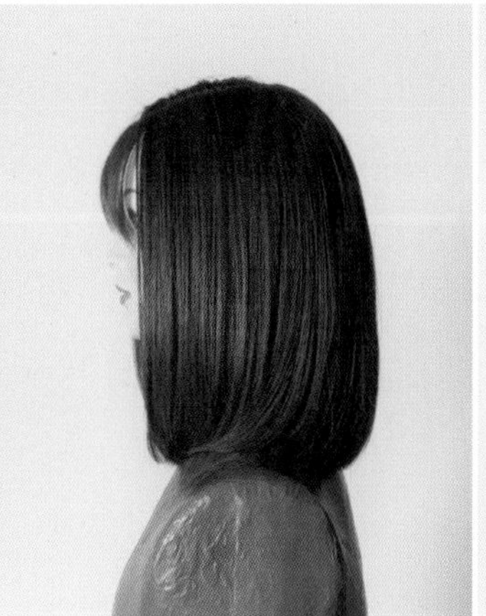

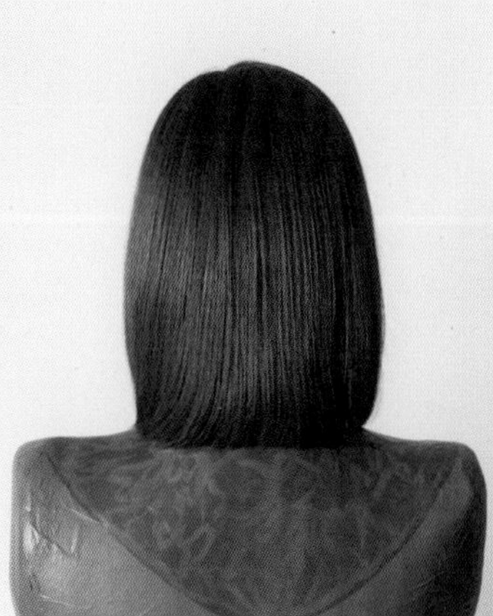

|원랭스 커트 – 앞 방향 사선 라인|

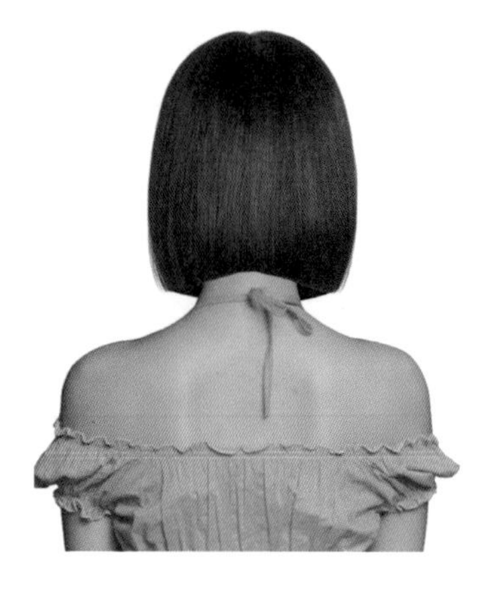

턱선을 기준으로 둥근 턱선과 볼살이 있는 얼굴이라면 턱선보다 5cm 길게 길이를 설정하는 것이 얼굴을 작아 보이게 하는 효과가 있습니다.
턱선이 갸름하고 작은 얼굴이라면 짧은 길이도 트렌디하고 개성 있는 느낌을 줍니다.
기본 각도는 수평 라인에 30도이나 각이 커지지만 앞 길이가 길어집니다.

|구조|

A B

|섹션과 슬라이스|

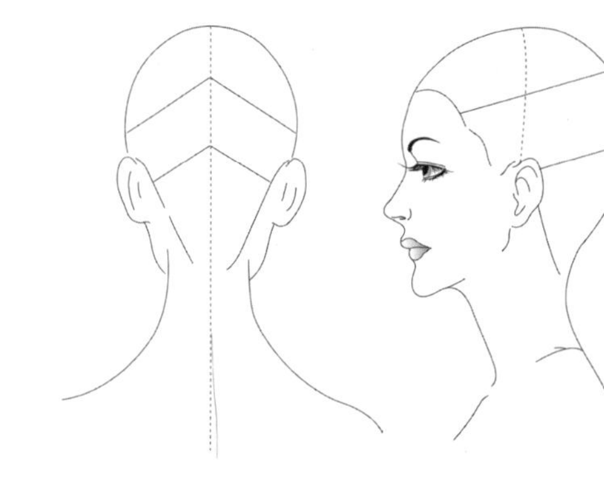

A. 네이프의 길이가 짧고 프런트의 앞머리가 길어집니다.

B. 귀 윗부분의 언더 섹션의 길이가 짧고 프런트의 길이가 길어집니다.

|원랭스 커트 – 앞 방향 사선 라인|

1

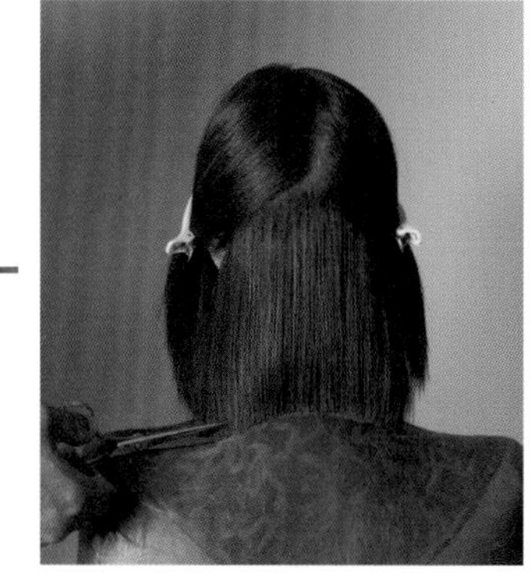

정중선과 측중선으로 콘케이브 라인의 섹션을 나누고 고객의 두상을 90도로 위치시킨 후 길이를 확인하고 정밀하게 커트를 합니다.

2

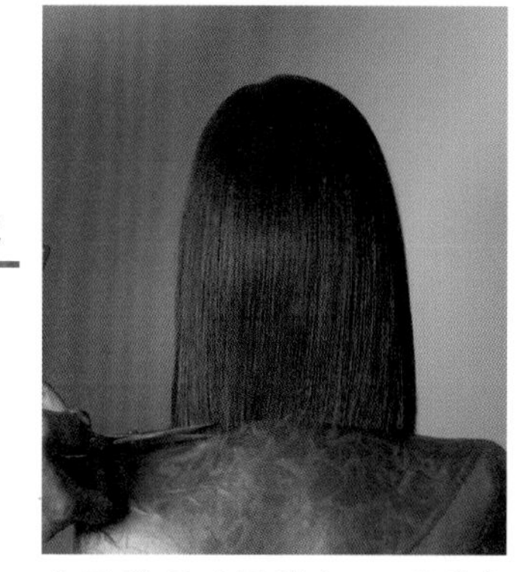

후두부를 3등분으로 섹션을 나누고 마지막 톱 쪽 부분의 모발을 정수리에서 방사상으로 곱게 빗질하여 섬세하게 커트합니다.

3

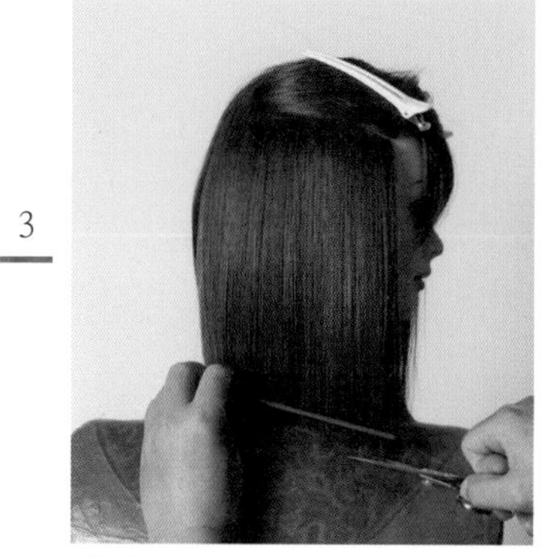

사이드를 커트할 때는 길이가 길면 어깨선에 닿아서 수직 흐름이 되지 않으므로 고개를 최대한 돌려서 후두부와 연결하여 깨끗하게 커트합니다.

4

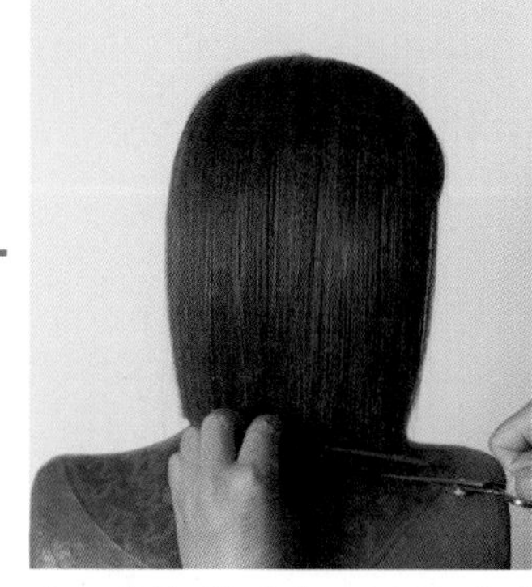

가르마를 확인하고 곱게 빗질하여 텐션을 부드럽게 하여 언더의 사선 라인과 연결시켜서 커트합니다.

5

반대쪽 사이드도 3번과 동일하게 커트합니다.

6

가르마를 확인하고 고운 빗살로 세밀하게 빗질하여 커트합니다.

|원랭스 커트 – 앞 방향 사선 라인|

7

가르마를 확인하고 부드러운 텐션으로 사이드를 언더라인과 연결시켜서 커트합니다.

8

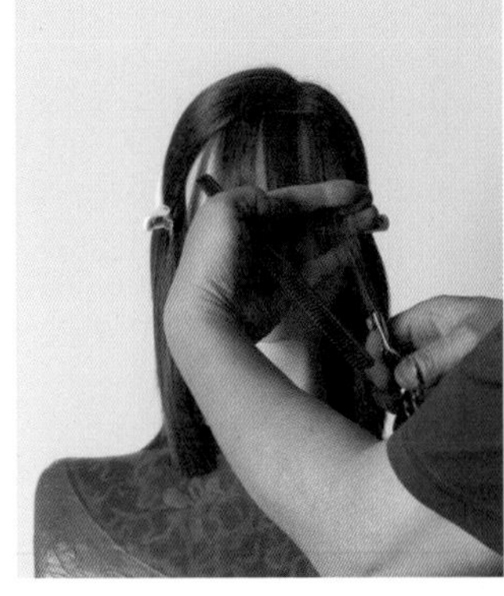

앞머리는 고객의 얼굴형과 잘 어울려야 하고 민감한 부분이어서 상담을 잘하여야 하며 바이어스 브런트 커트를 예리하게 합니다.

9

슬라이딩 커트 기법으로 커트하여 가볍고 가늘어진 느낌을 연출합니다.

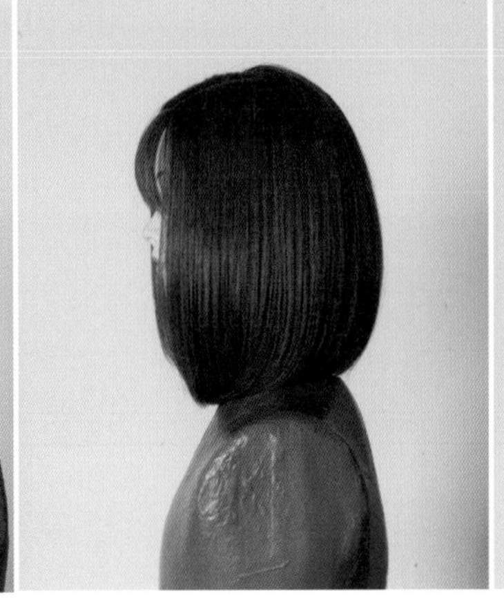

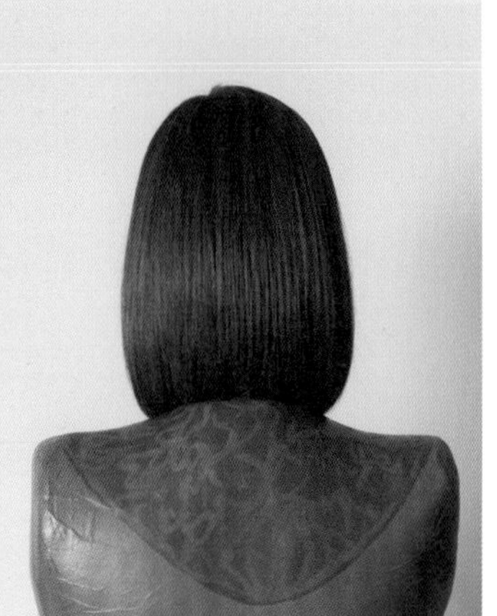

|원랭스 커트 - 뒤 방향 사선 라인|

네이프에서 길고 얼굴 쪽으로 짧아지는 뒤 방향 사선 라인의 보브 헤어스타일로 직선의 사선 라인이 독특한 개성과 트렌디한 감성을 주는 헤어스타일입니다.

|구조|

|섹션과 슬라이스|

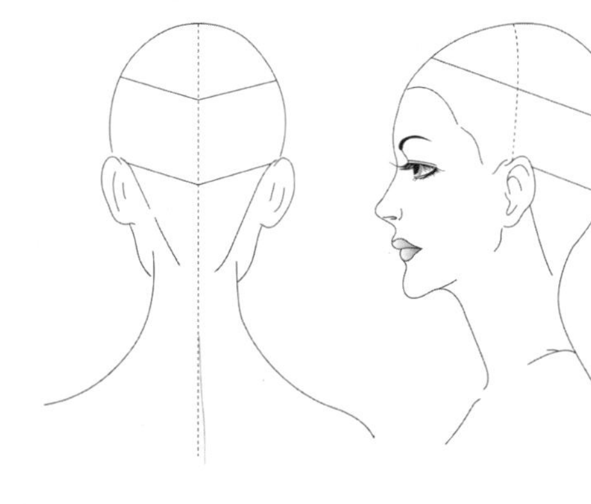

구조

A. 네이프가 짧고 두정부까지 길어지고 프런트로 짧아집니다.
B. 귀 윗부분의 길이가 짧고 프런트의 길이가 길어집니다.

섹션과 슬라이스

섹션은 정중선과 측중선으로 분할하고 슬라이스 라인은 기본적으로 2~3cm이나 커트의 효율을 높이기 위해 3단계로 분할하여 커트를 합니다.

|원랭스 커트 - 뒤 방향 사선 라인|

1

첫 번째 섹션을 나누고 두상을 90˚로 위치시킨 후 가이드 라인을 확인하고, 고개를 숙인 후 뒤 방향 사선 라인의 커트를 합니다.

2

머리숱이 많을수록 고개를 깊숙히 숙여서 커트합니다.

3

후두부의 전부를 내려서 방사상으로 빗질하여 수직 흐름을 확인하면서 세밀하게 커트합니다.

4

사이드를 첫 번째 섹션을 나누고 수직으로 빗어 내려 후두부 라인과 연결합니다. 길이가 어깨선을 닿는다면 고개를 최대한 돌리면 수직 흐름이 됩니다.

5

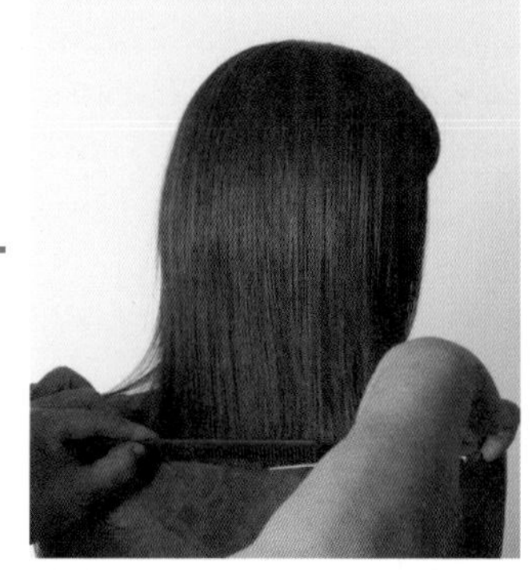

사이드 전부를 내려서 세밀하게 수직 흐름을 확인합니다. 빗질이 라운드가 되지 않도록 주의합니다.

6

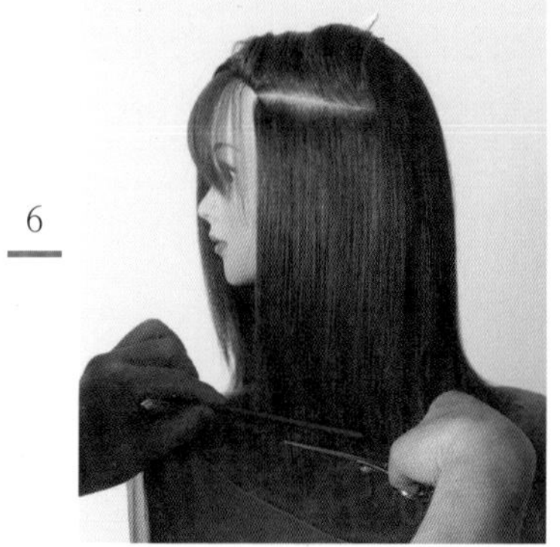

반대쪽 사이드도 5번과 동일하게 커트합니다.

|원랭스 커트 - 뒤 방향 사선 라인|

7

가르마를 확인하고 수직 흐름을 확인하면서 세밀하게 커트합니다.

8

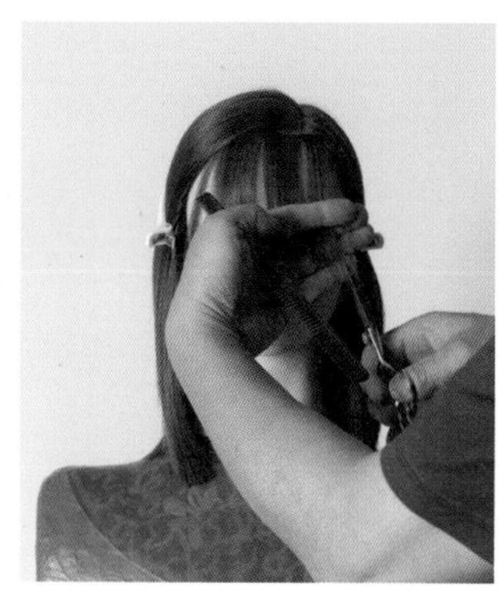

앞머리 길이를 확인하고 텐션을 주지 않고 커트합니다.

9

슬라이딩 커트 기법으로 가늘어지고 가볍게 커트하여 자연스러운 앞머리 흐름을 연출합니다.

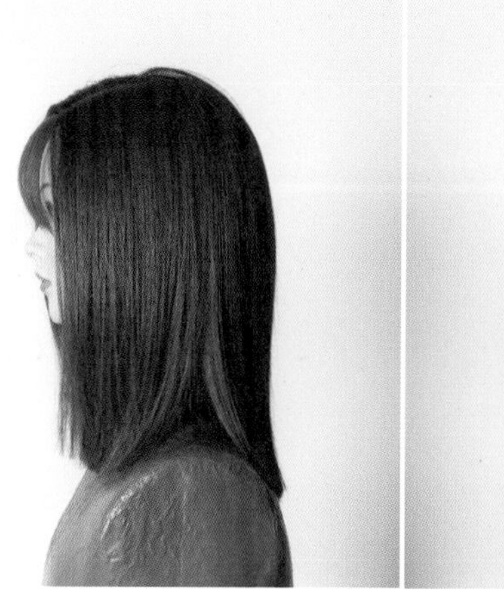

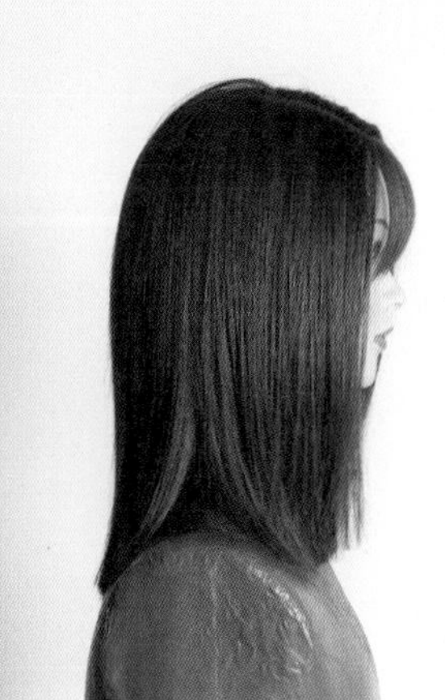

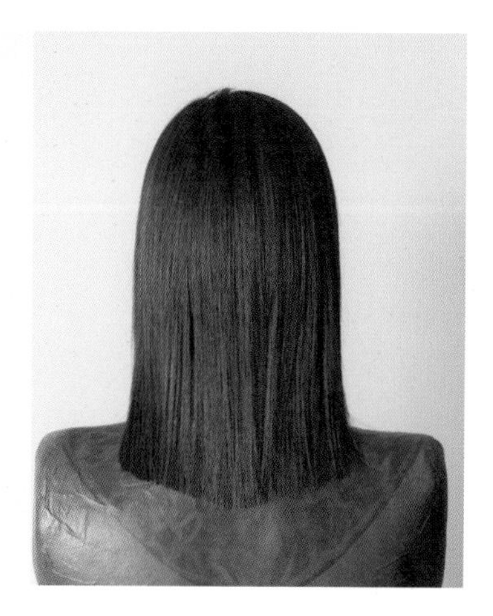

|원랭스 커트 – 뒤 방향 둥근 라인|

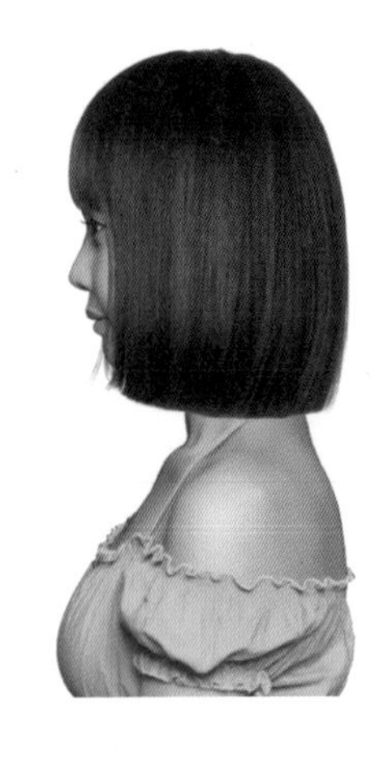

둥근 라인의 원랭스 보브 헤어스타일은 클레식한 느낌을 주는 헤어스타일로 오랫동안 사랑받아온 헤어스타일입니다.
둥근 라인의 각도는 앞머리에 변화를 주면 언제나 트렌디한 느낌을 주는 헤어스타일로 목선을 길어 보이게 하는 효과가 있는 헤어스타일입니다.

|구조|

|섹션과 슬라이스|

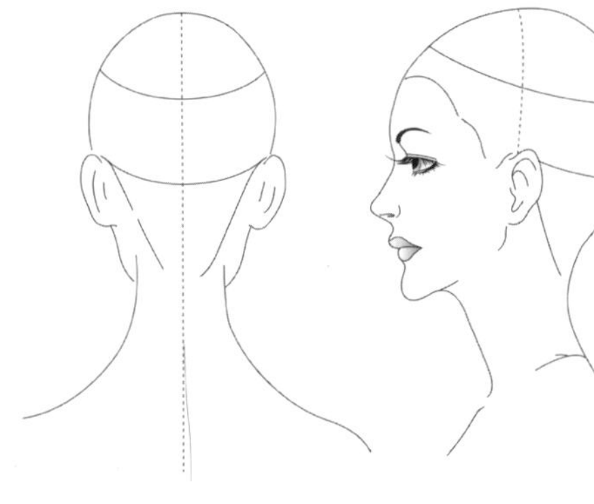

구조

A. 목선에서 길이가 짧고 톱에서 가장 길이가 깁니다.
B. 귀 윗부분에서 길이가 짧고 프런트의 길이가 깁니다.

섹션과 슬라이스

섹션은 정중선과 측중선으로 나누고, 숙련되어 있다면 효율적 커트를 위하여 3단계로 분할하여 커트를 합니다.

|원랭스 커트-뒤 방향 둥근 라인|

1

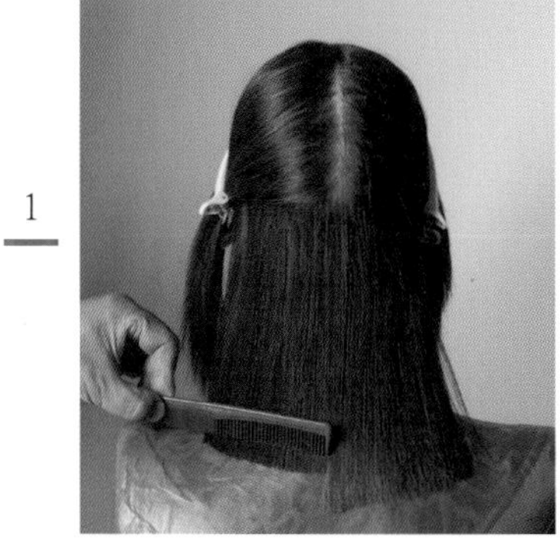

정중선과 측중선으로 나누고 두상을 90° 수직으로 위치시킨 후 가이드 길이를 확인하고, 고개를 숙인 후 둥근 라인으로 커트를 합니다.

2

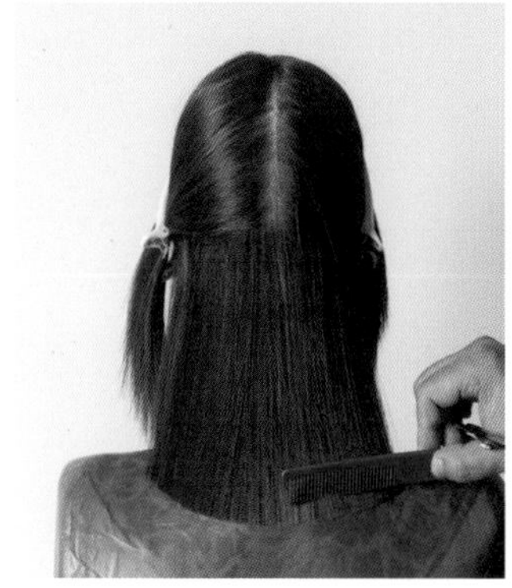

고개를 30도 숙인 상태에서 수직 흐름이 굴곡지지 않도록 세밀하게 빗질하면서 커트를 합니다.

3

후두부 전부를 방사상 수직 흐름으로 빗질하여 커트를 합니다.

4

사이드를 섹션을 나누고 어깨선에 닿는 길이라면 고개를 최대한 돌려서 수직 흐름으로 빗어주고 빗으로 고정시키면서 정교하게 라운드 라인을 만듭니다.

5

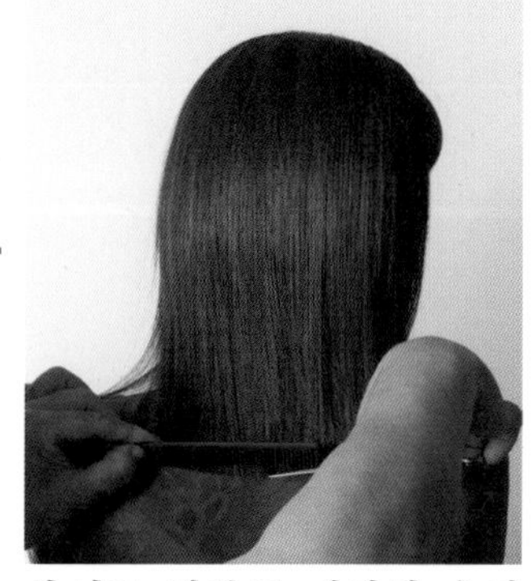

사이드 전부를 내려서 수직 흐름으로 내려주고 빗으로 고정시키며 커트를 합니다.

6

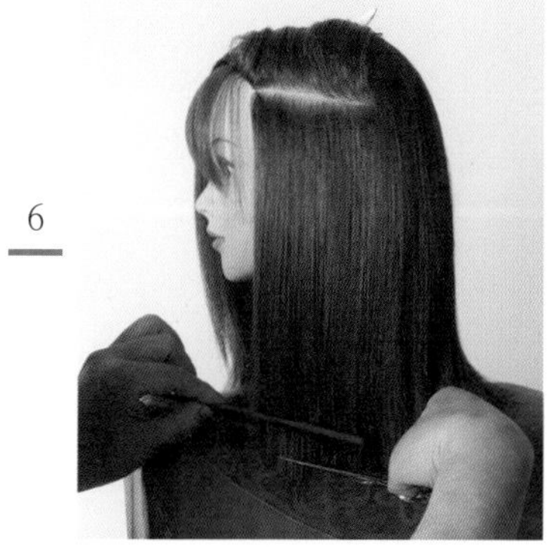

반대쪽 사이드도 4번과 동일하게 커트를 합니다.

|원랭스 커트 - 뒤 방향 둥근 라인|

7

가르마를 확인하고 사이드를 전부 내려서 수직 흐름으로 텐션을 주지 않고 빗으로 가이드 라인을 고정시키면서 커트합니다.

8

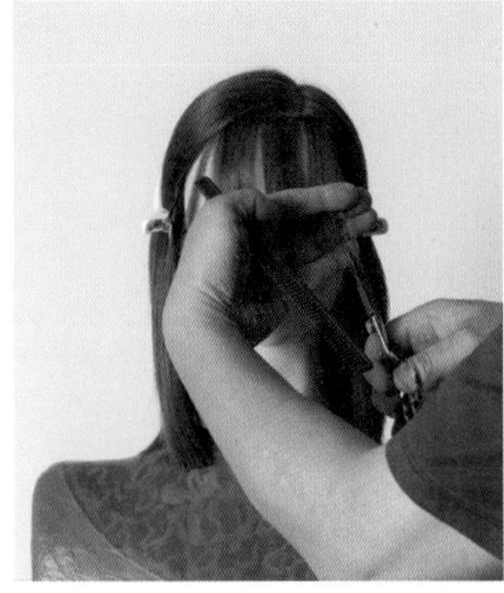

앞머리 길이는 누구나 민감함으로 상담을 잘하고 짧아지지 않도록 텐션을 주지 않으면서 예리하게 바이어스 브란트 커트를 합니다.

9

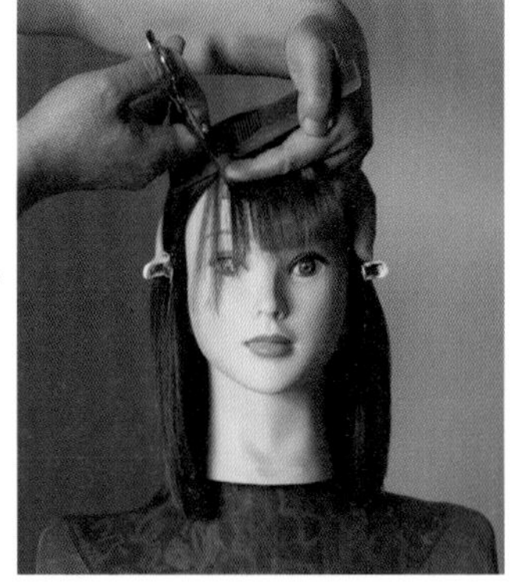

슬라이딩 커트 기법으로 가늘어지고 가벼운 흐름으로 자연스러운 앞머리를 연출합니다.

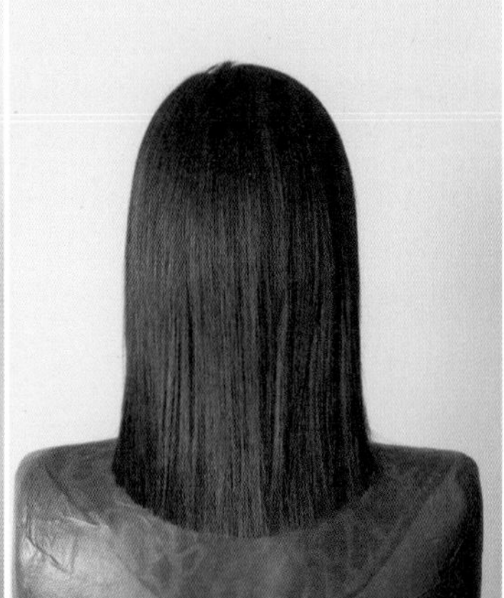

|원랭스 커트 - 앞 방향 둥근 라인|

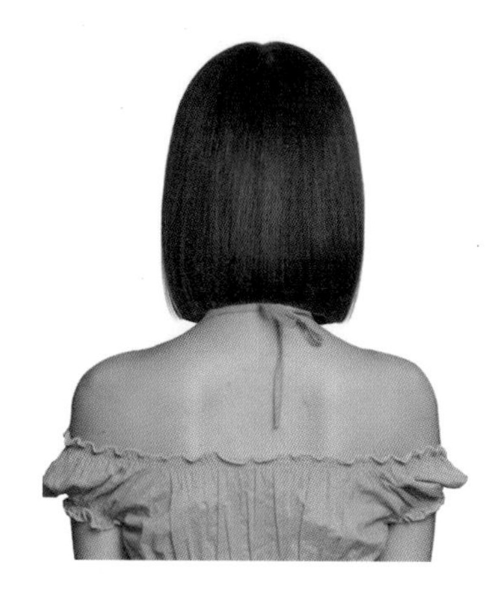

앞 방향으로 길어지는 둥근 라인의 원랭스 보브 헤어스타일의 포인트는 깨끗한 라인으로 커트하여 찰랑찰랑하면서도 심플한 둥근 라인의 특징이 개성 있는 이미지를 주는 헤어스타일입니다.

|구조|

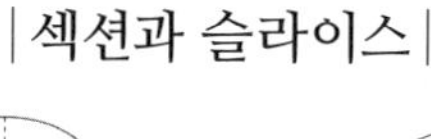

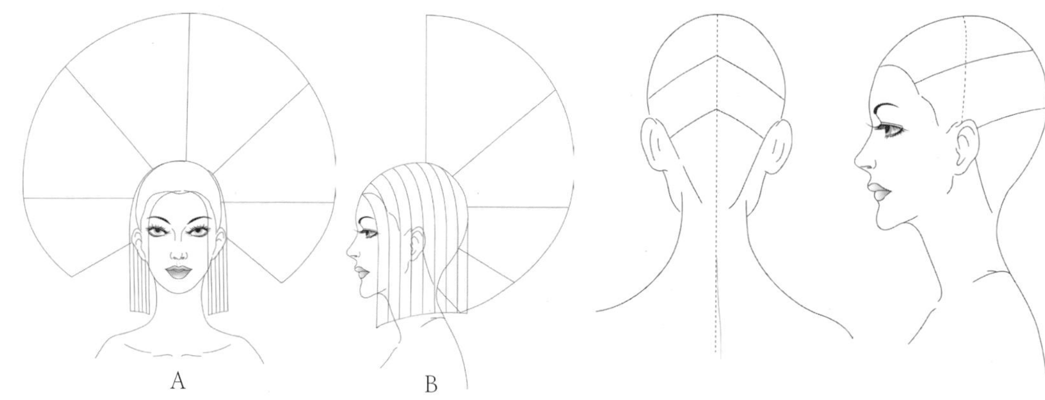

구조

A. 목선에서 길이가 짧고 톱에서 프런트 길이가 길어집니다.

B. 귀 윗부분에서 길이가 짧고 프런트의 길이가 길어집니다.

섹션과 슬라이스

섹션은 정중선과 측중선으로 나누고, 숙련되어 있다면 효율적 커트를 위하여 3단계로 분할하여 커트합니다.

|원랭스 커트 - 앞 방향 둥근 라인|

1

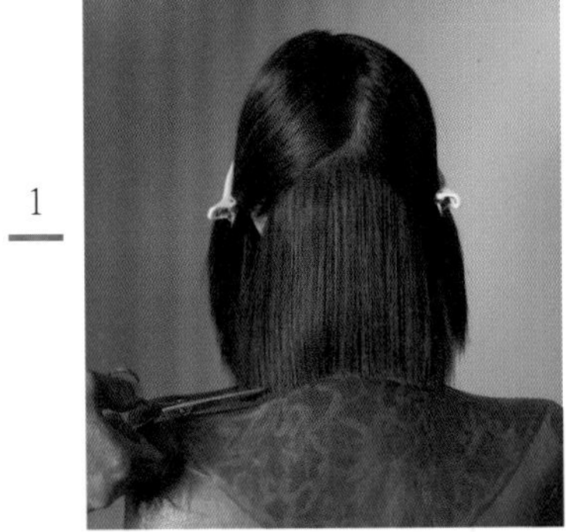

앞 방향 둥근 라인의 섹션을 나누고 수직 흐름으로 빗질을 하고 정교하게 커트를 합니다.

2

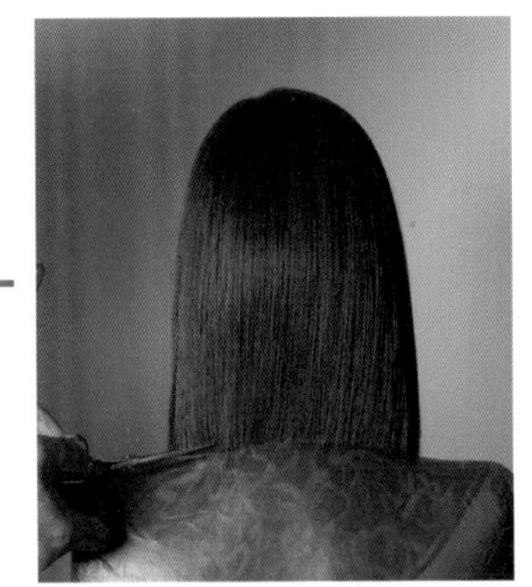

후두부의 전부를 내려서 방사상 수직으로 세밀하게 빗질을 하고 부드러운 텐션으로 커트를 합니다.

3

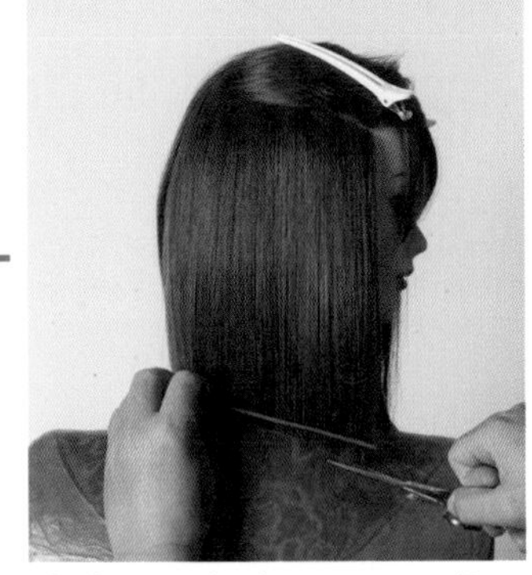

사이드를 수직 흐름으로 후두부 라인과 연결하여 언더라인을 연결합니다.

4

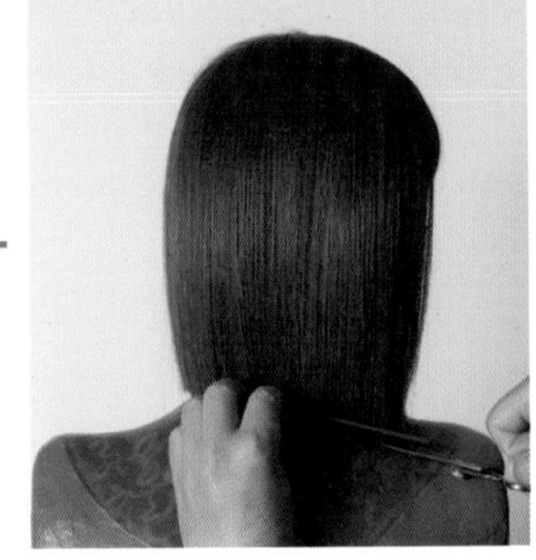

사이드를 부드러운 텐션의 수직 흐름으로 빗질하여 빗으로 고정시키면서 커트를 합니다.

5

반대쪽 사이드를 어깨선에 닿는 길이라면 고개를 최대한 돌려서 수직 흐름으로 커트를 합니다.

6

사이드 전부를 내려서 4번과 동일하게 커트를 합니다.

|원랭스 커트-앞 방향 둥근 라인|

7

사이드를 전부 내려서 수직 흐름으로 빗질하여 빗으로 고정시키고 커트를 합니다.

8

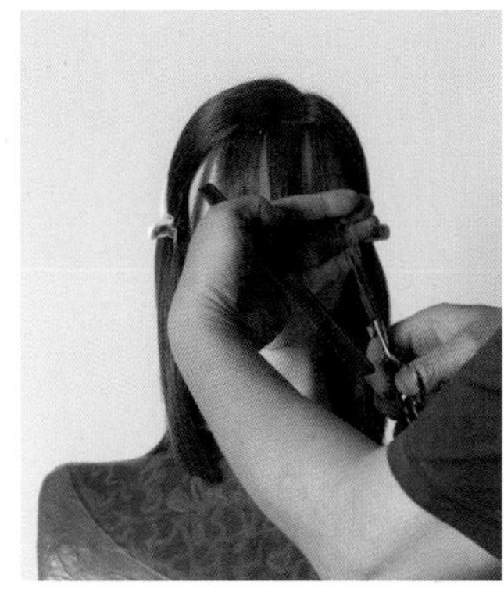

앞머리를 부드러운 텐션으로 상담 시 길이보다 짧아지지 않도록 커트를 합니다.

9

슬라이딩 커트 기법으로 가늘어 지고 가벼운 흐름을 연출합니다,

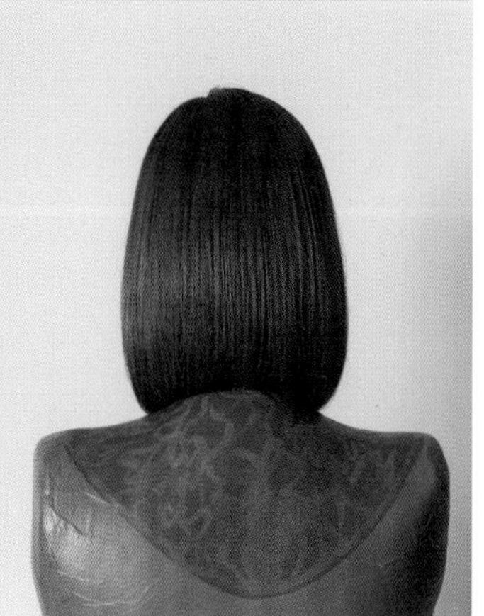

|그러데이션 커트(Gradation cut)|

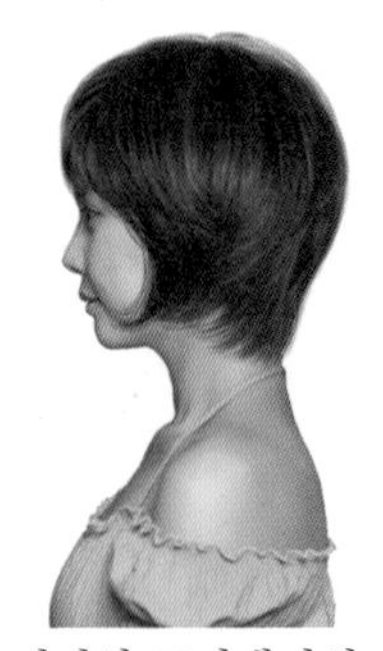
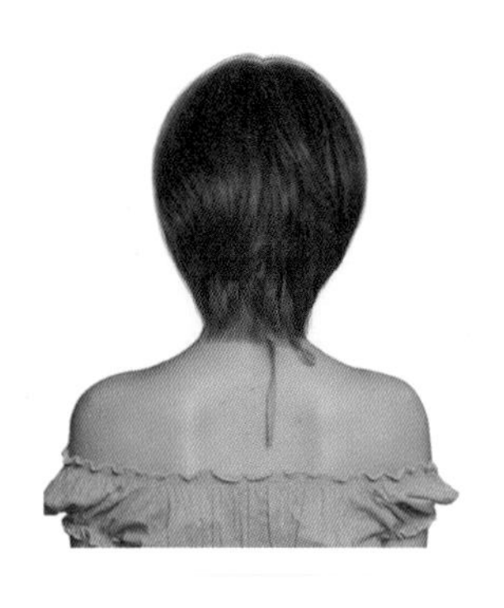
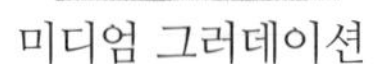

미디엄 그러데이션

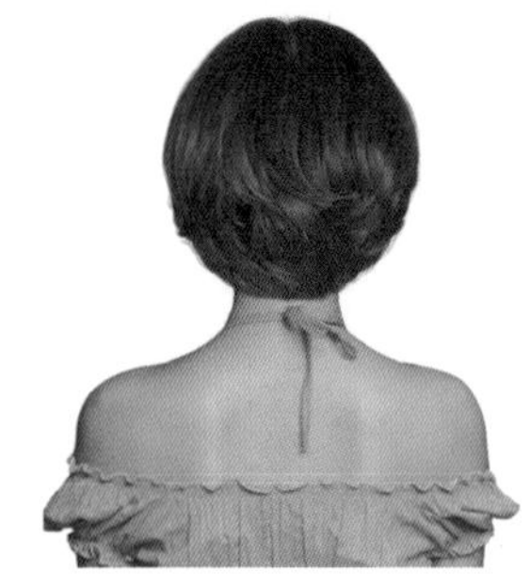
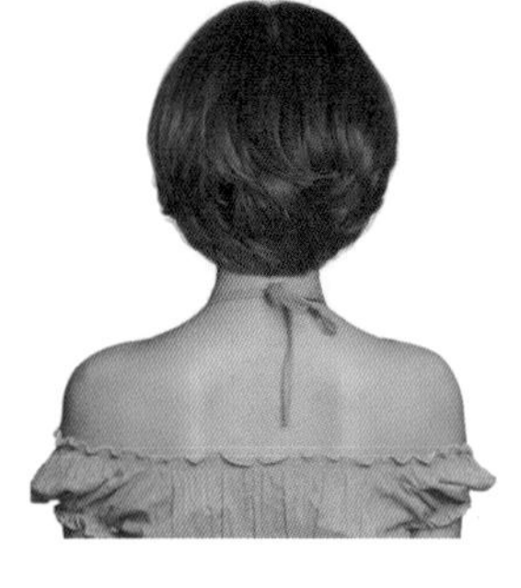

로우 그러데이션

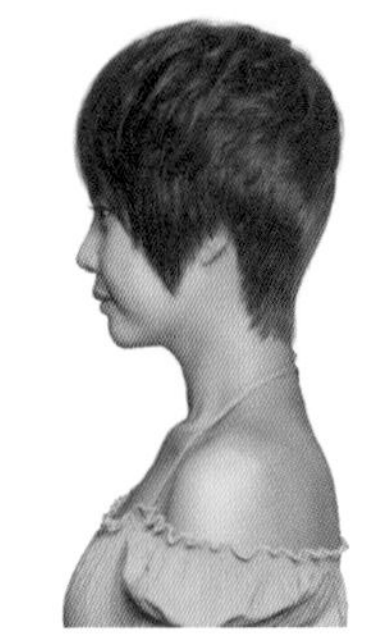

하이 그러데이션

|형태|

기본 그러데이션 헤어스타일은 삼각형 형태이며 각도, 길이에 따라 로우 그러데이션, 미디엄 그러데이션, 하이 그러데이션으로 나누고 있으며, 모발의 흐름, 움직임, 컬의 굵기, 표정에 따라 다양한 헤어스타일의 변화를 주는 헤어스타일입니다.

|그러데이션 커트(Gradation cut)|

|기본 그러데이션 구조와 실루엣|

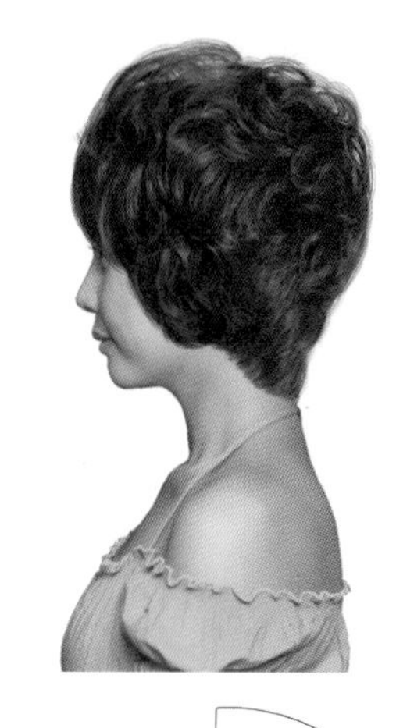

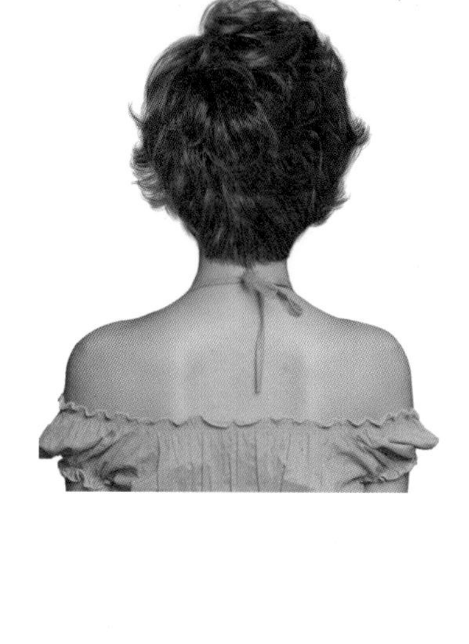

목덜미에서 짧은 길이가 톱 쪽으로 올라갈수록 모발 끝이 연결되어 쌓여서 길이가 길어집니다.
모발이 가늘고 곱슬기가 있다면 부드럽고 움직임 있는 모발 흐름이지만 굵기나 직모인 상태에서는 딱딱하고 거친 느낌을 주므로 틴닝과 깎기 기법으로 가늘어지고 가벼운 흐름을 만들어 율동감 있는 방향성을 연출하고 웨이브 파마를 해주면 자연스럽고 율동감 있는 헤어스타일 디자인이 됩니다.

|그러데이션 커트(Gradation cut)|

|그러데이션의 단차에 따른 방향성|

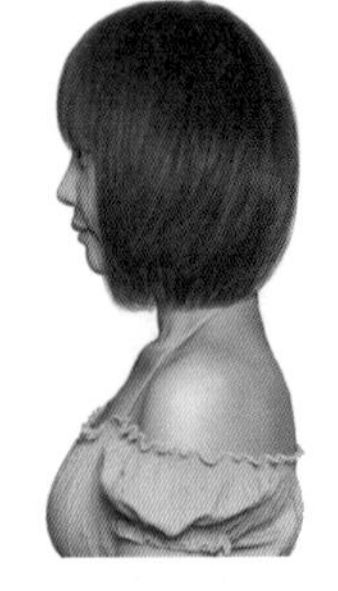
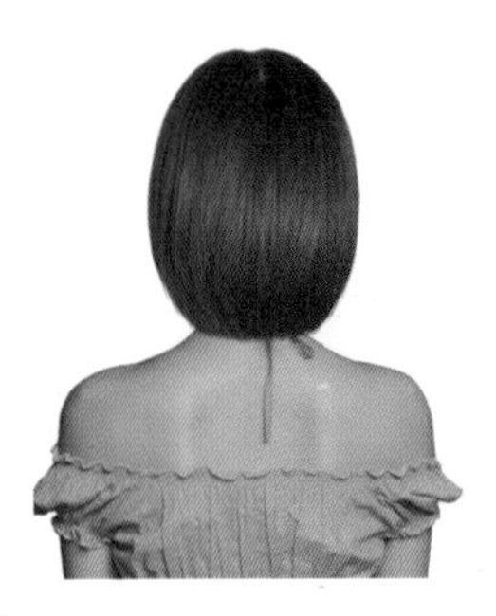

그러데이션-수평 라인

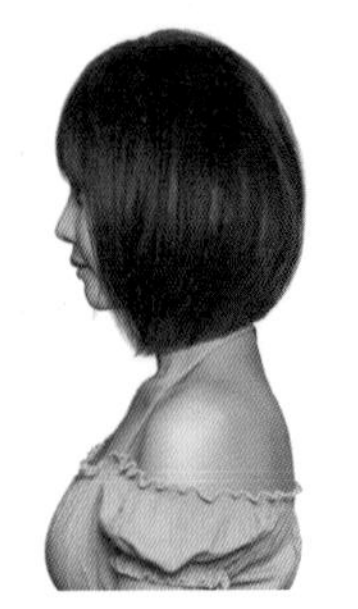
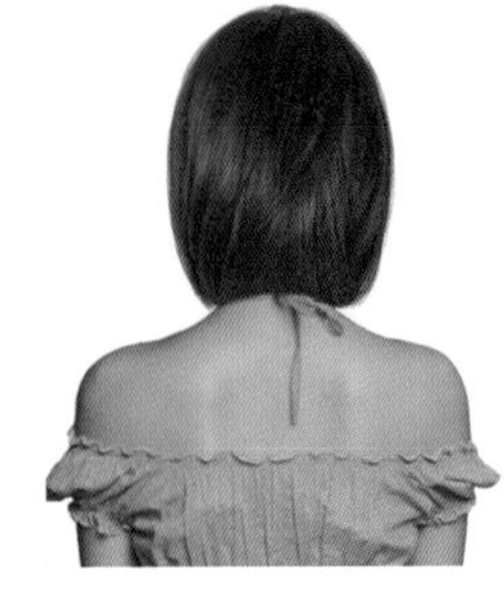

그러데이션-앞 방향 사선 라인

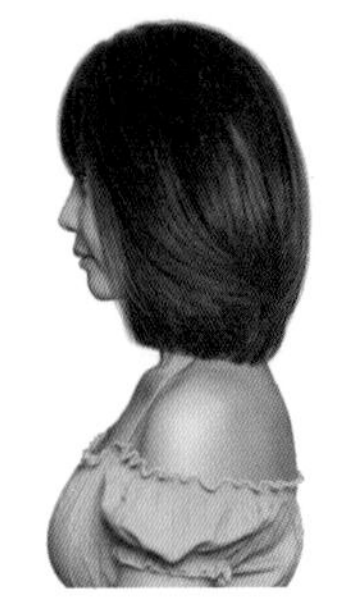
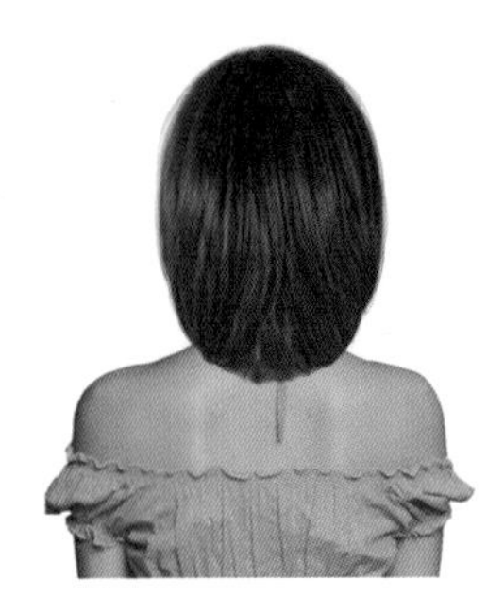

그러데이션-뒤 방향 사선 라인

그러데이션 보브 헤어스타일은 스타일 디자인에서 원랭스, 레이어드와 함께 중요한 부분을 차지하는 헤어스타일입니다.

길이 조절, 라인의 변화, 단차 조절, 모발의 방향성, 표정 연출에 따라서 다양하고 변화무쌍한 헤어스타일을 조형할 수 있기 때문입니다.

헤어숍의 살롱 커트에서 숏 그러데이션 보브, 미디엄 그러데이션 보브, 롱헤어 그러데이션의 상상과 아이디어를 통해서 헤어스타일 디자인이 무궁무진하게 창조되는 기법입니다.
그러데이션 보브 커트의 변화를 이해하면 풍부한 디자인 감성을 표현할 수 있고, 고객의 얼굴형에 어울리는 다양한 디자인의 매칭, 손질하기 편한 헤어스타일 조형을 통해서 고객 만족과 프로디자이너의 훌륭한 능력을 갖출 수 있습니다.

|그러데이션 커트(Gradation cut)|

|그러데이션의 단차에 따른 방향성|

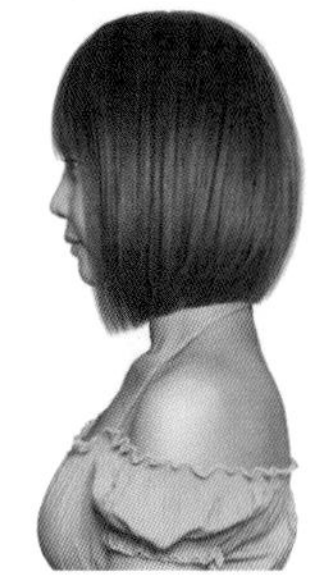
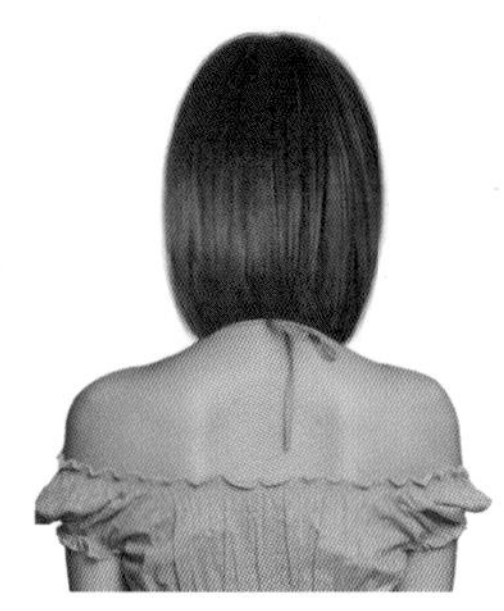

그러데이션 - 앞 방향 둥근 라인

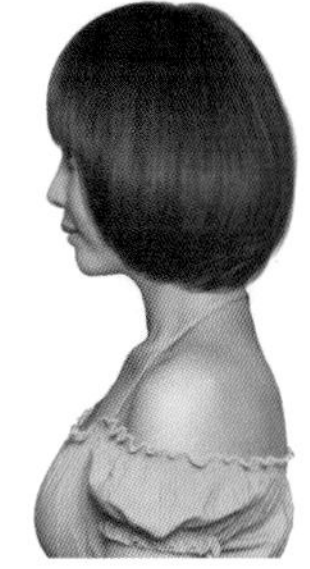
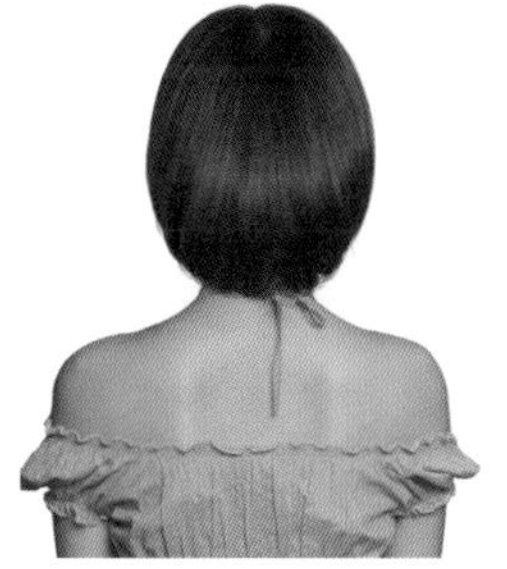

그러데이션 - 뒤 방향 둥근 라인

|그러데이션 커트(Gradation cut)|

|그러데이션의 단차에 따른 방향성|

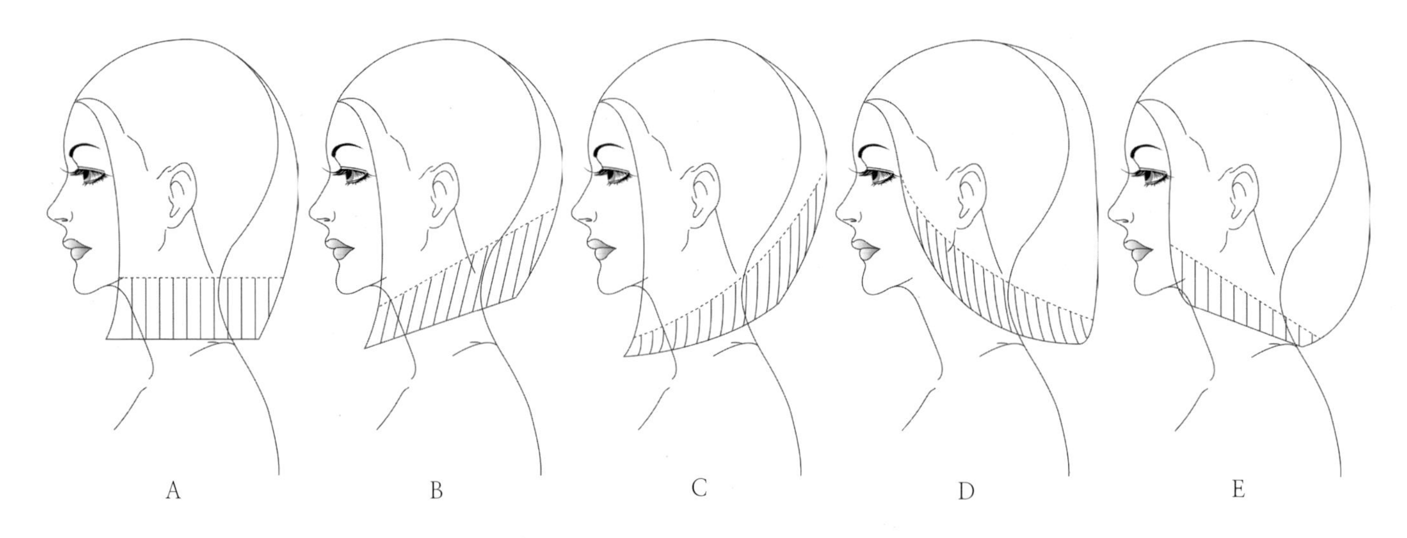

그러데이션 스타일은 정수리에서 내려오는 차분한 모발의 흐름과 언더에서 층이 쌓여서 만나는 부분에서 각진 부분이 생기는데 리지 라인이라 합니다.
리지 라인은 톱 쪽으로 레이어드 커트를 연결하면 각진 부분이 부드러운 실루엣으로 연출됩니다.

그림 A처럼 형태 라인이 수평일 때는 수평 그러데이션이 만들어지며 B, C처럼 후두부에서 층이 많이 나서 얼굴 쪽으로 층이 감소하면 앞 방향 그러데이션, 그림 D, E처럼 얼굴 쪽에서 층이 많이 나서 후두부 쪽으로 층이 조금 감소하는 형태라면 뒤 방향 그러데이션 스타일이 만들어집니다.

그러데이션 헤어스타일은 층이 많이 나는 부분에서 감소하는 방향으로 모발의 흐름이 좋아지는 방향성이 만들어집니다.
앞 방향 그러데이션 헤어스타일은 앞 방향 흐름이, 뒤 방향 그러데이션 헤어스타일은 뒤 방향으로 흐르는 모발 흐름이 좋아지므로 스타일을 디자인할 때는 방향성을 활용하면 손질하기 편한 헤어스타일을 조형할 수 있습니다.

| 그러데이션 커트(Gradation cut) |

| 섹션과 슬라이스 |

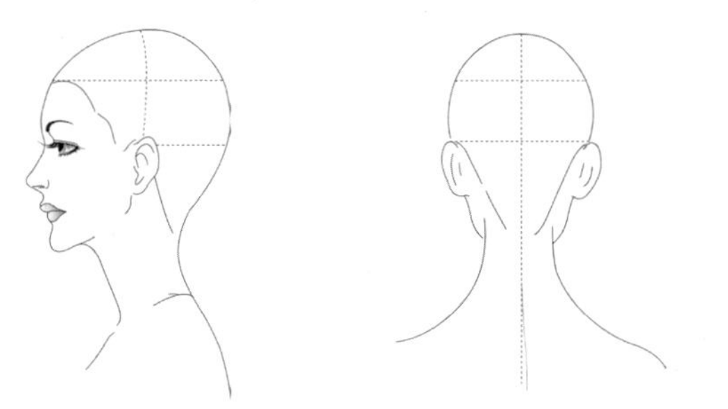

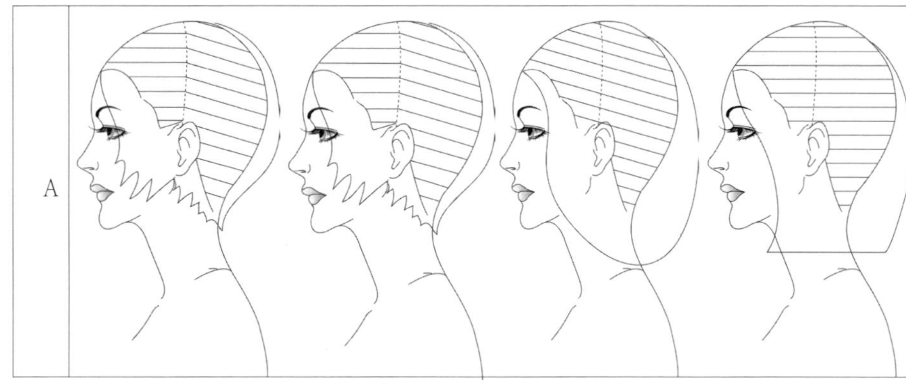

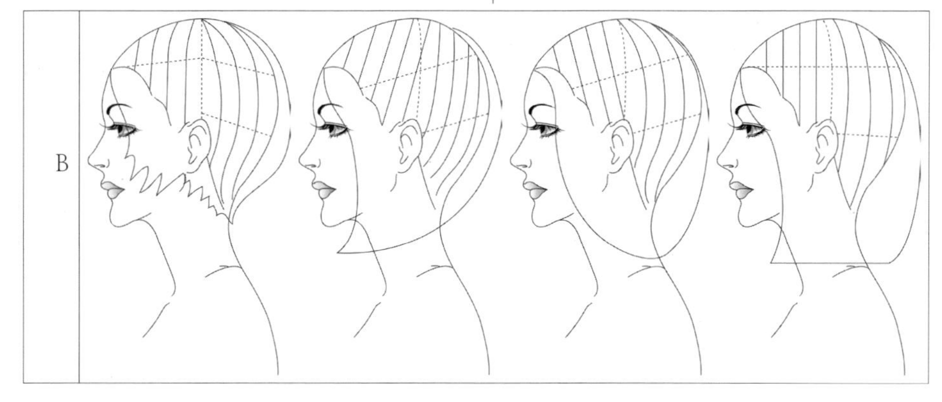

커트를 쉽게 하기 위해 정중선과 측중선으로 나누고 언더 섹션, 미들 섹션, 톱 섹션으로 나누면서 슬라이스를 합니다.

그러데이션 헤어스타일은 아주 다양하지만 고객이 선호하고 헤어숍에서 많이 하는 디자인 헤어스타일은 10여 가지라 할 수 있습니다.

슬라이스 라인은 일반적으로 형태 라인에 수평하게 하지만 수직, 사선 슬라이스를 잘 활용하면 부드러운 모발 흐름을 만들고 손질하기 편한 헤어스타일을 조형할 수 있습니다.

수평, 사선, 수직 슬라이스를 혼합하여 활용하면 커트 기법이 다양해지고 다양한 헤어스타일을 디자인할 수 있습니다.
그림 A처럼 형태 라인에 수평하게 슬라이스를 하면 커트를 이해하기 쉽고 편하지만 모발 끝의 흐름이 수평, 사선 흐름은 좋지만 수직 흐름이 좋지 않는 단점이 있습니다.

하지만 가위를 사용하지 않고 레이저 커트를 할 때는 각도를 조절하기 쉽고 부드러운 흐름을 만들 수 있습니다.

그림 B처럼 수직이나 수직 흐름에 가까운 사선 슬라이스는 커트 기법을 이해하면 쉽게 할 수 있으며, 수평 흐름보다는 수직이나 수직에 가까운 사선 흐름이 좋습니다.

슬라이스 두께는 2cm 정도 세밀하게 슬라이스하면서 커트하는 것이 부드러운 흐름을 연출하여 손질하기 편한 헤어스타일을 조형할 수 있습니다.

|그러데이션 커트(Gradation cut)|

|브러싱과 각도의 이해|

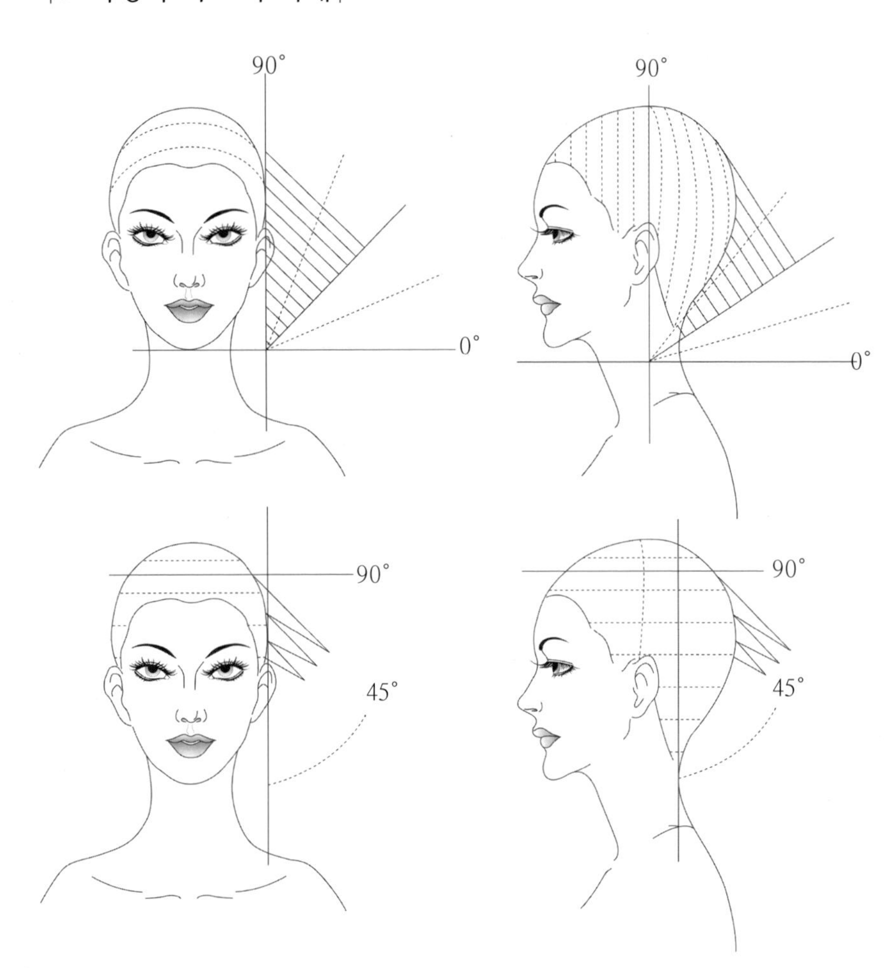

수평 슬라이스에서는 세밀하게 빗질하여 손가락으로 모발의 슬라이스를 잡는 각도에 따라서 단차가 변화합니다.
각도를 높이면 층이 많이 나는 하이 그러데이션, 각도를 낮추면 층이 적게 나면 로우 그러데이션이 되는 것입니다.

수직 슬라이스는 세밀하게 빗질하여 손가락으로 모발의 슬라이스를 잡고 커트하는 라인의 각도에 따라서 층이 변화합니다.
각도를 높이면 층이 많이 나는 하이 그러데이션, 낮으면 로우 그러데이션이 됩니다.

커트를 하기 위해 빗질을 할 때는 모발에 적당한 수분이 있는 상태거나 수분이 약간 있는 드라이 커트 시, 섹션, 슬라이스할 때는 굵은 빗살로, 커트를 하고자 빗질할 때는 가는 빗살로 세밀하게 빗질하여 커트하는 습관을 길러야 섬세한 층을 만들 수 있습니다.

|그러데이션 커트(Gradation cut) - 기본 헤어스타일|

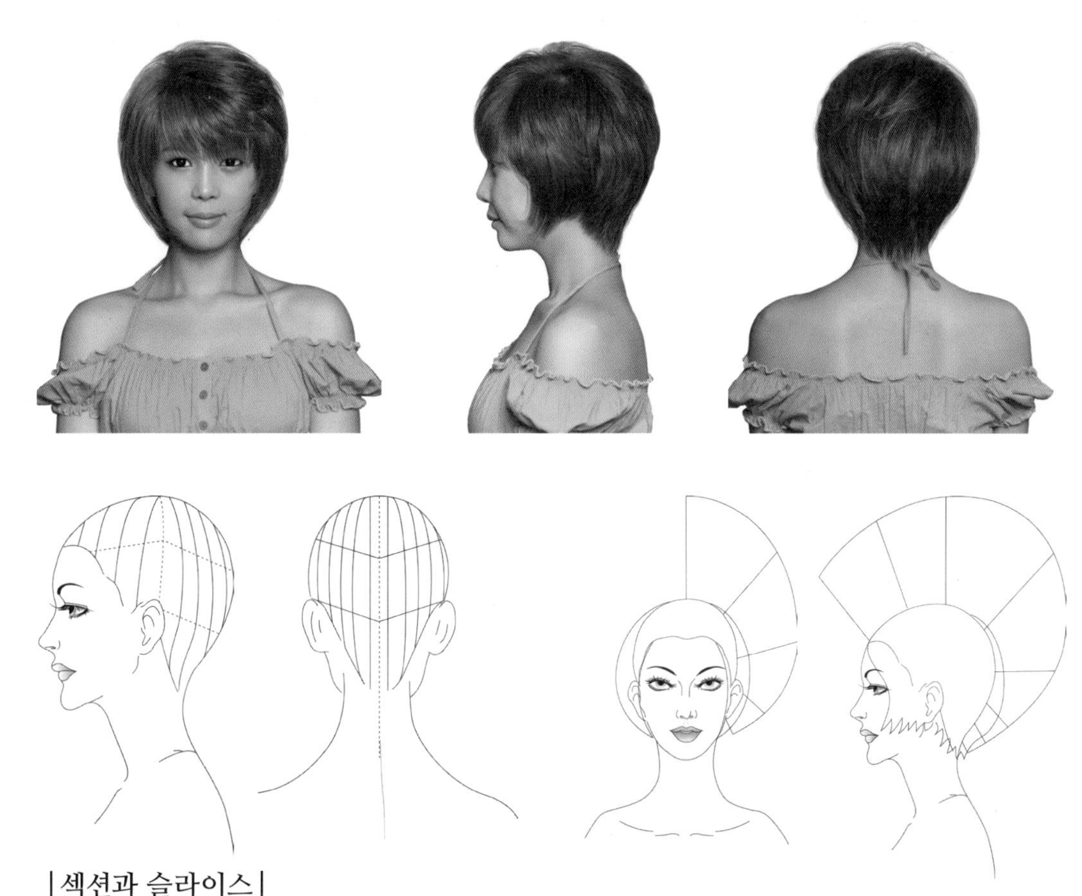

그러데이션 스타일에서 베이직 스타일로 각도를 조절하면 다양한 짧은 헤어스타일을 디자인할 수 있습니다.

기본 그러데이션인 미디엄 그러데이션, 층을 적게 만들어 언더 부분에 무게감이 생기는 로우 그러데이션, 각도를 높여서 층이 많이 나는 하이 그러데이션으로 구분할 수 있으며 형태 라인의 변화에 따라 다양한 디자인을 할 수 있습니다.

숏 헤어스타일은 여성 헤어스타일, 남성 헤어스타일에 많이 응용되는 기본이 되는 커트 기법으로 섬세한 커트 테크닉을 익혀야 합니다.

|구조|

A. 목덜미의 언더에서 길이가 가장 짧고 톱 쪽으로 올라갈수록 길이가 길어져서 톱에서는 리지 라인의 무게감을 줄이고 부드러운 실루엣을 만들기 위해서 조금씩 짧아집니다.
B. 귀 윗부분의 길이가 짧고 프런트로 올라갈수록 길이가 길어지고, 프런트에서 부드러운 실루엣을 만들기 위해 조금씩 짧아집니다.

|섹션과 슬라이스|

정중선과 측중선으로 나누고 후두부는 정중선에서 수직 슬라이스를 하고 이어지는 슬라이스는 뒤 방향으로 기울어지는 사선 슬라이스를 합니다.
전두부에서는 앞 방향으로 기울어지는 사선 슬라이스를 합니다.

|그러데이션 커트(Gradation cut) - 기본 그러데이션|

1

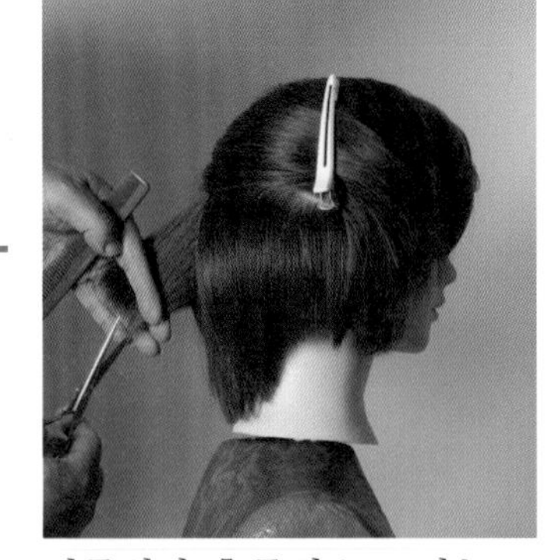

정중선과 측중선으로 나누고 첫 번째 섹션을 나누고 네이프에서 콘벡스 라인을 만듭니다. 네이프 정중선에서 수직으로 슬라이스를 하여 끝부분을 예리하게 커트를 합니다.

2

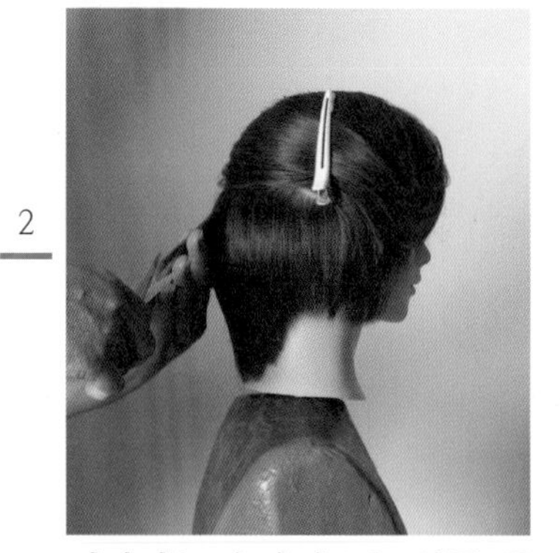

이어지는 슬라이스는 얼굴 쪽으로 기울어지는 수직에 가까운 사선 슬라이스를 하면서 바이어스 브란트 커트 기법으로 연결하여 끝부분이 가늘어지도록 합니다.

3

2번과 동일한 기법으로 슬라이스 두께를 약 2cm 세밀하게 슬라이스를 하여 커트를 합니다.

4

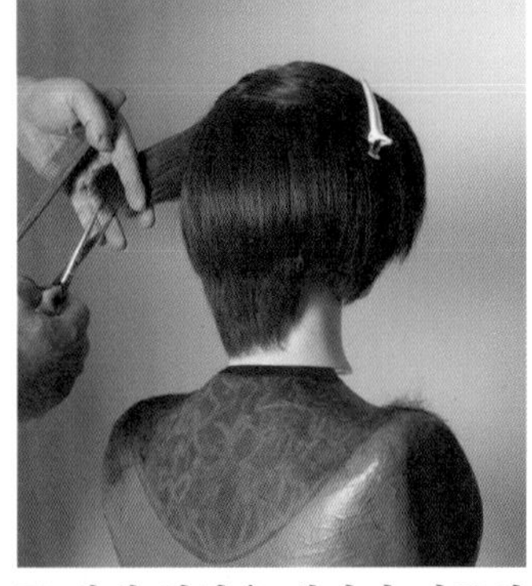

두 번째 섹션을 내려서 정중선에서 수직으로 슬라이스하여 네이프와 연결시켜서 커트를 합니다.

5

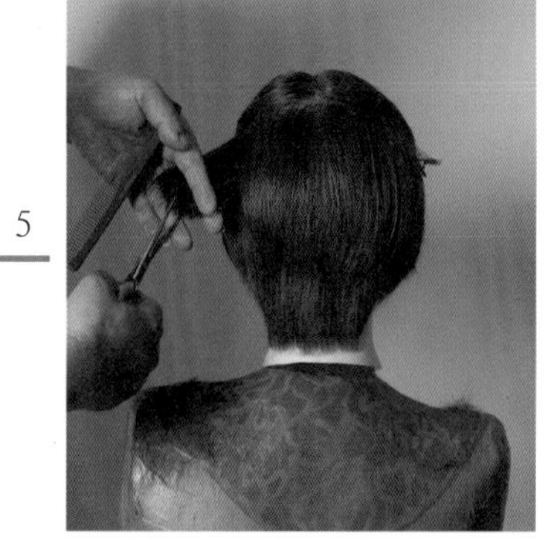

2cm씩 슬라이스하면서 가이드와 연결시키며 부드러운 그러데이션 층을 연출합니다.

6

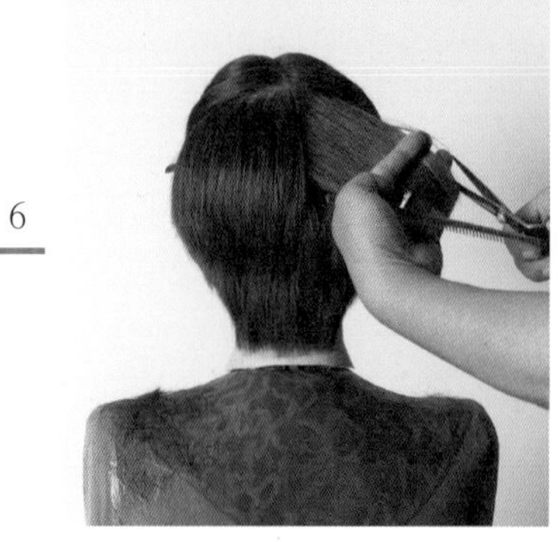

반대쪽도 같은 기법으로 세밀하게 커트하여 부드러운 그러데이션 형태를 연출합니다.

|그러데이션 커트(Gradation cut) – 기본 그러데이션|

7

수직으로 슬라이스하면서 정교하게 커트하여 부드러운 모발 흐름을 연출합니다.

8

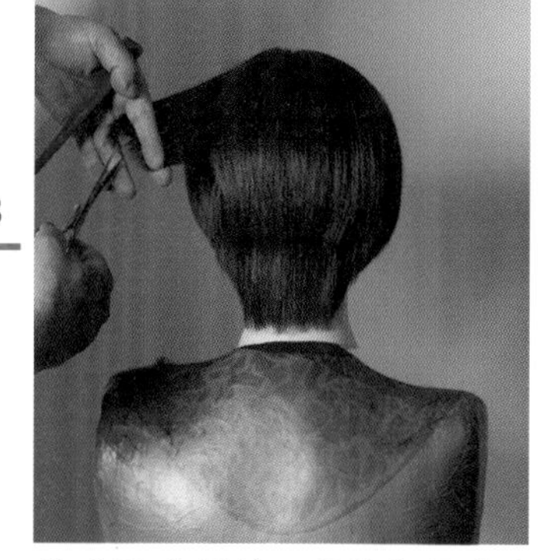

반대쪽 후두부도 7번과 동일하게 커트를 합니다.
두상은 둥글기 때문에 설계된 일정한 각도를 유지하고 커트를 하여야 합니다.

9

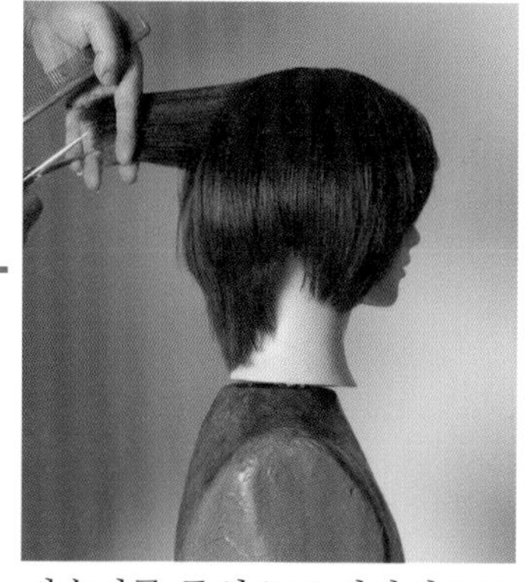

정수리를 중심으로 방사상으로 세밀하게 빗질하여 커트를 합니다.

10

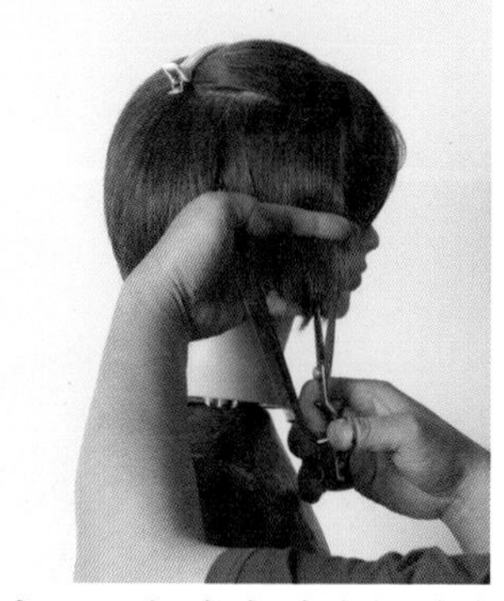

사이드를 첫 번째 섹션을 내려서 사선으로 사이드의 언더라인을 만듭니다.

11

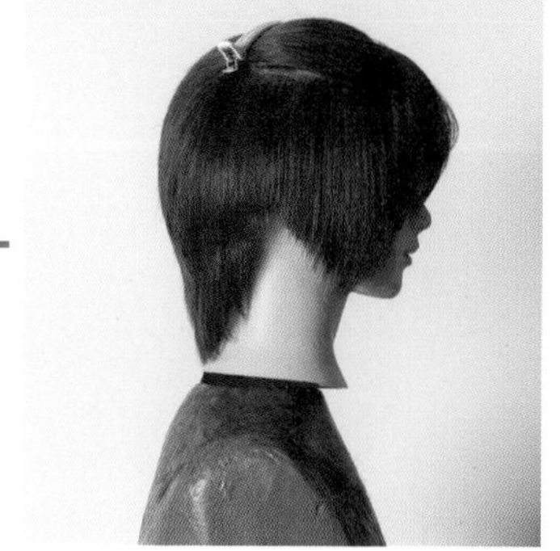

네이프 사이드 라인과 사이드 라인을 균형미 있게 디자인합니다.

12

사이드의 첫 번째 섹션을 수직에 가까운 앞 방향 사선 라인으로 슬라이스하면서 기본 그러데이션 각도로 예리하게 바이어스 브란트 커트를 합니다.

|그러데이션 커트(Gradation cut) - 기본 그러데이션|

13

앞 방향으로 약간 기울어지는 사선으로 슬라이스하고 커트를 하여 부드러운 모발 흐름을 연출합니다.

14

톱 쪽으로 연결하여 13번과 동일한 기법으로 커트를 합니다.

15

세밀하게 슬라이스하면서 부드럽고 들뜨지 않은 층을 연결합니다.

16

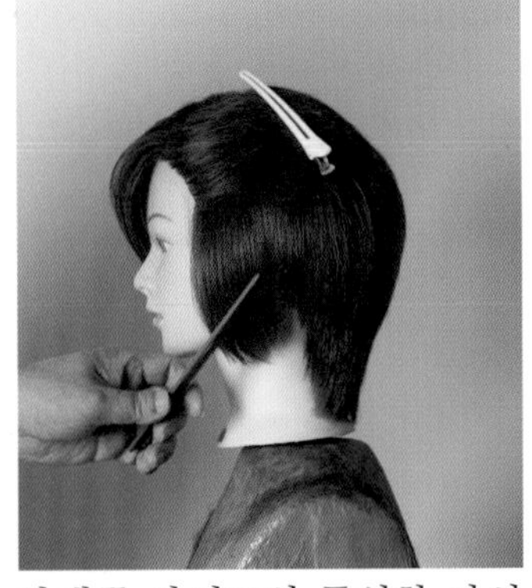

반대쪽 사이드와 동일한 라인을 설정합니다.

17

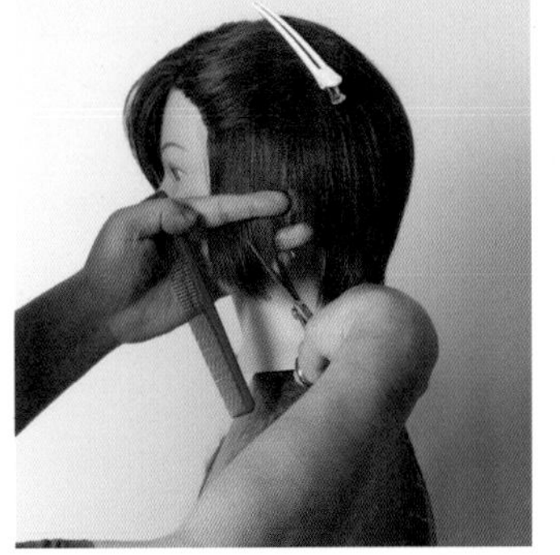

부드러운 텐션으로 바이어스 브란트 커트를 하여 끝부분이 가늘어지고 가벼운 흐름을 연출합니다.

18

수직에 가까운 앞 방향 사선 라인으로 슬라이스하면서 반대쪽 사이드와 같은 흐름을 연출합니다.

19

앞 방향 사선 라인의 슬라이스를 하면서 예리하게 바이어스 브란트 커트를 하여 가볍고 부드러운 모발 흐름을 연출합니다.

20

가르마를 확인하면서 톱 쪽으로 연결하여 19번과 동일한 기법으로 커트를 진행합니다.

21

세밀하게 슬라이스하고 빗질하면서 햄 라인까지 연결하여 커트를 진행합니다.

22

그러데이션 스타일에서 나타나는 리지 라인(각진 부분)을 부드러운 곡선의 실루엣을 연출하기 위해 톱 포인트에서 슬라이스하고 90도로 빗질하여 레이어드 커트를 합니다.

23

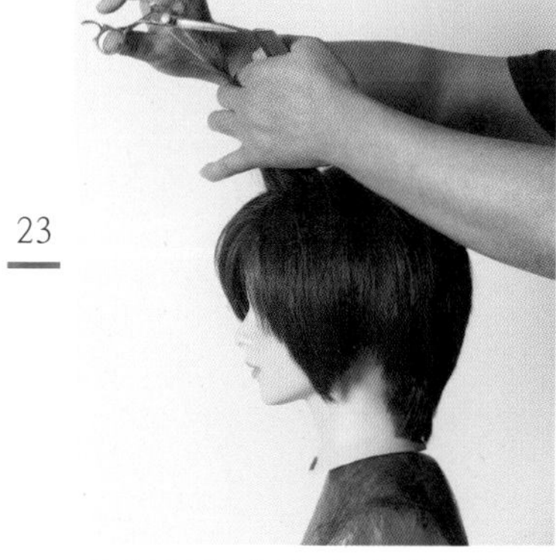

프런트로 가로 슬라이스를 하고 레이어드 커트를 하여 부드러운 곡선의 형태를 만들어 갑니다.

24

톱과 사이드를 연결하여 레이어드 기법으로 커트하여 부드럽고 가벼운 실루엣을 연출합니다.

|그러데이션 커트(Gradation cut) - 기본 그러데이션|

25

사이드를 레이어드 커트 기법으로 바이어스 브란트 커트를 하여 부드럽고 율동감 있는 모발 흐름을 연출합니다.

26

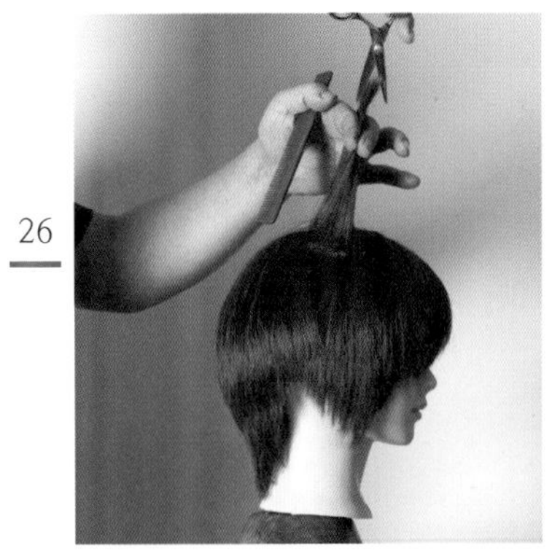

반대쪽 사이드도 사이드와 연결하여 레이어드 커트를 합니다.

27

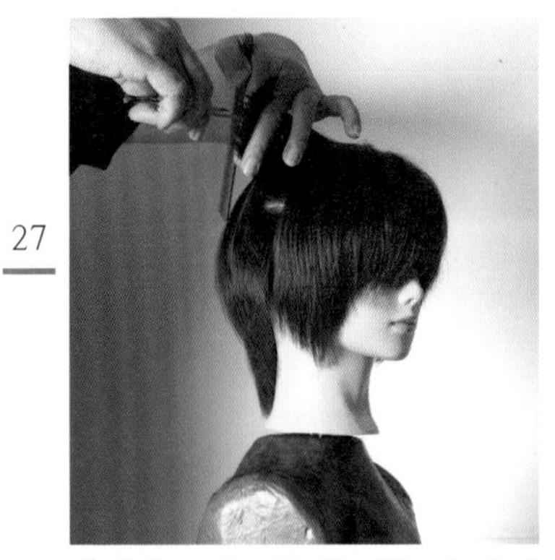

레이어드 커트를 할 때는 슬라이스를 디테일하게 하면서 커트를 하여야 율동감이 좋은 모발 흐름이 되고 손질하기 편한 아름다운 헤어스타일이 디자인됩니다.

28

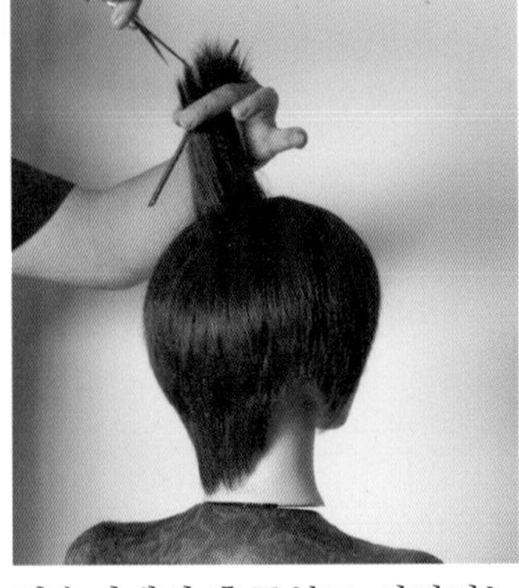

정수리에서 후두부로 연결되는 부분은 방사상 슬라이스를 하면서 섬세하게 레이어드 커트를 진행합니다.

29

방사상 슬라이스로 2cm씩 슬라이스하면서 정교하게 커트하여야 움직임이 좋은 아름다운 헤어스타일이 연출됩니다.

30

부드러운 실루엣과 모발흐름을 연출하기 위해 틴닝 커트를 모발 길이 중간, 끝부분에서 합니다.

|그러데이션 커트(Gradation cut) – 기본 그러데이션|

31

전체를 율동감 있는 모발 흐름이 되도록 모발 길이 중간, 끝부분에서 틴닝 커트를 합니다.

32

슬라이딩 커트 기법으로 끝부분이 가늘어지고 가볍게 하여 손질하기 편한 부드러운 모발 흐름을 연출합니다.

33

페이스 라인을 32번과 동일한 기법으로 커트하여 헤어스타일 표정을 연출합니다.

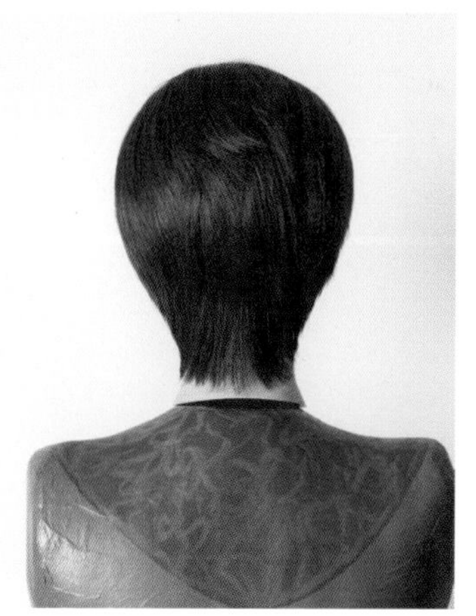

|그러데이션 커트(Gradation cut) - 미디엄 그러데이션|

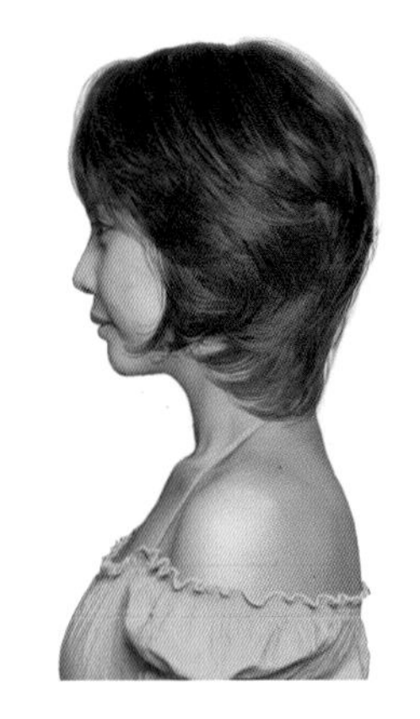
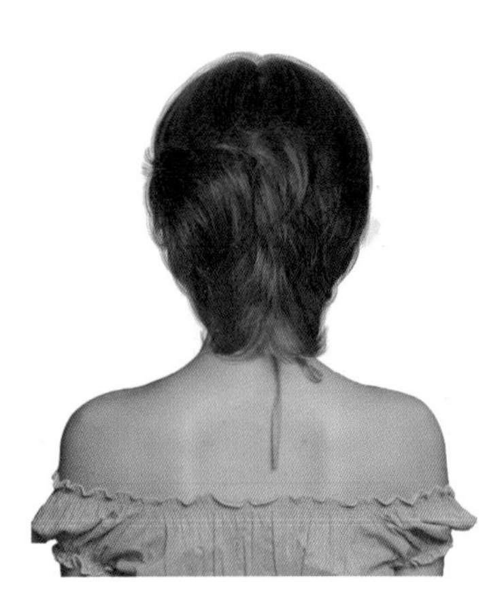

그러데이션 스타일에서 베이직 스타일로 각도를 조절하면 다양한 헤어스타일을 디자인할 수 있습니다.

미디엄 그러데이션은 과거나 현재나 사랑받아온 헤어스타일입니다.

사이드에서는 앞 방향 사선 라인, 네이프에서는 뒤 방향 사선(콘벡스 라인)으로 디자인되는 헤어스타일입니다.
단정하고 차분하면서 활동적인 이미지를 주는 헤어스타일은 모발의 방향성, 표정 연출을 하면 다양한 헤어스타일 디자인이 완성됩니다.

|섹션과 슬라이스|

정중선과 측중선으로 나누고 후두부는 정중선에서 수직 슬라이스를 하고 이어지는 슬라이스는 뒤 방향으로 기울어지는 사선 슬라이스를 합니다.
전두부에서는 앞 방향으로 기울어지는 사선 슬라이스를 합니다.

|구조|

A. 목덜미의 언더에서 길이가 가장 짧고 톱 쪽으로 올라갈수록 길이가 길어져서 톱에서는 리지 라인의 무게감을 줄이고 부드러운 실루엣을 만들기 위해서 조금씩 짧아집니다.
B. 귀 윗부분의 길이가 짧고 프런트로 올라갈수록 길이가 길어지고, 프런트에서 부드러운 실루엣을 만들기 위해 조금씩 짧아집니다.

|그러데이션 커트(Gradation cut) - 미디엄 그러데이션|

1

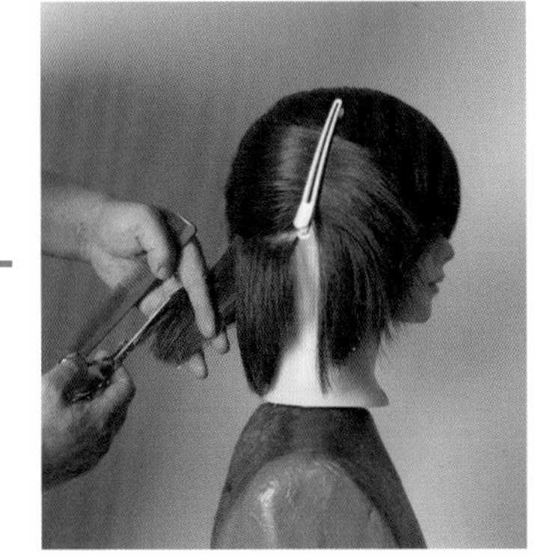

정중선과 측중선으로 나누고 정중선에서 수직의 슬라이스로 45° 빗질하여 바이어스 브란트 커트를 하여 그러데이션 층을 만듭니다.

2

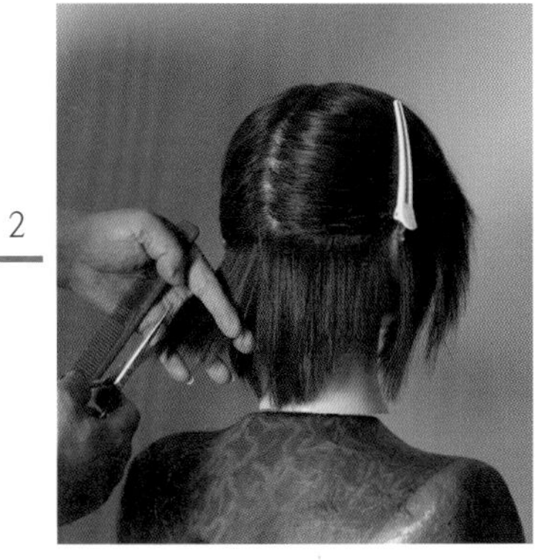

뒤 방향으로 기울어지는 수직에 가까운 사선 슬라이스를 하면서 세밀하게 층을 연결하는 커트를 합니다.

3

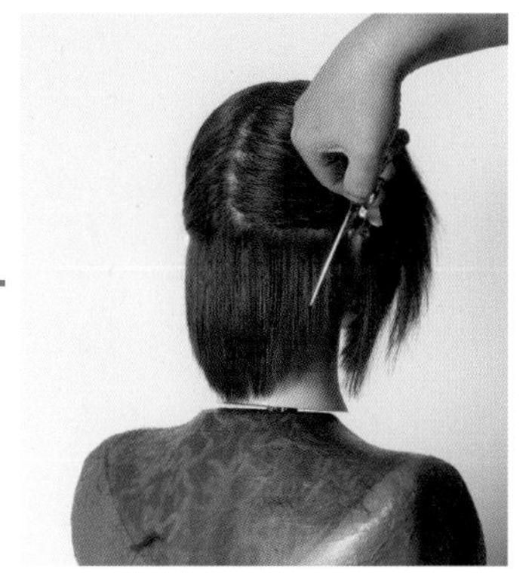

슬라이딩 커트 기법으로 네이프, 네이프 사이드 라인을 다듬어서 목덜미를 감싸는 듯한 모발 흐름을 연출합니다.

4

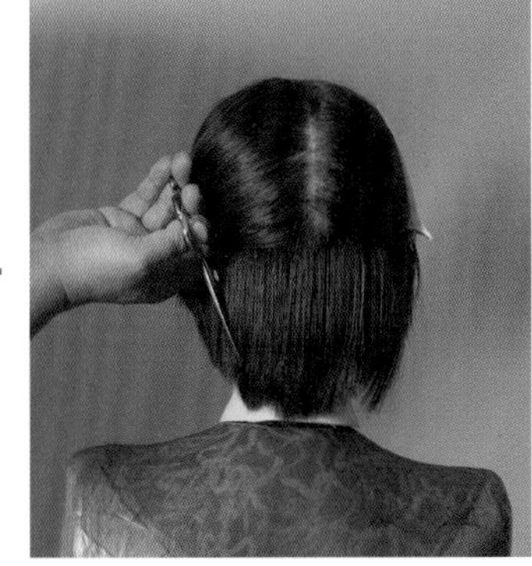

3번과 같은 방법으로 목덜이 라인을 다듬습니다.

5

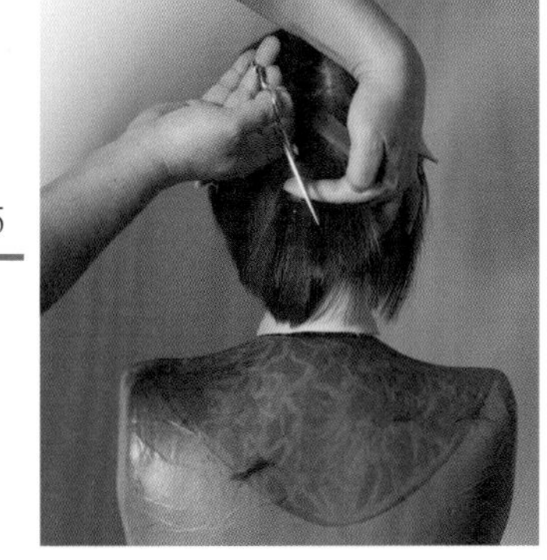

슬라이딩 커트 기법으로 가늘어지고 가벼운 흐름을 연출합니다.

6

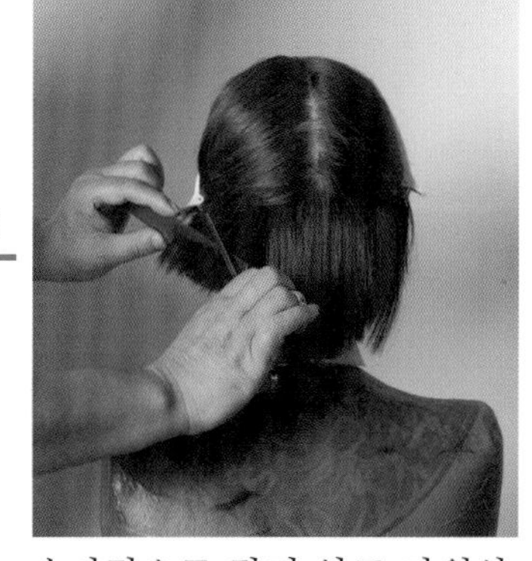

손가락으로 잡지 않고 가위와 빗을 상하로 교차하면서 모발 길이 중간, 끝부분에서 틴닝 커트를 하여 가벼운 모발 흐름을 연출합니다.

7

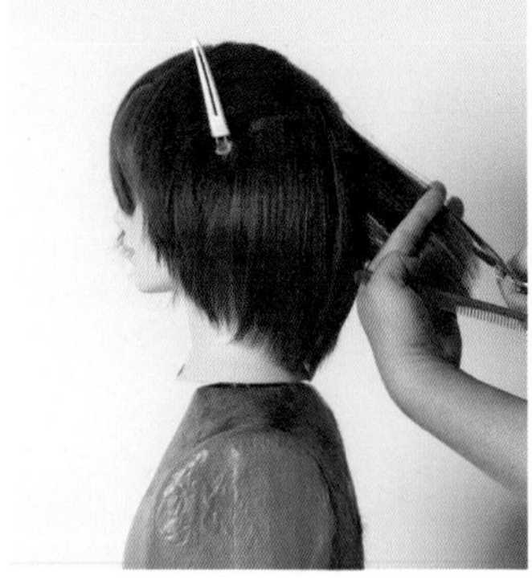

두 번째 섹션을 내리고 후두부의 정중선에서 슬라이스하여 45°로 빗질하면서 섬세하게 커트를 합니다.

8

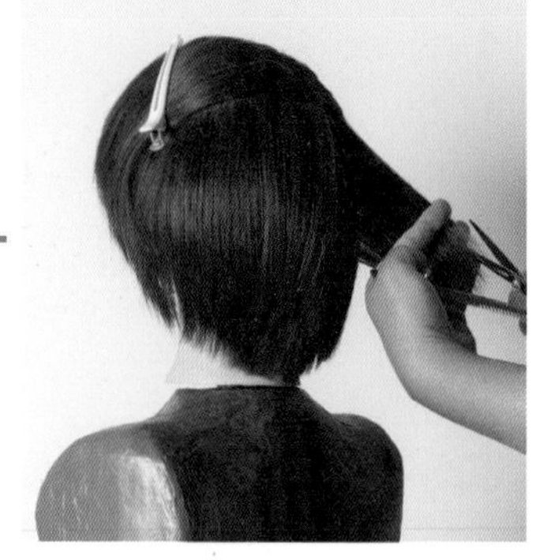

백 사이드를 같은 방법으로 커트하는데 일정한 각도와 빗질이 흔들리거나 곡선이 생기지 않도록 주의하며 커트를 합니다.

9

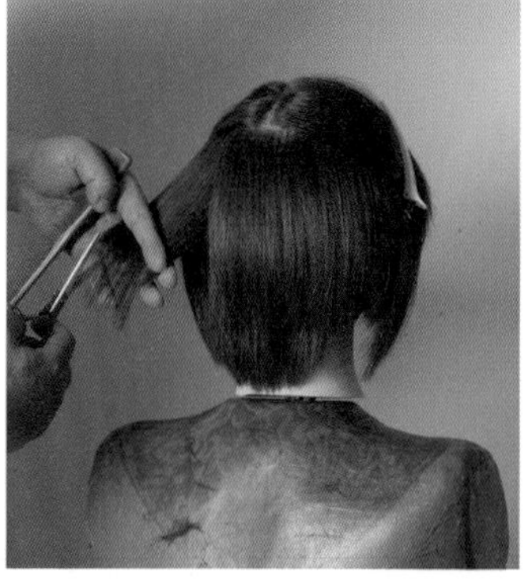

좌측 백 사이드도 8번과 같은 방법으로 커트를 합니다.

10

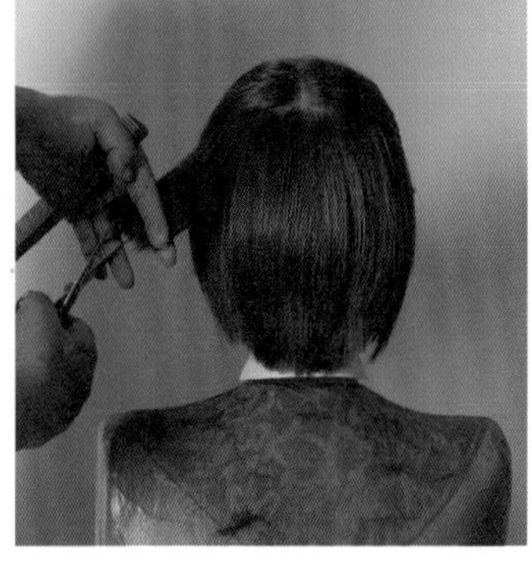

2cm 두께로 슬라이스하면서 정교하게 커트하여 부드러운 곡선의 실루엣과 모발 흐름을 연출합니다.

11

톱 쪽의 섹션을 내려서 정수리를 방사상으로 세밀하게 슬라이스하고 빗질하면서 정교하게 커트를 합니다.

12

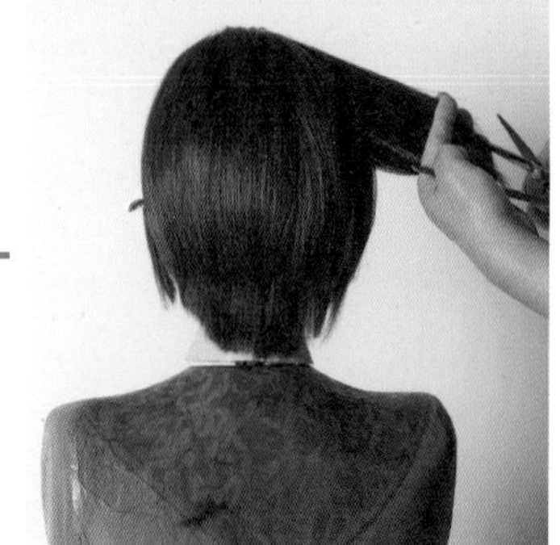

후두부를 같은 방법으로 섬세하게 슬라이스하면서 커트를 합니다.

|그러데이션 커트(Gradation cut) – 미디엄 그러데이션|

13

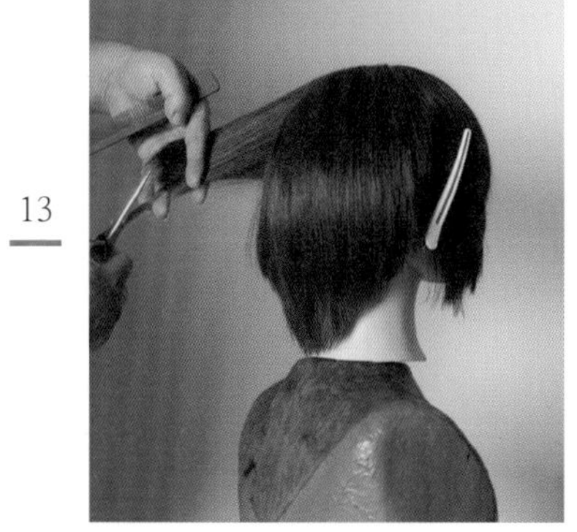

일정한 각도를 유지하면서 세밀하게 커트하여 부드러운 실루엣과 모발 흐름을 연출합니다.

14

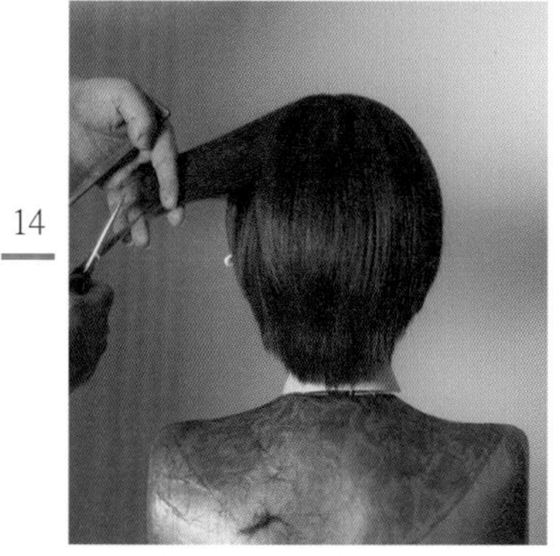

13번과 동일한 기법으로 부드러운 층을 만들기 위해 바이어스 브란트 커트를 깊고 예리하게 커트를 합니다.

15

사이드의 첫 번째 섹션을 내려서 얼굴 쪽으로 급격히 기울어지는 사선 라인으로 사이드의 형태 라인을 만듭니다.

16

앞 방향 사선으로 슬라이스하면서 사이드의 부드러운 층을 연결합니다.

17

가늘어지고 가벼운 층을 연출하기 위해 바이어스 브란트 커트를 예리하게 커트를 합니다.

18

사이드의 두 번째 섹션을 내려서 톱 쪽과 연결하여 슬라이스하면서 세밀하게 커트를 합니다.

|그러데이션 커트(Gradation cut) - 미디엄 그러데이션|

25

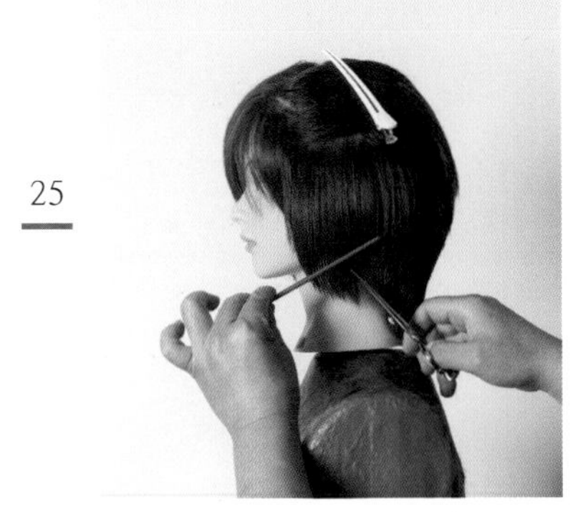

사이드 라인을 반대쪽 라인과 동일하게 연출합니다.

26

앞 방향 사선 라인으로 슬라이스하면서 부드러운 층을 연출합니다.

27

빗질하면서 흔들리거나 굴곡이 지지 않도록 세밀하게 커트를 합니다.

28

사이드의 두 번째 섹션을 내리고 앞 방향 사선 슬라이스하면서 부드러운 층을 연출합니다.

29

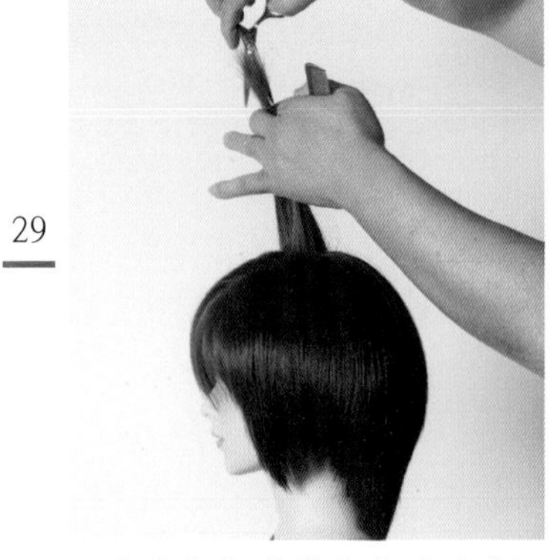

그러데이션 형태에서 나타나는 리지 라인을 부드러운 모발 흐름과 실루엣을 연출하기 위해 정수리에서 레이어드 커트를 진행합니다.

30

프런트로 슬라이스하면서 레이어드 커트를 하여 부드러운 실루엣과 율동감 있는 모발 흐름을 연출합니다.

|그러데이션 커트(Gradation cut) - 미디엄 그러데이션|

31

정수리에서 방사상으로 세밀하게 슬라이스하면서 레이어드 커트를 합니다.

32

프런트와 사이드를 연결하는 슬라이스를 하면서 부드러운 모발 흐름을 연출합니다.

33

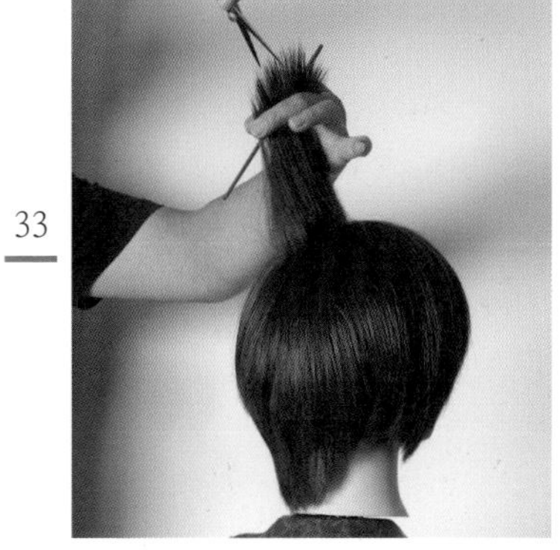

후두부를 정수리에서 방사상으로 슬라이스하면서 정교하게 커트를 합니다.

34

모발 길이 중간, 끝부분에서 틴닝 커트를 하여 가볍고 부드러운 모발 흐름을 연출합니다.

35

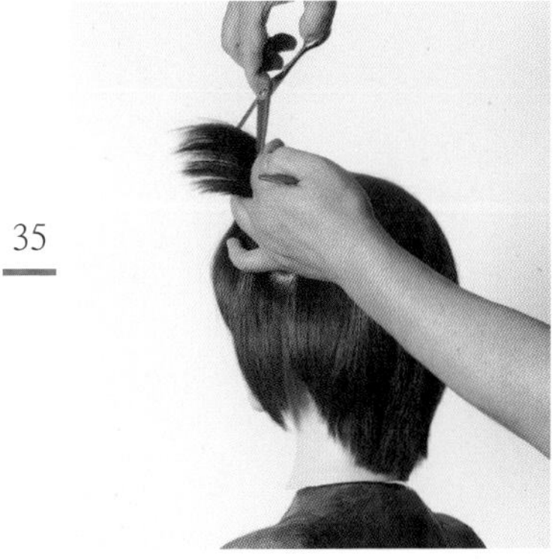

헤어스타일의 실루엣과 모발 흐름을 체크하면서 틴닝 커트를 합니다.

36

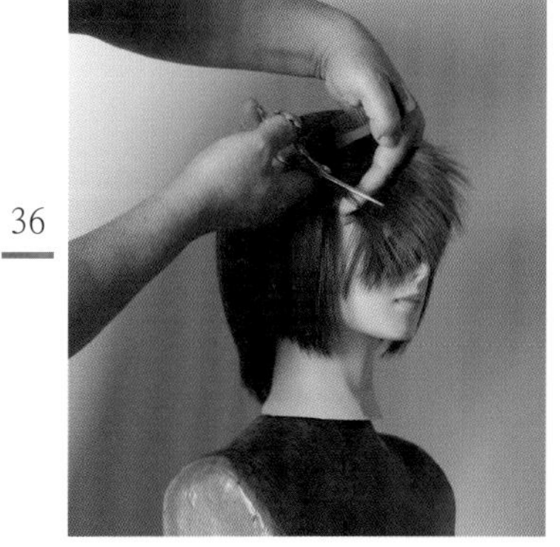

슬라이딩 커트 기법으로 가늘어지고 가벼운 모발 흐름을 연출합니다.

|그러데이션 커트(Gradation cut) – 미디엄 그러데이션|

37

앞머리 길이를 상담하고 짧아지지 않도록 부드러운 텐션으로 커트합니다.

38

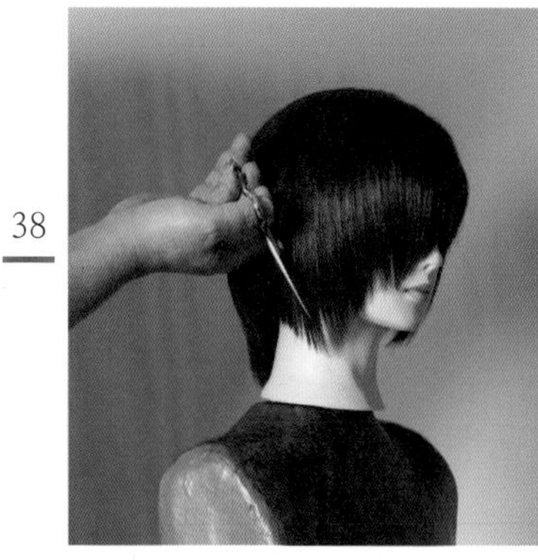

형태 라인을 슬라이딩 커트로 헤어스타일의 표정을 디테일하게 연출합니다.

39

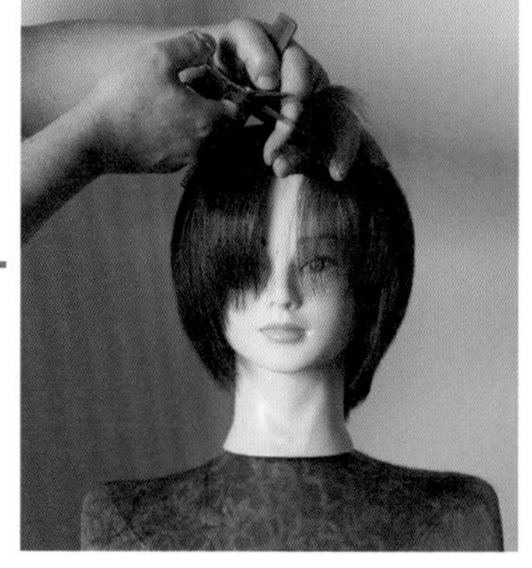

앞머리를 슬라이딩 커트로 자연스럽고 부드러운 느낌을 연출합니다.

40

39번과 동일한 기법으로 헤어스타일 표정을 연출합니다.

|그러데이션 커트(Gradation cut) - 미디엄 그러데이션|

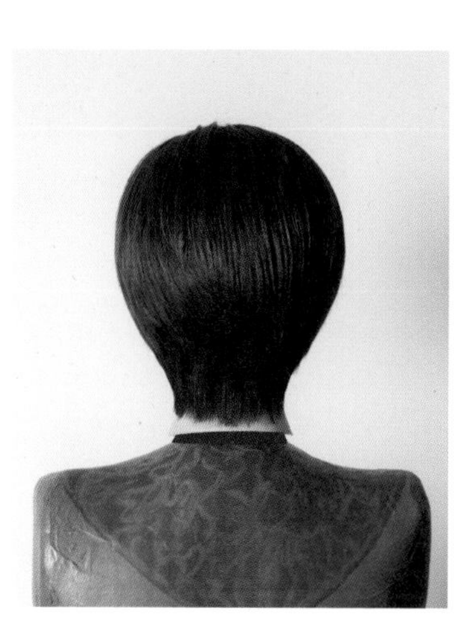

|그러데이션 보브 헤어스타일 - 수평 라인|

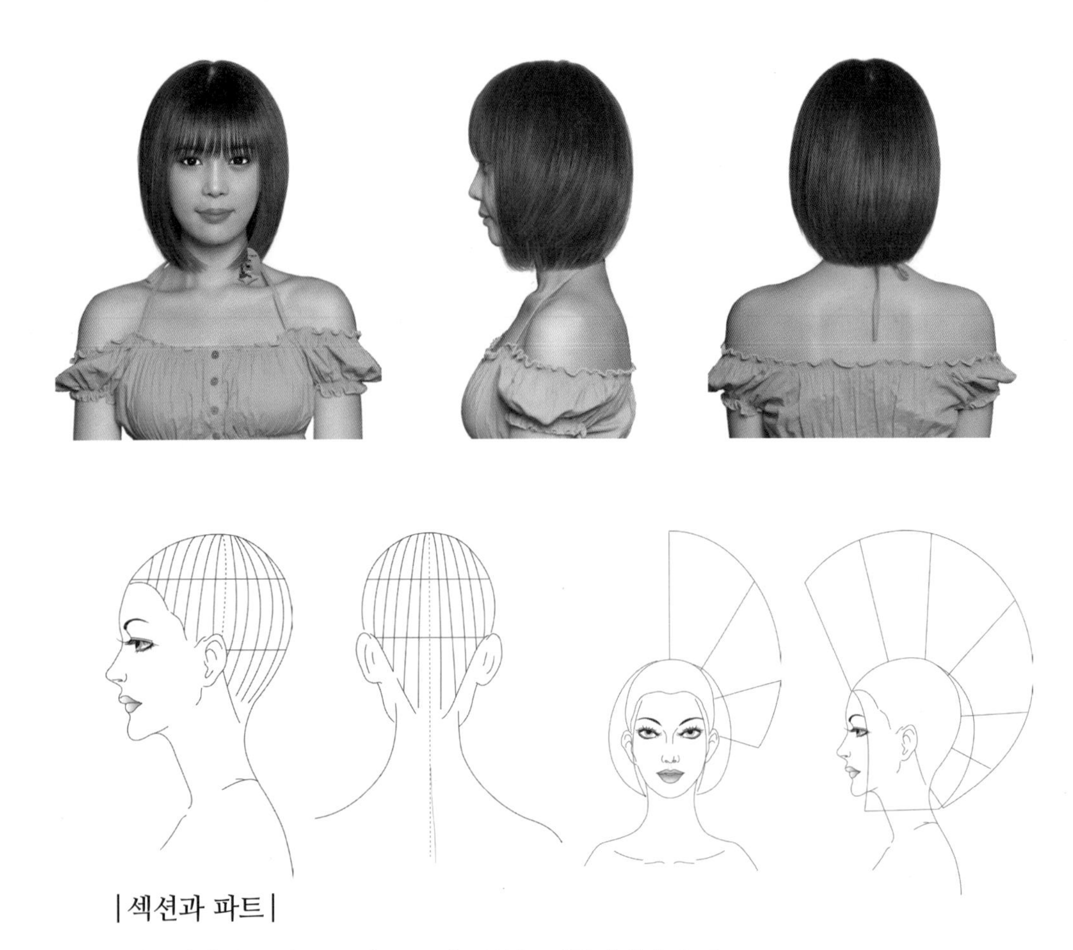

층이 나는 그러데이션 보브 헤어스타일은 동양의 얼굴형에 보편적으로 가장 잘 어울리는 헤어스타일이며 형태 라인의 변화에 의해서 다양한 헤어스타일 디자인을 표현할 수 있습니다.

수평을 유지하면서 깨끗한 라인을 만들면 단정하고 지적인 이미지의 트레디셔널 감각의 헤어스타일입니다.
형태 라인을 불규칙하고 가볍고 자유롭게 표현하면 페미닌, 로맨틱 감성을 표현하는 헤어스타일 디자인을 조형할 수 있습니다.

|구조|

A. 네이프 길이가 짧고, 톱, 프런트 방향으로 길이가 길어집니다.
B. 귀 윗부분의 길이가 짧고 프런트 방향으로 길이가 길어집니다.

|섹션과 파트|

정중선과 측중선으로 나누고, 후두부는 정중선에서 수직 슬라이스를 하고 사이드 방향으로 이어지는 슬라이스는 앞 방향으로 기울어지는 사선 슬라이스를 합니다.

|그러데이션 보브 헤어스타일 - 수평 라인|

1

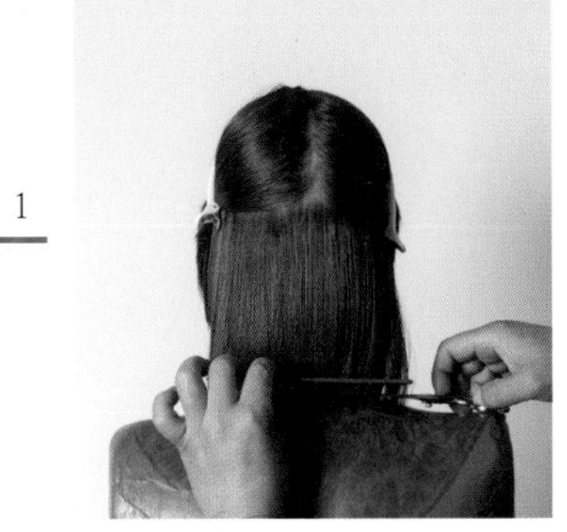

두상이 수직인 상태에서 길이를 결정하고 첫 번째 섹션을 내리고 수평 라인으로 커트를 합니다.

2

네이프에서 언더 섹션까지 내려서 커트를 하고 미들 섹션까지 이어지는 사이드 라인을 내려서 수직 흐름으로 섬세하게 빗질하여 빗으로 고정시키고 커트를 합니다.

3

다시 고르게 빗질하여 텐션을 주지 않고 체크 커트를 합니다.

4

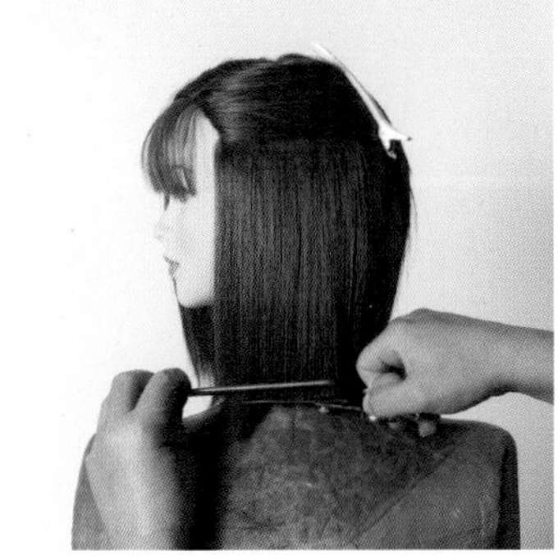

반대쪽 사이드도 동일한 방법으로 커트를 합니다.

5

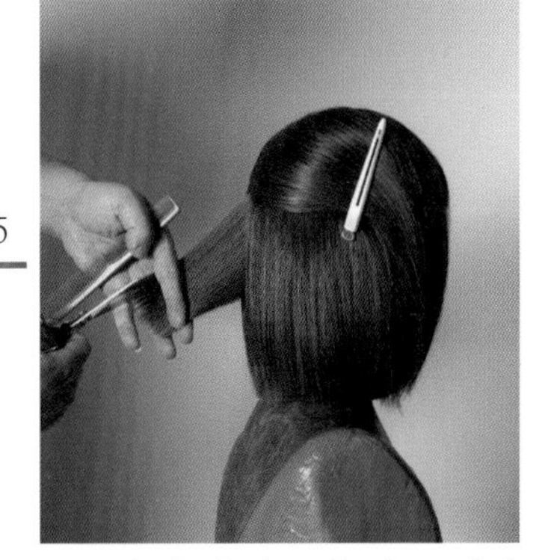

후두부와 사이드의 미들 섹션까지 원랭스의 수평 라인으로 커트를 했다면 후두부의 정중선에서 슬라이스하여 그러데이션 층을 만드는 커트를 합니다.

6

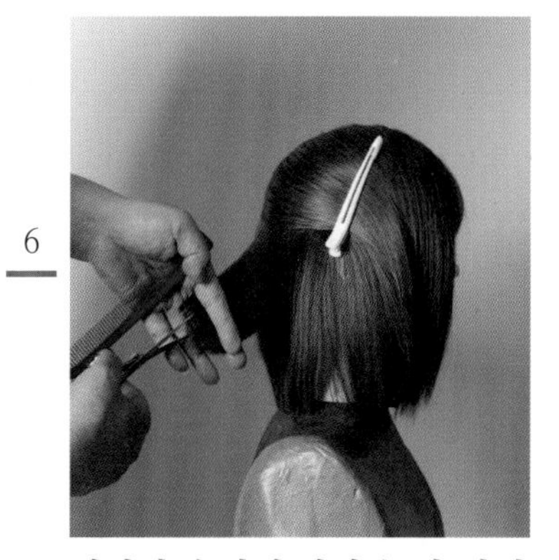

이어서 수직에 가까운 앞 방향 사선 라인으로 2cm 두께로 슬라이스하면서 바이어스 브란트 커트를 예리하게 하여 부드러운 층을 만듭니다.

|그러데이션 보브 헤어스타일 - 수평 라인|

7

반대쪽 후두부도 수직에 가까운 앞 방향 사선 라인으로 세밀하게 슬라이스하면서 층지게 커트를 합니다.

8

사이드 쪽으로 이어지는 커트를하고, 빗질이 굴곡이 생기지 않도록 주의하면서 부드럽고 율동감 있는 층을 연출합니다.

9

미들 섹션을 내리고 후두부의 정중선에서 수직으로 슬라이스하여 그러데이션의 부드럽고 볼륨 있는 실루엣을 연출합니다.

10

백 사이드로 조금씩 슬라이스하면서 커트를 진행합니다.

11

10번과 동일한 기법으로 이어지는 층을 만들어 갑니다

12

반대쪽 사이드도 후두부의 정중선 가이드 라인과 연결하며 수직에 가까운 앞 방향 사선 라인으로 슬라이스하면서 층을 연결합니다.

|그러데이션 보브 헤어스타일 - 수평 라인|

13

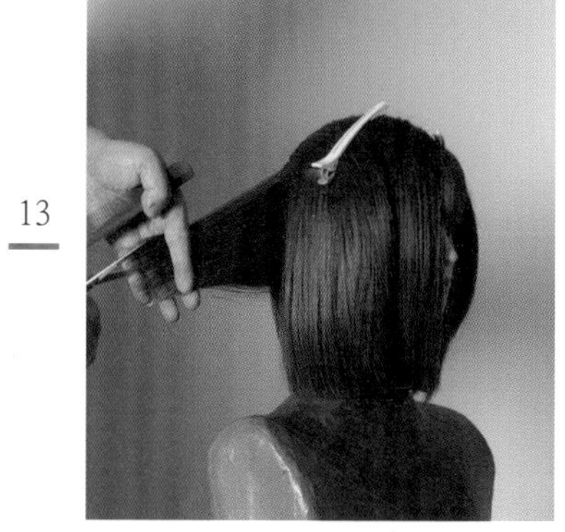

앞 방향 사선 라인으로 슬라이스하면서 부드러운 층을 연출합니다.

14

정수리에서 방사상으로 슬라이스하면서 부드러운 층을 연결합니다.

15

앞 방향으로 수직에 가까운 사선 슬라이스를 하면서 부드럽고 움직임이 좋은 모발 흐름을 연출합니다.

16

반대쪽도 15번과 동일한 기법으로 부드러운 층을 연결합니다.

17

수직에 가까운 사선 슬라이스를 하면서 빗질이 굴곡이 생기지 않도록 주의하면서 정교하게 커트를 합니다.

18

사이드를 2등분으로 섹션을 나누고 앞 방향 사선 슬라이스를 하면서 커트를 하는데 언더의 형태 라인이 커트되어 짧아지지 않도록 주의합니다.

|그러데이션 보브 헤어스타일 - 수평 라인|

19

톱 쪽과 연결하여 슬라이스하면서 부드러운 실루엣을 연출합니다.

20

사이드를 세밀하게 슬라이스하면서 끝부분이 가볍도록 바이어스 브란트 커트를 예리하게 합니다.

21

반대쪽 사이드도 첫 번째 섹션을 내리고 슬라이스하면서 부드러운 층을 만들어 갑니다.

22

사이드의 언더라인이 짧아지지 않도록 주의하며 층을 만들어 갑니다.

23

조금씩 슬라이스하면서 정교하게 커트를 하여 층을 연결합니다.

24

톱 쪽과 연결하면서 슬라이스하고 세밀하게 커트를 합니다.

|그러데이션 보브 헤어스타일 - 수평 라인|

25

정수리와 연결하는 슬라이스를 하면서 부드러운 곡선의 실루엣을 연출합니다.

26

그러데이션 형태에서 나타나는 리지 라인을 부드럽게 하기 위해 톱에서 레이어드 커트를 하여 부드러운 실루엣과 율동감 있는 모발 흐름을 연출합니다.

27

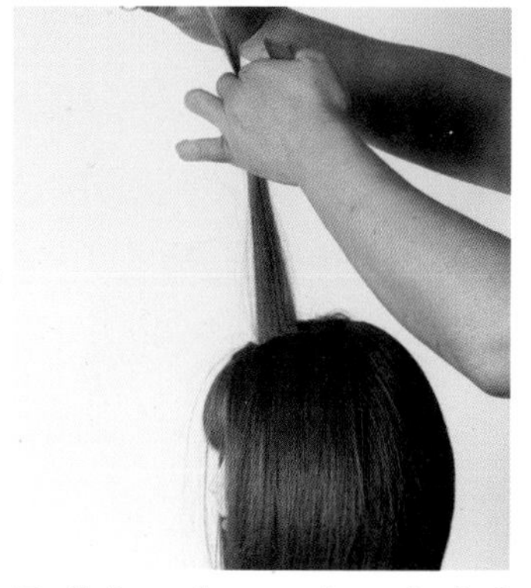

톱에서 프런트로 가로 슬라이스를 하면서 가이드라인과 연결하여 부드러운 모발 흐름을 연출합니다.

28

정수리의 층과 연결하여 슬라이스하면서 레이어드 커트를 합니다.

29

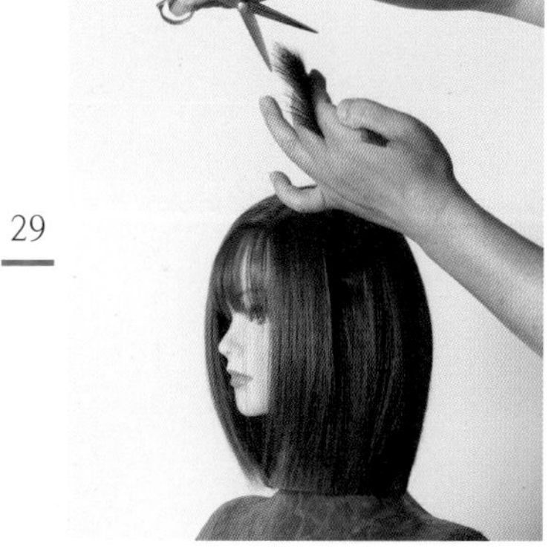

톱 섹션과 미들 섹션으로 슬라이스하면서 각도를 조절하여 레이어드 커트를 합니다.

30

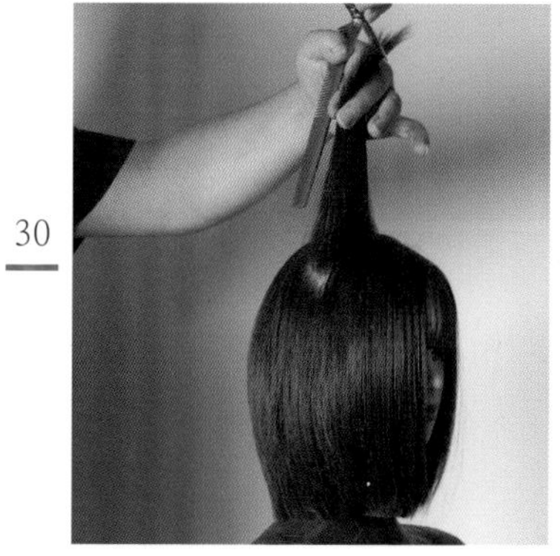

반대쪽도 동일한 방법으로 커트하여 부드럽고 율동감 있는 실루엣과 모발 흐름을 연출합니다.

|그러데이션 보브 헤어스타일-수평 라인|

31

후두부를 톱에서 가이드라인과 연결하는 방사상 슬라이스를 하면서 각도를 조절하여 부드럽고 움직임이 좋은 모발 흐름을 연출합니다.

32

반대쪽 후두부도 31번과 동일한 기법으로 커트를 진행합니다.

33

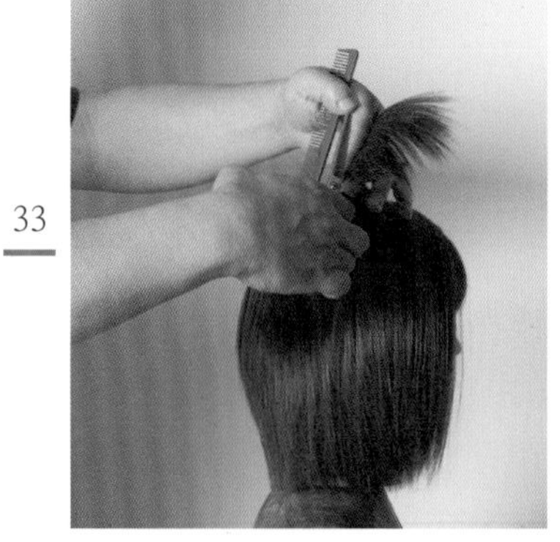

모발 길이 중간, 끝부분에서 틴닝 커트를 하여 가볍고 부드러운 모발 흐름을 연출합니다.

34

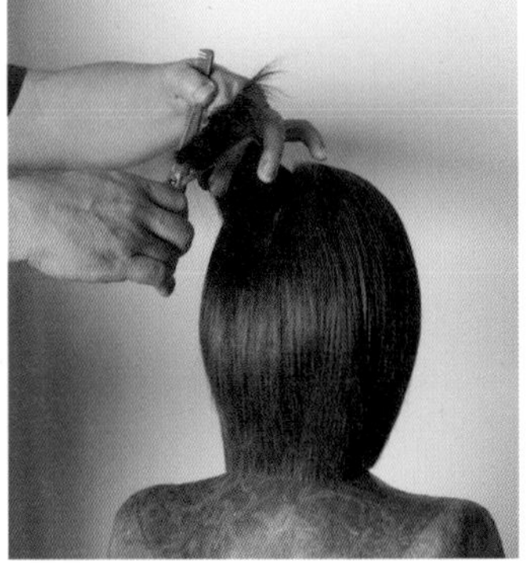

헤어스타일의 무게감을 체크하면서 모발 길이 중간, 끝부분에서 틴닝 커트를 하여 부드러운 율동감을 연출합니다.

35

슬라이딩 커트로 가늘어지고 가벼운 흐름을 표현하여 헤어스타일의 표정을 연출합니다.

36

앞머리는 민감한 부분으로 길이가 짧아지지 않도록 주의하며 커트를 하고 슬라이딩 커트로 부드러운 흐름을 연출합니다.

|그러데이션 보브 헤어스타일 - 수평 라인|

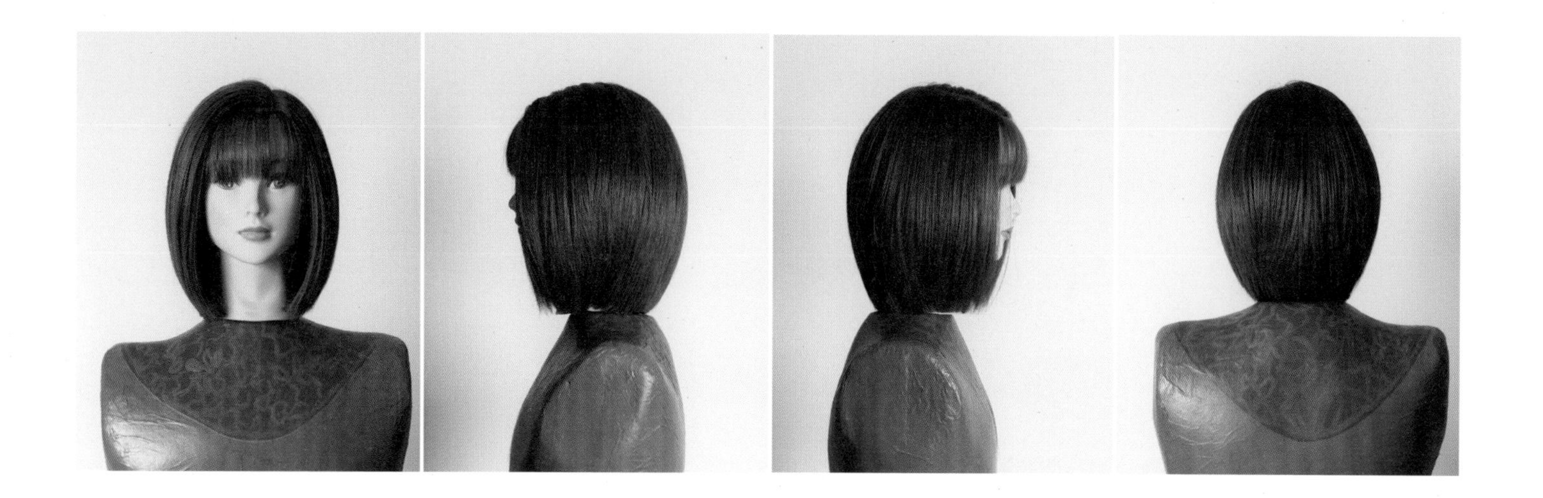

|그러데이션 보브 헤어스타일 – 앞 방향 사선 라인|

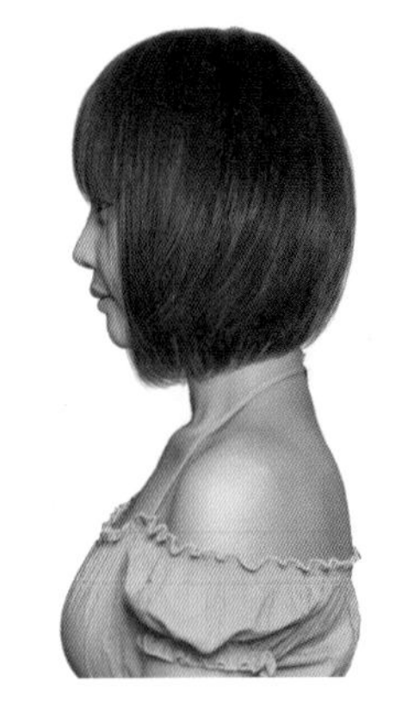

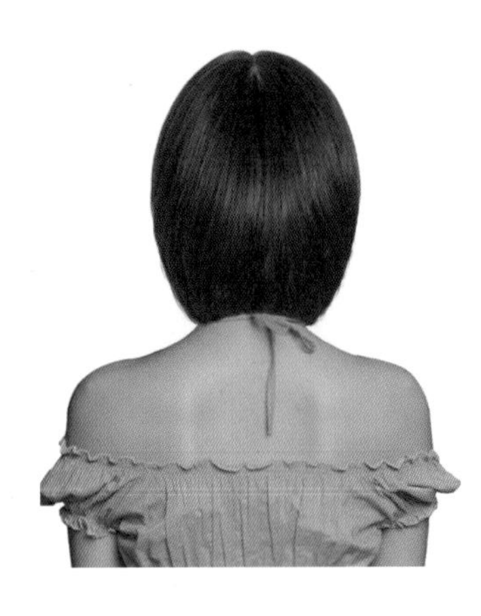

형태 라인은 앞 방향으로 기울어지는 앞 방향 사선으로 후두부에서 층이 많이 나서 부드러운 실루엣으로 볼륨을 만들고 얼굴 쪽으로 층이 감소하여 페이스 라인에서 무게감이 느껴지는 앞 방향 사선 라인의 그러데이션 보브 헤어스타일입니다.

형태 라인은 가늘어지고 가벼운 모발 흐름을 표현하여 부드러운 실루엣과 자연스러움을 연출하는 그러데이션 보브 헤어스타일을 디자인을 합니다.

스트레이트 흐름에서는 건강하고 청순한 여성스러움이 나타나며, 굵은 웨이브 컬로 춤을 추듯 율동감을 주면 페미닌스럽고 큐트한 감성이 느껴지는 아름다운 헤어스타일입니다.

|구조|

A. 네이프 길이가 짧고 톱, 프런트 방향으로 길이가 길어집니다.
B. 귀 윗부분의 길이가 짧고 프런트 방향으로 길이가 길어집니다.

|섹션과 파트|

정중선과 측중선으로 나누고, 후두부는 정중선에서 수직 슬라이스를 하고 사이드 방향으로 이어지는 슬라이스는 앞 방향으로 기울어지는 사선 슬라이스를 합니다. 앞머리는 가르마를 기준으로 삼각 섹션, 페이스의 사이드는 뒤 방향 사선 슬라이스를 합니다.

|그러데이션 보브 헤어스타일 – 앞 방향 사선 라인|

1

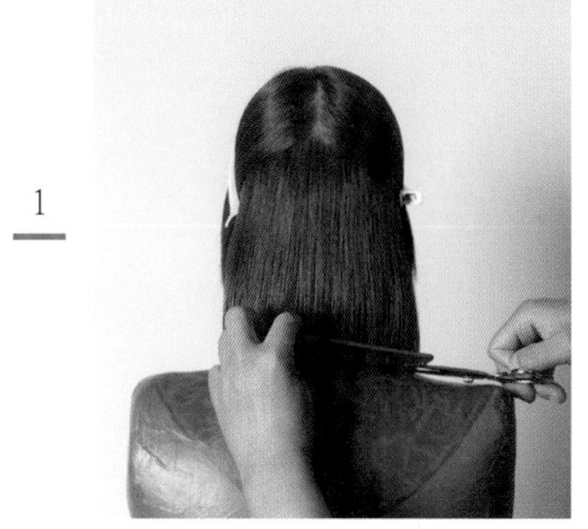

첫 번째 섹션을 수직으로 내려서 빗고 콘케이브 라인으로 커트를 합니다.

2

후두부의 정중선에서 수직 슬라이스하고 45° 각도로 그러데이션의 층을 만듭니다.

3

수직에 가까운 사선 슬라이스를 하며 백 사이드로 커트를 진행합니다.

4

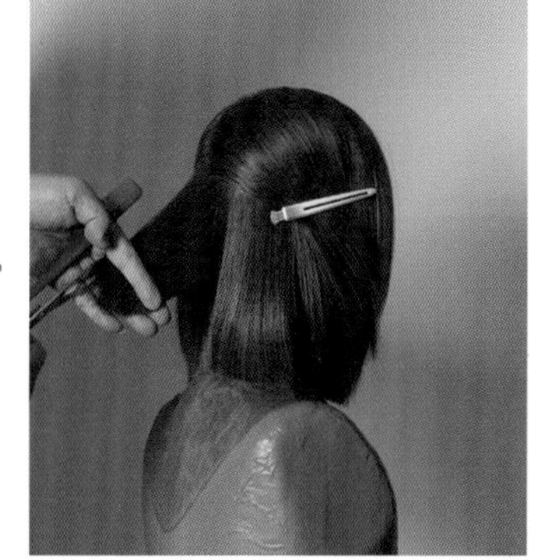

반대쪽 백 사이드도 3번과 동일한 기법으로 커트를 합니다.

5

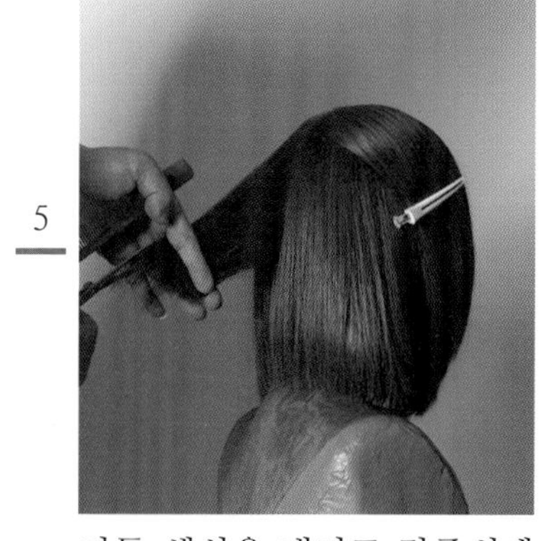

미들 섹션을 내리고 정중선에서 수직 슬라이스를 하면서 커트를 합니다.
일정한 각도를 유지하여야 좌우 길이가 달라지지 않습니다.

6

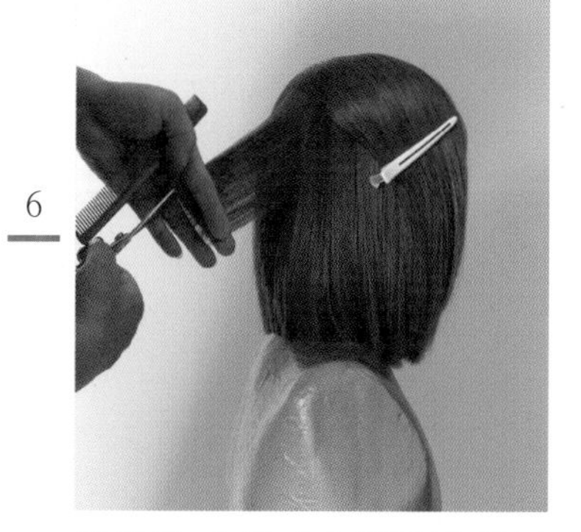

조금씩 슬라이스하면서 정교하게 커트를 하여 부드럽고 균형감 있는 그러데이션 층을 만듭니다.

|그러데이션 보브 헤어스타일 – 앞 방향 사선 라인|

7

정중선에서 수직 슬라이스를 하고 이어지는 슬라이스는 수직에 가까운 사선 슬라이스를 하면서 바이어스 브란트 커트를 예리하게 합니다.

6

톱 섹션 정수리에서 수직으로 슬라이스해서 미들 섹션 층과 연결하여 부드럽고 율동감 있는 곡선의 실루엣을 연출합니다.

9

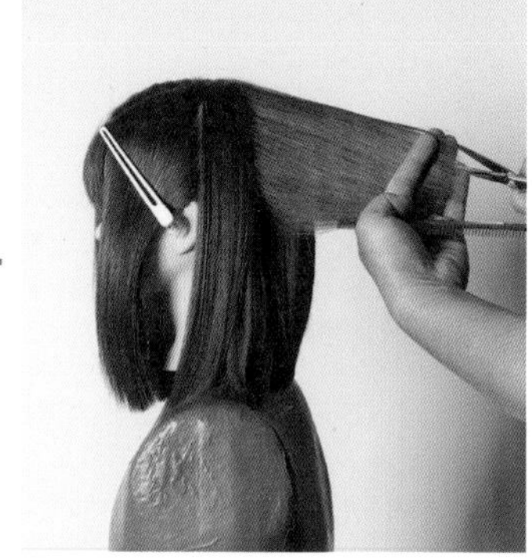

이어지는 연결은 방사상으로 슬라이스하면서 부드러운 모발 흐름을 연출합니다.

10

반대쪽도 6, 7번과 동일한 기법으로 커트를 합니다.

11

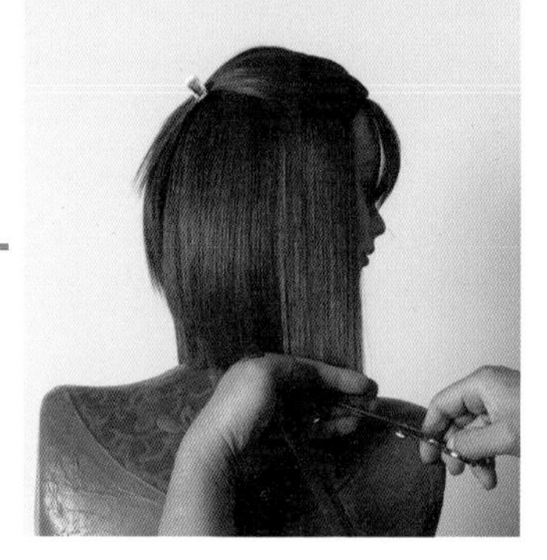

사이드를 미들 섹션까지 내리고 앞 방향으로 길어지는 사선 라인으로 형태 라인을 만듭니다.

12

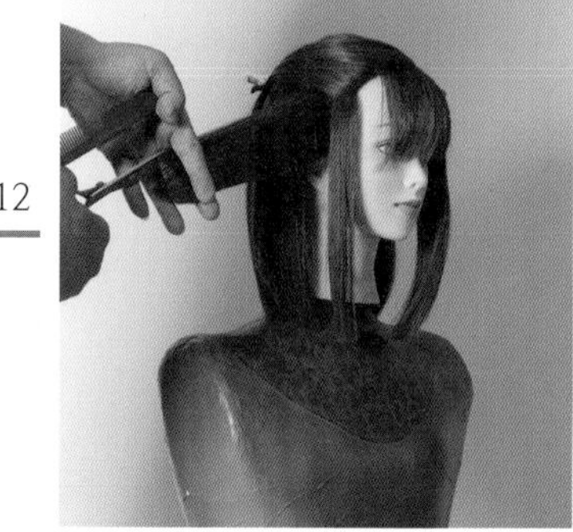

수직에 가까운 사선 라인으로 슬라이스하면서 바이어스 브란트 커트를 예리하게 합니다.

|그러데이션 보브 헤어스타일 – 앞 방향 사선 라인|

13

사이드에서 얼굴 쪽으로 앞 방향 사선 슬라이스를 하면서 그러데이션 층을 만드는데 턱선 쪽으로 점차 층이 줄어듭니다.

14

톱 섹션을 정수리와 연결되는 슬라이스를 하면서 커트를 진행합니다.

15

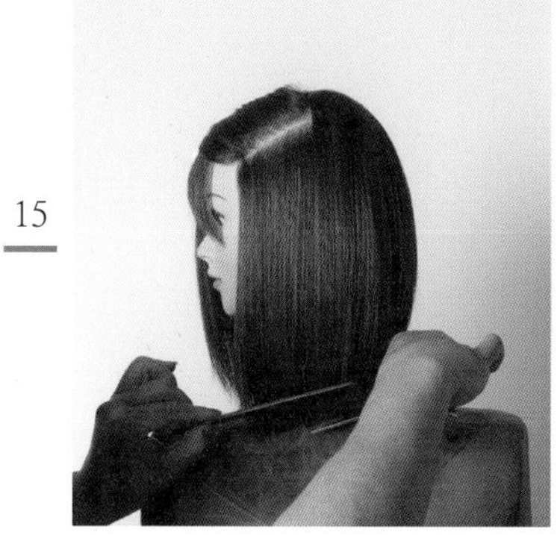

반대쪽 사이드도 미들 섹션까지 내려서 사선 라인으로 형태 라인을 만듭니다.

16

앞 방향 사선 슬라이스를 하면서 그러데이션 층을 만듭니다.

17

턱선으로 점차 층이 줄어드는 그러데이션 커트를 합니다.

18

가르마를 확인하고 앞 방향 사선 슬라이스를 하면서 부드러운 층을 연결합니다.

|그러데이션 보브 헤어스타일 – 앞 방향 사선 라인|

19

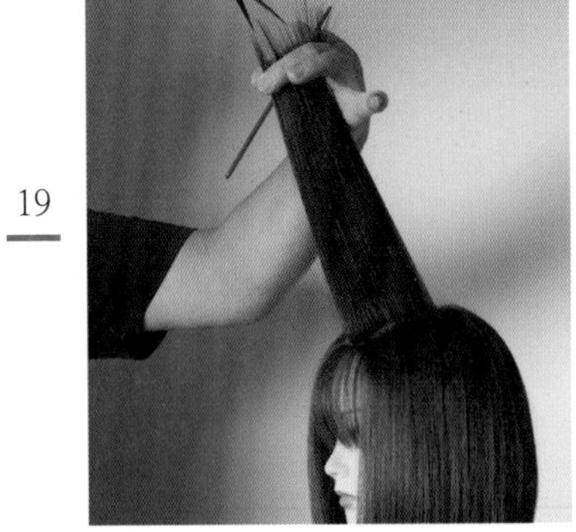

그러데이션 형태에서 나타나는 리지 라인의 무게감을 부드럽게 하기 위해 두정부의 정중선을 따라 슬라이스를 하고 프런트의 길이는 커트하지 않고 정수리로 짧아지는 커트를 합니다.

20

정중선의 가이드와 연결하여 레어드 커트를 합니다

21

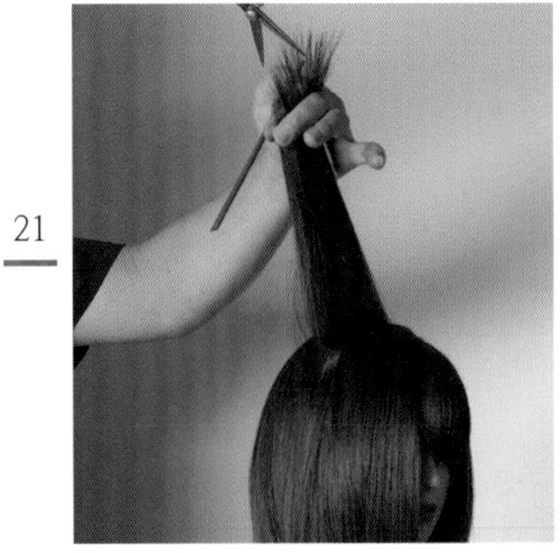

반대쪽도 레이어드 커트로 부드러운 곡선의 실루엣과 부드러운 모발 흐름을 연출합니다.

22

톱 섹션, 미들 섹션을 연결하는 레어드 커트로 율동감 있는 모발 흐름을 연출합니다.

23

후두부는 정수리에서 방사상으로 슬라이스하면서 레이어드 커트를 합니다.

24

두상이 둥글기 때문에 방사상으로 빗질하면서 레이어드 커트를 합니다.
일정한 각도를 유지하여야 길이가 달라지지 않습니다.

|그러데이션 보브 헤어스타일-앞 방향 사선 라인|

25

모발 길이 중간, 끝부분에서 틴닝 커트를 하여 가볍고 부드러운 모발 흐름을 연출합니다.

26

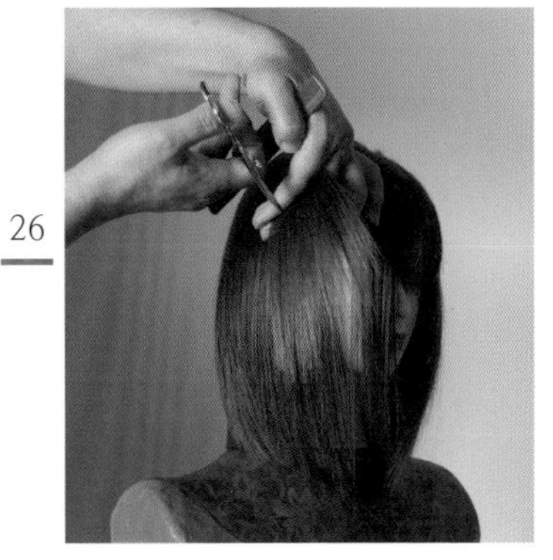

슬라이딩 커트 기법으로 가늘어지고 가벼운 모발 흐름을 만들어 율동감 있는 헤어스타일 표정을 연출합니다.

27

페이스 라인의 모발 흐름을 얼굴형과 어울어지게 헤어스타일 표정을 연출합니다.

28

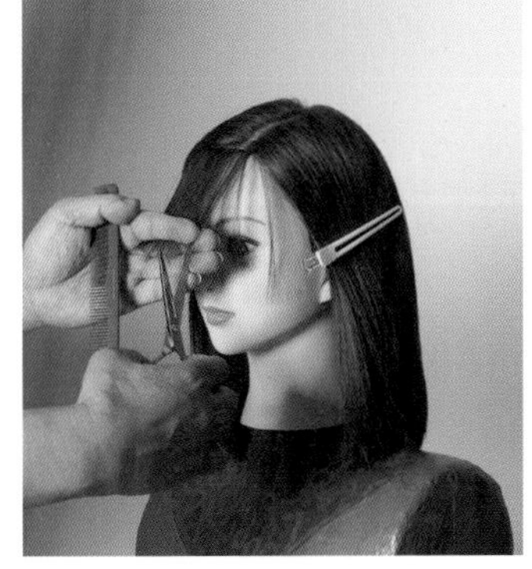

앞머리 길이, 형태는 특히 민감하므로 신중하고 조심스럽게 커트를 합니다.

29

슬라이스 각도를 조금씩 들어서 층이 나도록 커트를 합니다.

30

슬라이딩 커트로 가늘어지고 가벼운 흐름을 연출합니다.

|그러데이션 보브 헤어스타일 - 앞 방향 사선 라인|

31

전체 흐름을 관찰하면서 슬라이딩 커트로 스타일 표정을 세밀하게 표현합니다.

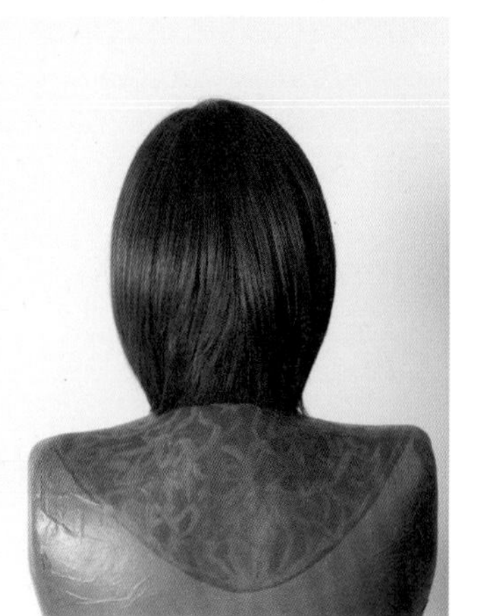

|그러데이션 보브 헤어스타일 - 뒤 방향 사선 라인|

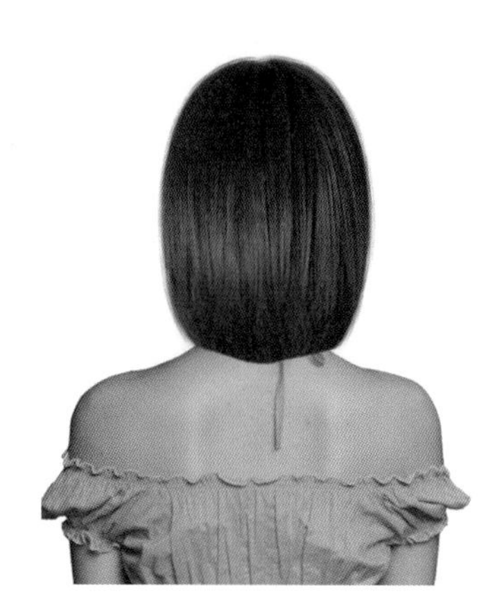

스타일의 형태 라인은 뒤 방향 사선 라인의 그러데이션 보브 헤어스타일입니다.

형태 라인을 깨끗한 라인으로 커트하면 트렌디하고 개성적인 느낌을 주며, 형태 라인을 가볍고 불규칙한 텍스처를 연출하면 부드럽고 자유로우면서 큐트한 감성을 느끼게 하는 헤어스타일입니다.

헤어디자이너는 모발의 방향성, 움직임, 실루엣, 표정을 다양하게 연출하면 변화무쌍한 다양한 헤어스타일 디자인이 완성됩니다.

|섹션과 파트|

정중선과 측중선으로 나누고, 후두부는 정중선에서 수직 슬라이스를 하고 사이드 방향으로 이어지는 슬라이스는 뒤 방향으로 기울어지는 사선 슬라이스를 합니다.

|구조|

A. 네이프 길이가 짧고 톱까지 길어진 후 프런트 방향으로 길이가 짧아집니다.
B. 귀 윗부분의 길이가 짧고 프런트 방향으로 길이가 길어집니다.

|그러데이션 보브 헤어스타일 - 뒤 방향 사선 라인|

1

두상이 수직인 상태에서 가이드 길이를 확인하고 고개를 30°로 숙이고 콘벡스 라인으로 커트를 합니다.

2

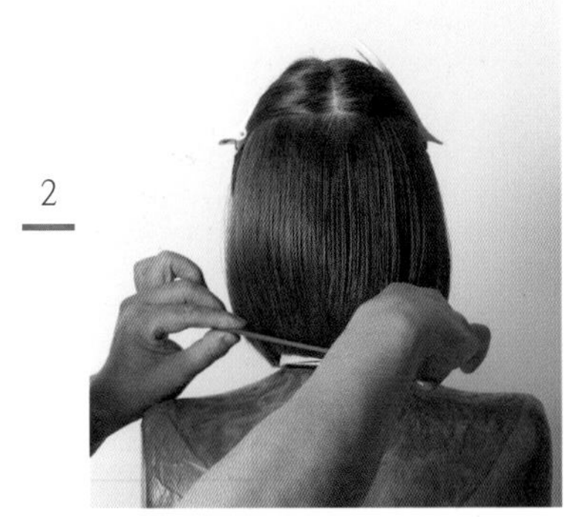

수직으로 고르게 빗고 빗으로 고정시키며 깨끗한 콘벡스 라인으로 커트를 합니다.

3

사이드는 미들 섹션까지 내려서 고르게 수직 흐름으로 빗질하고 빗으로 고정시키고 얼굴쪽으로 짧아지는 사선 라인의 형태 라인을 만듭니다.

4

텐션을 주지 않고 슬라이스를 잡고 체크 커트하여 깨끗한 라인을 연출합니다.

5

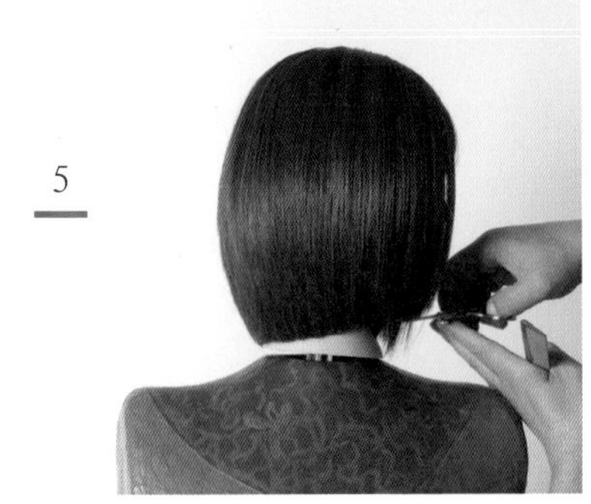

정수리에서 중력 흐름으로 빗질하여 콘벡스 라인을 다듬습니다.

6

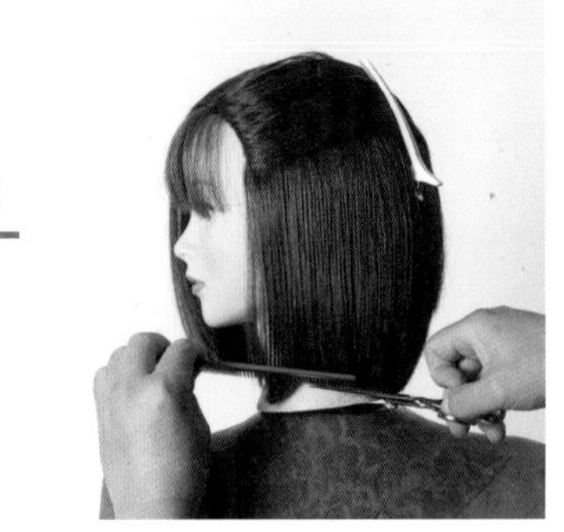

반대쪽의 사이드도 3번 기법과 동일하게 커트를 합니다.

|그러데이션 보브 헤어스타일 – 뒤 방향 사선 라인|

7

수직 흐름으로 고르게 빗질하고 빗으로 라인을 고정하면서 커트합니다.
텐션을 주면 라인이 굴곡이 생길 수 있어서 주의합니다.

8

후두부의 정중선에서 세로 슬라이스하여 그러데이션 커트를 합니다.

9

이어지는 슬라이스는 백 사이드로 연결하여 수직에 가까운 뒤 방향 사선 슬라이를 하면서 바이어스 브란트 커트를 예리하게 합니다.

10

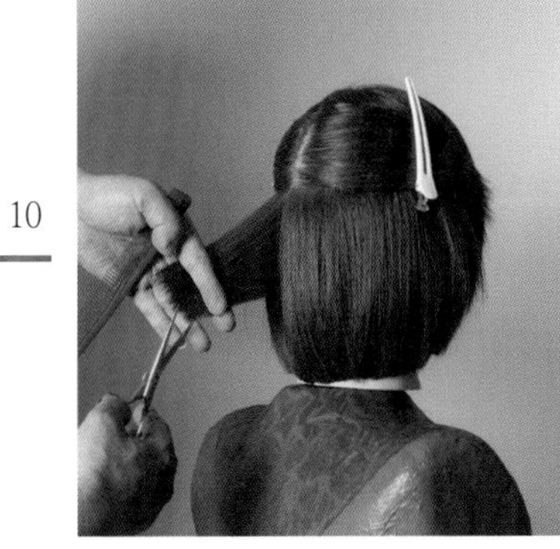

반대쪽 백 사이드도 3번과 동일한 기법으로 커트하여 볼륨 있는 그러데이션 커트를 합니다.

11

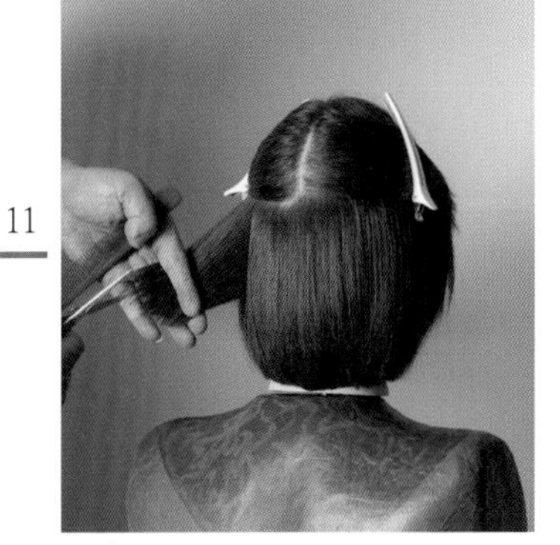

슬라이스를 2cm 두께로 세밀하게 하면서 각도를 일정하게 빗질하여 커트를 합니다.

12

미들 섹션에서 정중선 세로 슬라이스를 하면서 부드러운 모발 흐름의 그러데이션 층을 만들어갑니다.

|그러데이션 보브 헤어스타일 - 뒤 방향 사선 라인|

13

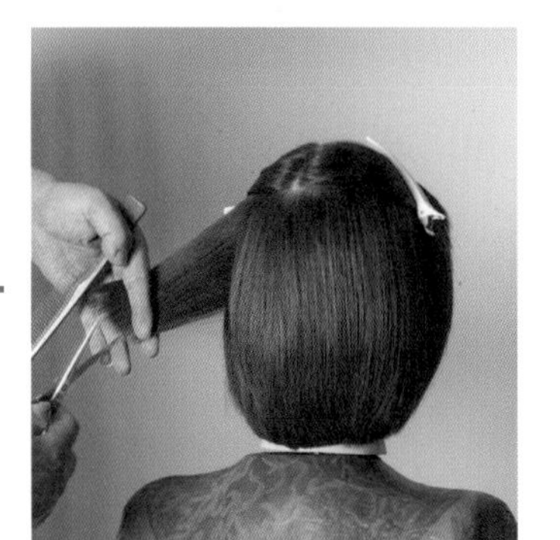

미들 섹션의 백 사이드를 뒤 방향 사선 슬라이스를 하면서 부드러운 층을 연결합니다.

14

반대쪽 백 사이드도 13번과 동일한 기법으로 커트를 합니다.

15

톱 섹션은 정수리에서 미들 섹션과 연결하여 그러데이션 커트를 합니다.

16

사이드 방향으로 이동하면서 촘촘히 뒤 방향 사선 슬라이스를 하면서 커트를 진행합니다.

17

반대쪽 후두부도 같은 기법으로 커트를 합니다.

18

사이드에서 수직에 가까운 뒤 방향 사선 슬라이스를 하면서 세밀하게 층을 연결합니다.

|그러데이션 보브 헤어스타일 – 뒤 방향 사선 라인|

19

사이드의 톱 섹션을 내리고 뒤 방향 사선 슬라이스를 하면서 부드러운 층을 연결합니다.

20

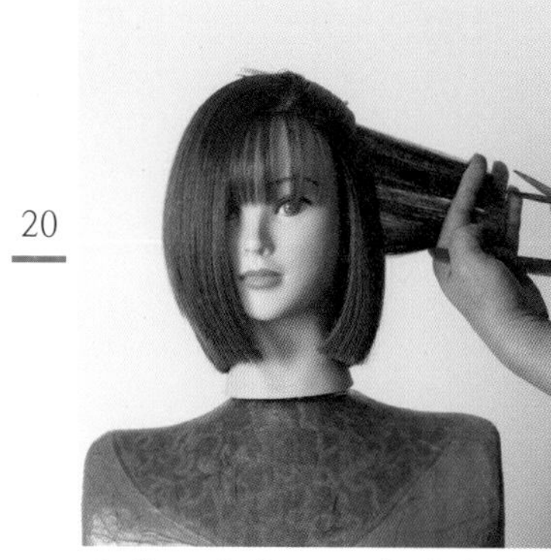

반대쪽 사이드도 뒤 방향 사선 슬라이스를 하면서 바이어스 블런트 커트를 예리하게 하여 율동감 있는 모발 흐름을 연출합니다.

21

사이드의 톱 섹션도 뒤 방향 사선 슬라이스를 하고 일정한 각도로 커트를 하여야 균형미 있는 헤어스타일을 조형할 수 있습니다.

22

뒤 방향 사선 슬라이스를 정확한 각도를 유지하면서 커트를 합니다.

23

그러데이션 형태에서 나타나는 리지 라인의 무게감을 줄여서 부드러운 실루엣을 연출하기 위해 정수리에서 레이어드 커트를 합니다.

24

프런트 쪽으로 가로 슬라이스 하면서 레이어드 커트를 하여 부드러운 층을 연결합니다.

|그러데이션 보브 헤어스타일 - 뒤 방향 사선 라인|

25

부드러운 곡선의 실루엣과 모발 흐름을 연출하기 위해 각도를 상하로 높이를 조절하면서 레이어드 커트를 하여 층을 연결합니다.

26

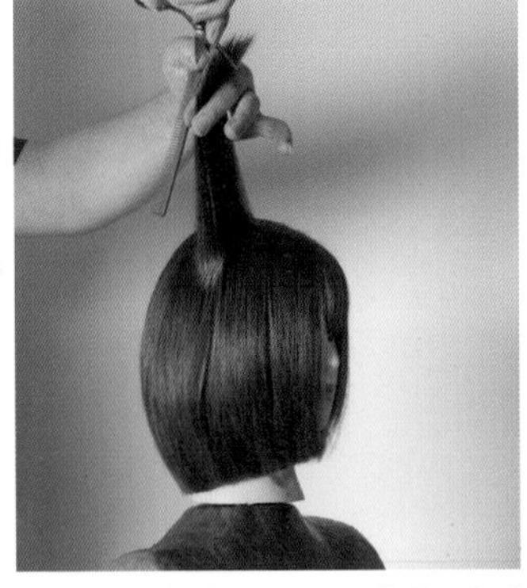

반대쪽 사이드도 동일한 기법으로 커트를 합니다.

27

두상은 둥글기 때문에 위치에 따라서 동일한 각도를 유지하면서 커트를 하여 부드러운 곡선의 실루엣을 연출합니다.

28

후두부도 정수리의 층과 연결하는 슬라이스를 하면서 층을 연결하는 커트를 합니다.

29

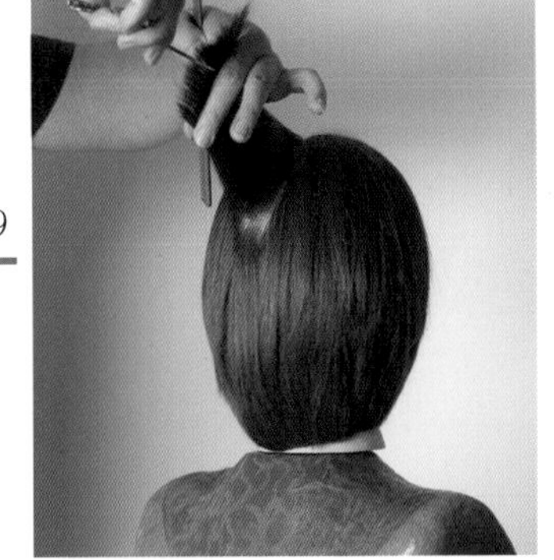

두상은 둥글기 때문에 각도를 상하로 조절하면서 곡선의 부드러운 층을 연결합니다.

30

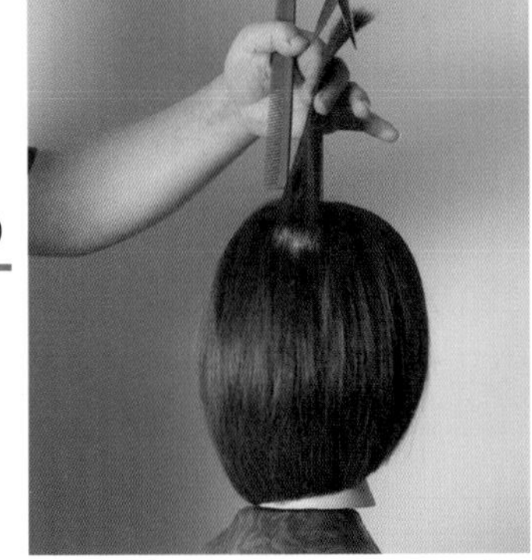

둥근 두상을 위치에 따라 슬라이스를 하면서 위치별 동일한 각도를 유지하면서 바이어스 블런트 커트를 합니다.

|그러데이션 보브 헤어스타일 – 뒤 방향 사선 라인|

31

둥근 두상의 위치에 따라 위치별 동일한 각도를 유지하면서 커트를 하여야 균형감 있는 헤어스타일이 조형됩니다.

32

31번과 동일한 기법으로 커트를 하여 부드럽고 움직임 있는 모발 흐름을 연출합니다.

33

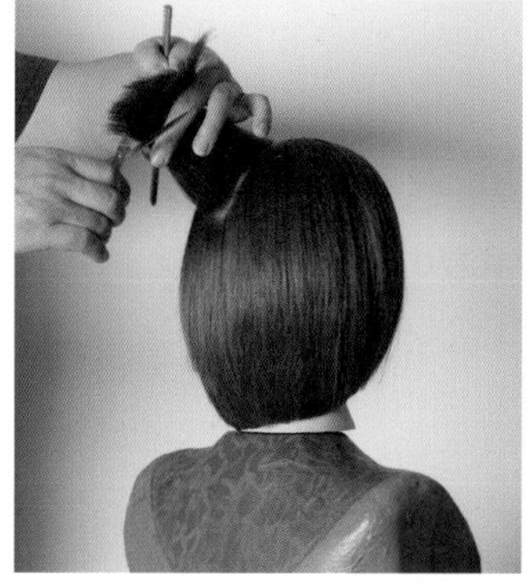

모발 길이 중간, 끝부분에서 틴닝 커트를 하여 모발량을 조절합니다.

34

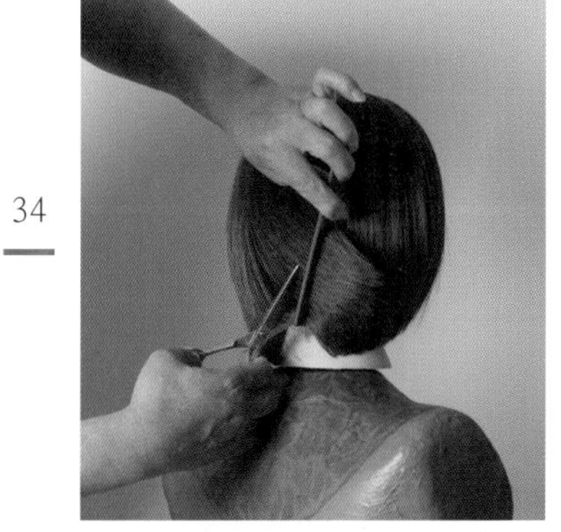

후두부의 언더쪽은 슬라이스를 잡지 않고 빗과 가위가 교차하면서 틴닝 커트를 하여 부드러운 모발 흐름을 연출합니다.

35

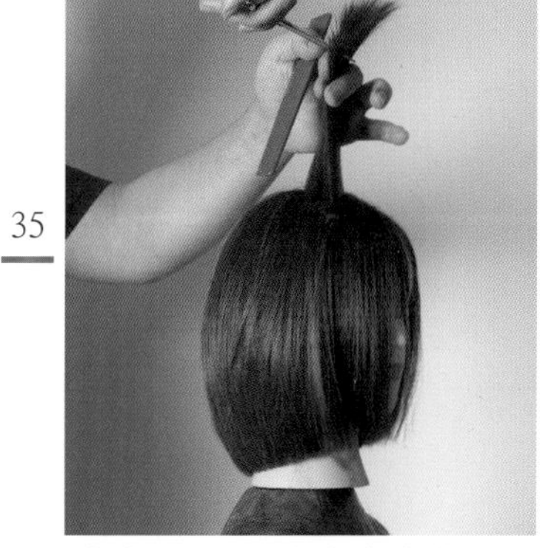

전체 흐름을 관찰하면서 고르게 적당한 모발량을 조절하는 틴닝 커트를 합니다.

36

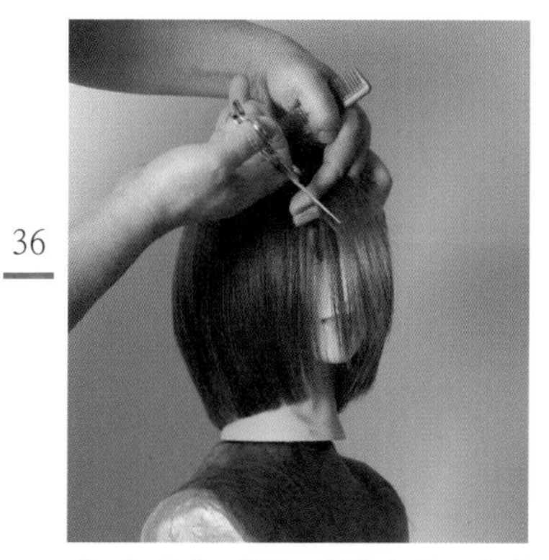

슬라이딩 커트 기법으로 헤어스타일의 표정을 연출합니다.

|그러데이션 보브 헤어스타일-뒤 방향 사선 라인|

37

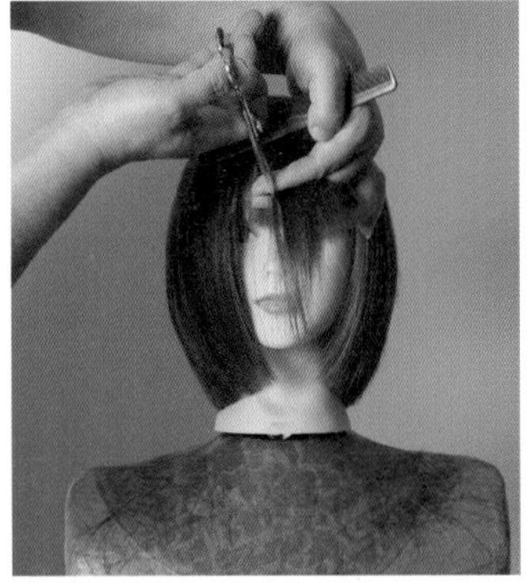

슬라이딩 커트를 세밀하고 정교하게 하면서 헤어스타일의 표정을 연출합니다.

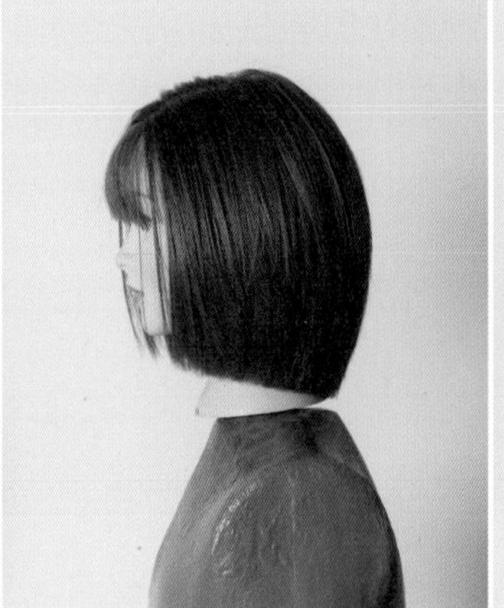

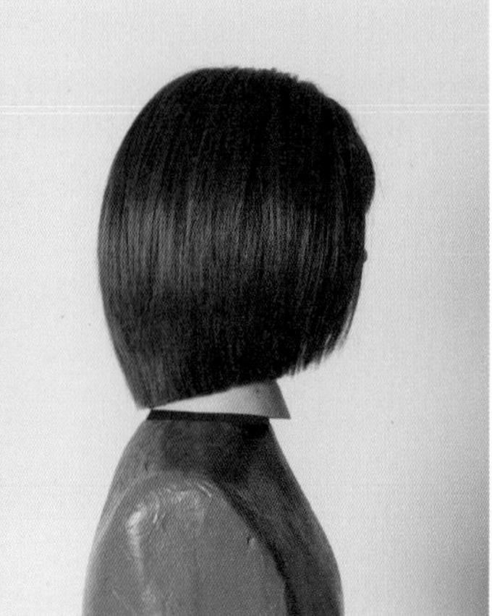

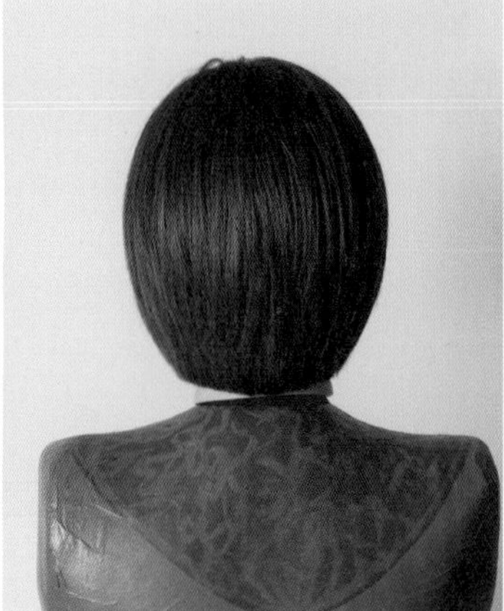

|그러데이션 보브 헤어스타일 - 뒤 방향 둥근 라인|

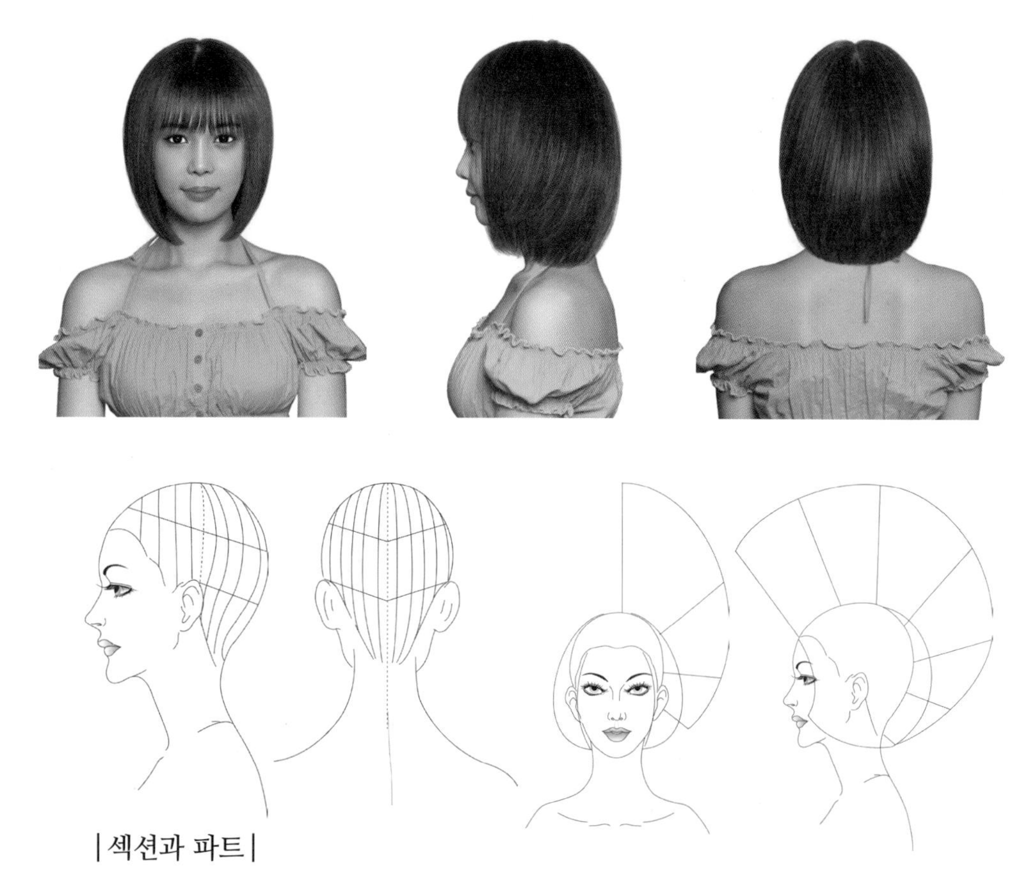

둥근 라인의 보브 그러데이션 헤어스타일은 오랫동안 사랑받아온 클래식 감성의 헤어스타일이며 길이를 조절하여 디자인하면 다양한 헤어스타일로 변화하고, 차분하고 단정하며 청순한 여성스러움과 지적인 이미지가 느껴지는 헤어스타일입니다.

앞머리의 변화를 주고 둥근 라인을 강하게 강조한다면 머시룸 형태의 강렬하고 트렌디한 느낌을 주는 헤어스타일입니다.

|구조|

A. 네이프 길이가 짧고 톱까지 길어진 후 프런트 방향으로 길이가 짧아집니다.
B. 귀 윗부분의 길이가 짧고 프런트 방향으로 길이가 길어집니다.

|섹션과 파트|

정중선과 측중선으로 나누고, 후두부는 정중선에서 수직 슬라이스를 하고 사이드 방향으로 이어지는 슬라이스는 뒤 방향으로 기울어지는 사선 슬라이스를 합니다.

|그러데이션 보브 헤어스타일 - 뒤 방향 둥근 라인|

1

첫 번째 섹션을 나누고 수직으로 고르게 빗질하고 빗으로 언더라인을 고정시키면서 둥근 라인의 형태 라인을 커트를 합니다.

2

사이드에서 미들 섹션까지 나누고 둥근 라인으로 언더라인을 커트합니다.

3

수직으로 세밀하게 빗질하면서 체크 커트를 하여 깨끗한 라인을 다듬습니다.

4

사이드 전부를 내려서 깨끗한 둥근 라인을 다듬습니다.

5

반대쪽 사이드도 미들 섹션까지 수직으로 빗질하고 둥근 라인의 형태 라인을 만듭니다.

6

정수리를 중심으로 내추럴 폴 상태를 확인하고 고르게 빗질하여 둥근 라인의 형태 라인을 연출합니다.

|그러데이션 보브 헤어스타일 - 뒤 방향 둥근 라인|

7

고르게 빗질하면서 형태 라인이 굴곡이 생기지 않도록 깨끗한 둥근 라인을 연출합니다.

8

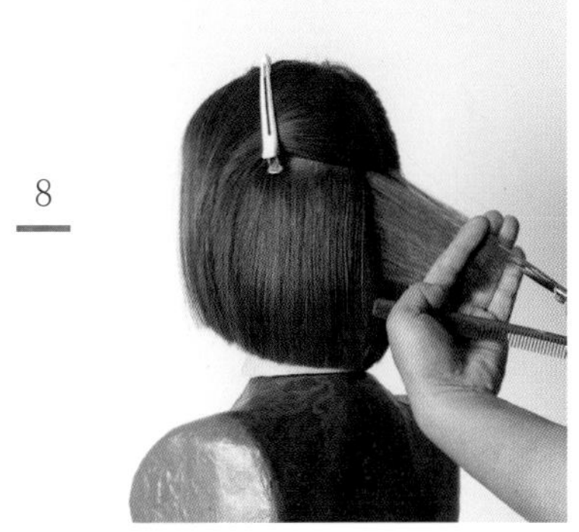

첫 번째 섹션을 후두부의 정중선에서 세로 슬라이스를 하고 그러데이션 커트를 합니다.

9

이어지는 슬라이스는 수직에 가까운 뒤 방향 사선 슬라이스를 하고 층을 연결하는 그러데이션 커트를 합니다.

10

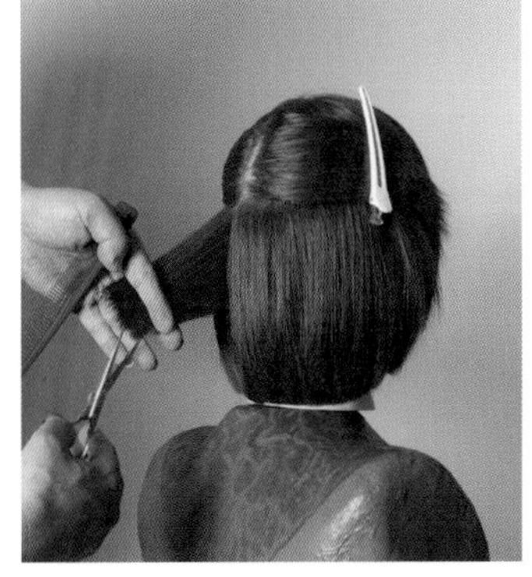

반대쪽 백 사이드도 9번과 동일한 기법으로 커트를 합니다.

11

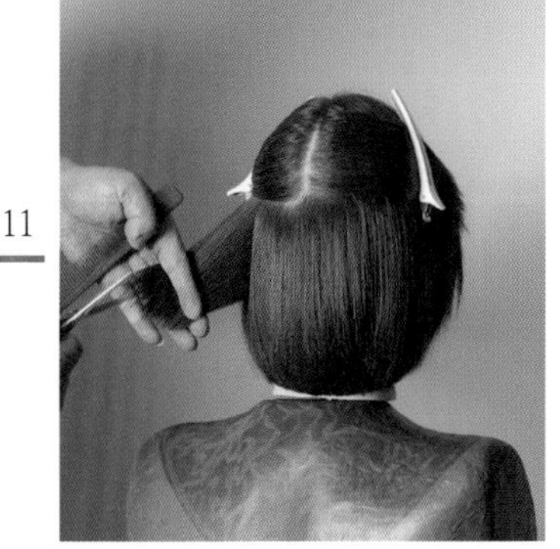

두상은 둥글기 때문에 위치별 슬라이스, 빗질 각도가 동일하게 커트하여야 균형미 있는 헤어스타일을 조형할 수 있습니다.

12

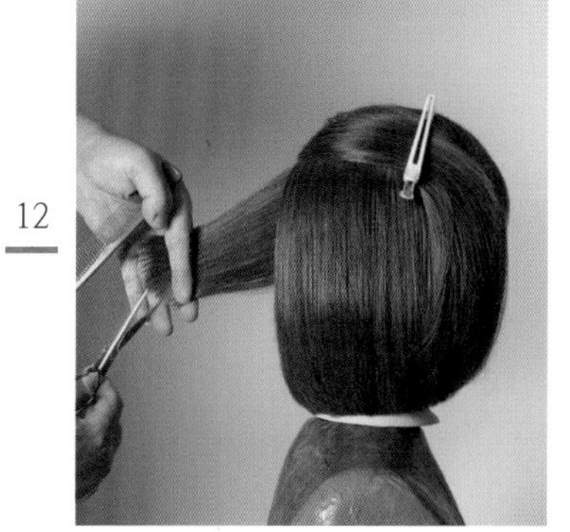

미들 섹션을 섹션을 나누고 세로 슬라이스하여 부드러운 모발 흐름을 연출하는 커트를 합니다.

|그러데이션 보브 헤어스타일 – 뒤 방향 둥근 라인|

13

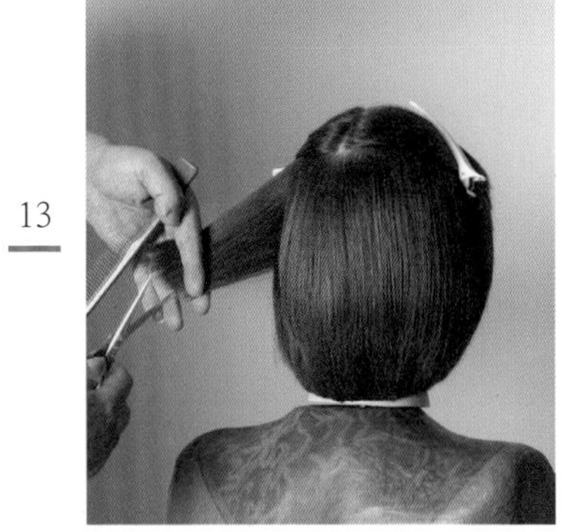

수직에 가까운 뒤 방향 사선 슬라이스를 하면서 층을 연결하는 커트를 합니다.

14

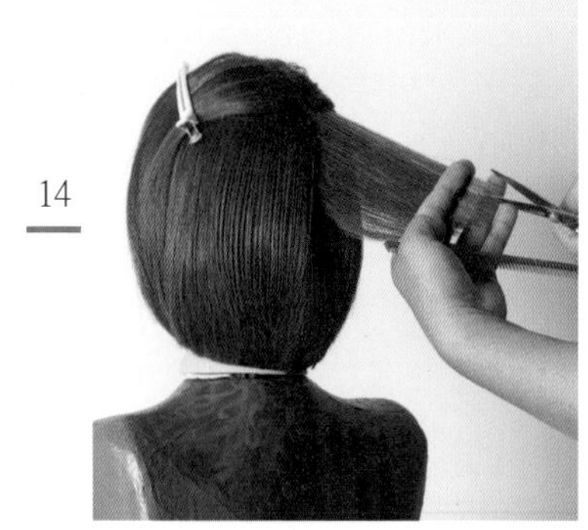

반때쪽도 13번과 동일한 기법으로 커트를 합니다.

15

톱 섹션을 내리고 정수리에서 세로 슬라이스하면서 부드러운 실루엣을 연출하는 커트를 합니다.

16

세밀하게 슬라이스를 하면서 부드러운 곡선의 실루엣과 율동감 있는 모발 흐름을 표현합니다.

17

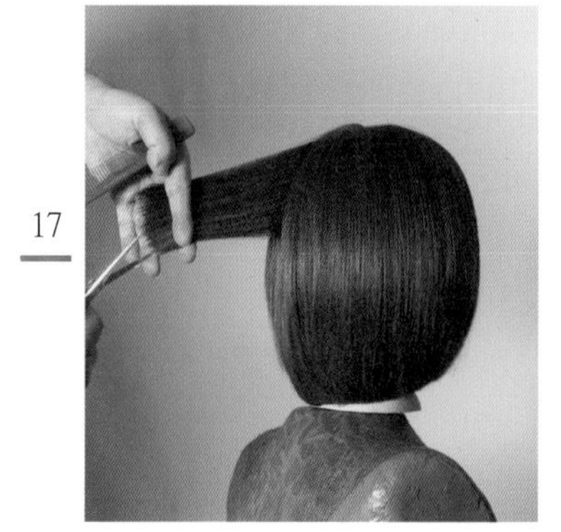

두상은 둥글기 때문에 위치별 동일한 각도로 커트를 하여야 아름다운 헤어스타일을 연출할 수 있습니다.

18

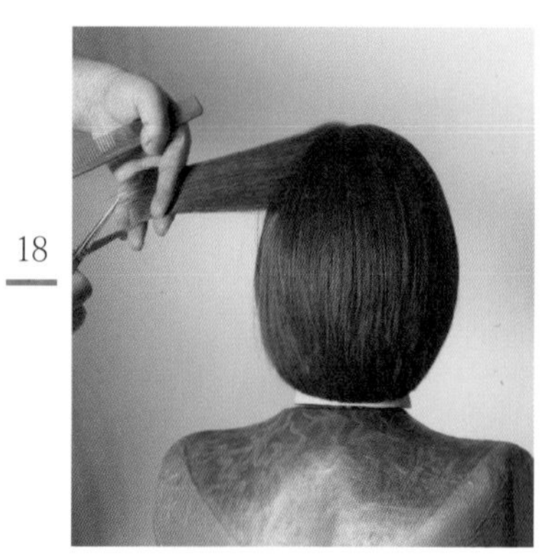

17번과 동일한 기법으로 커트를 진행합니다.

|그러데이션 보브 헤어스타일 – 뒤 방향 둥근 라인|

19

사이드도 뒤 방향 사선 슬라이스를 하면서 그러데이션 커트를 합니다.

20

두정부와 연결하는 수직에 가까운 뒤 방향 사선 슬라이스를 하면서 부드러운 층을 연결합니다.

21

반대쪽 사이드도 첫 번째 섹션을 나누고 수직에 가까운 뒤 방향 사선 슬라이스를 하면서 그러데이션 커트를 합니다.

22

두정부와 연결하는 뒤 방향 사선 슬라이스로 커트를 하여 부드러운 모발 흐름을 연출합니다.

23

위치별 동일한 각도로 커트하는 것이 매우 중요한 포인트입니다.

24

그러데이션에서 나타나는 무게감을 줄이기 위해 톱에서 정중선을 따라 슬라이스를 하고 레이어드 가이드 라인을 설정하고 커트를 합니다.

|그러데이션 보브 헤어스타일 - 뒤 방향 둥근 라인|

25

두정부에서 설정한 가이드 길이에 따라서 가로 슬라이스를 하면서 레이어드 커트를 합니다.

26

프런트로 세밀하게 슬라이스 하면서 레이어드 커트를 합니다.

27

두정부와 사이드를 연결하는 슬라이스를 하면서 레이어드 커트를 하여 부드럽고 율동감 있는 층을 연출합니다.

28

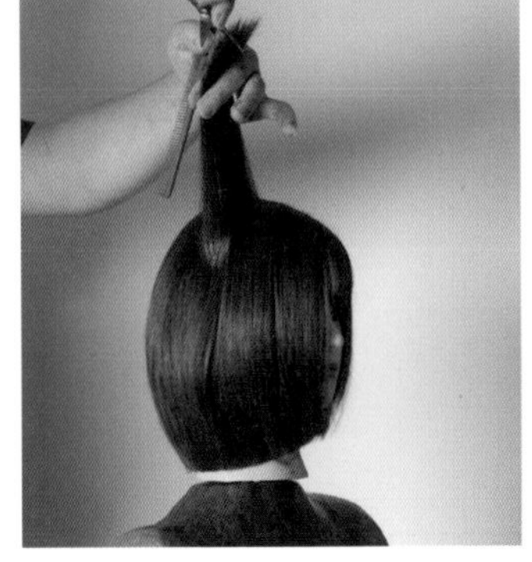

반대쪽도 27번과 동일한 기법으로 커트를 합니다.

29

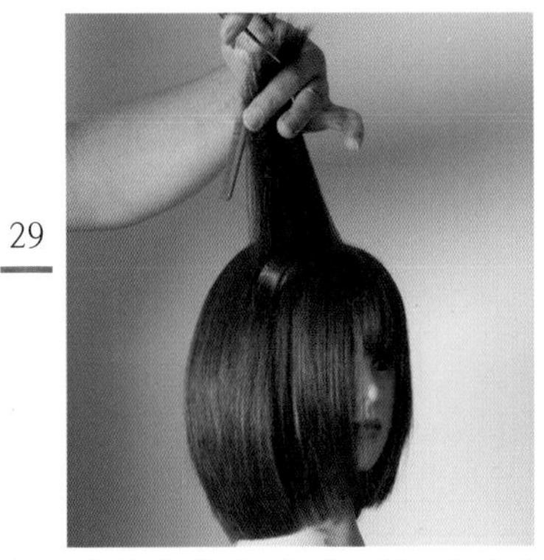

세밀하게 슬라이스를 하면서 정교하게 커트를 하여 율동감 있는 층을 연출합니다.

30

정수리에서 후두부의 정중선을 따라 레이어드 커트를 진행합니다.

|그러데이션 보브 헤어스타일 – 뒤 방향 둥근 라인|

31

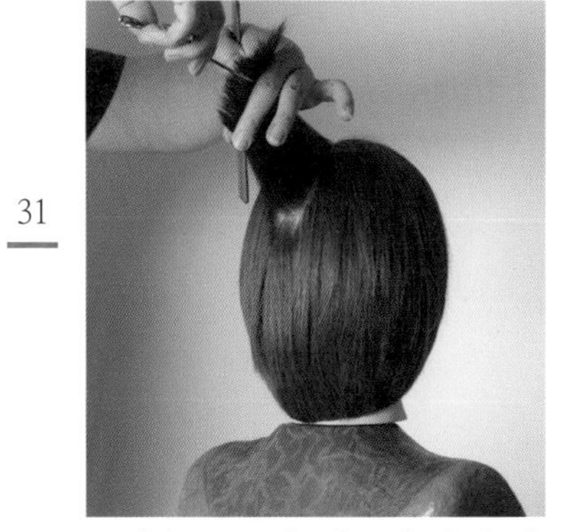

두상은 둥글기 때문에 상하 각도를 조절하여 부드러운 곡선의 실루엣과 움직임이 좋은 모발 흐름을 연출합니다.

32

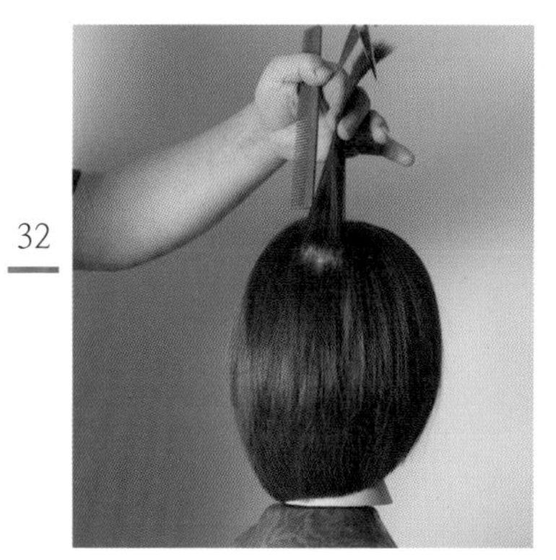

둥근 두상을 따라서 방사상으로 섬세하게 빗질하면서 층을 연결하는 커트를 합니다.

33

반대쪽 부분도 둥근 두상을 따라서 세밀하게 슬라이스하면서 레이어드 커트를 합니다.

34

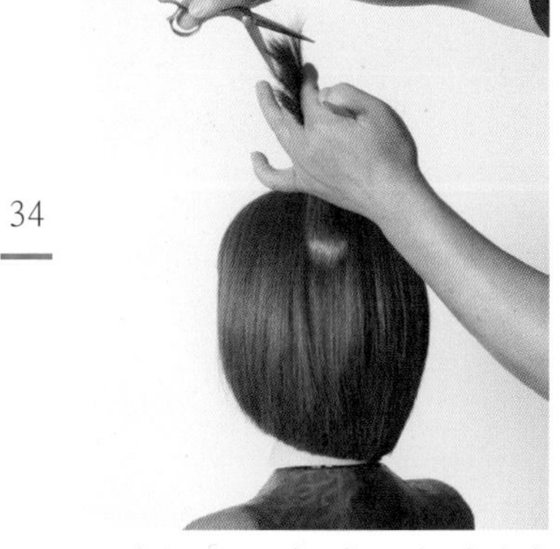

두상은 둥글기 때문에 위치별 동일한 각도를 유지하며 레이어드 커트를 하여 부드러운 모발 흐름을 연출합니다.

35

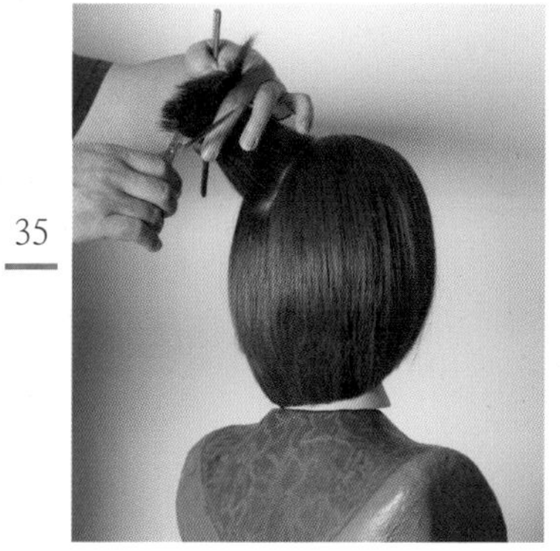

모발 길이 중간, 끝부분에서 틴닝 커트를 하여 모발량을 조절하여 부드럽고 율동감 있는 모발 흐름을 연출합니다.

36

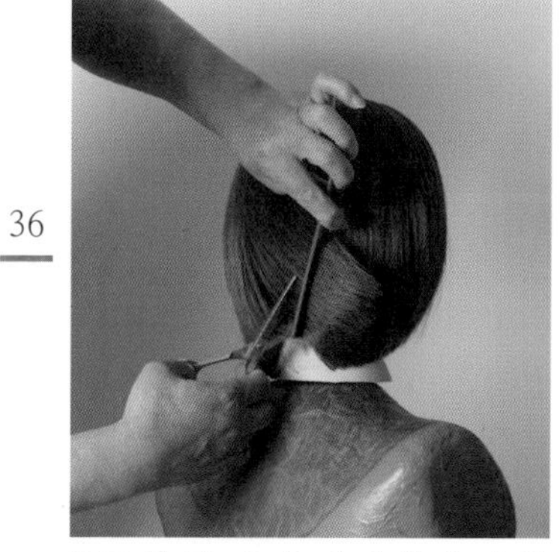

후두부의 언더 섹션에서 가위와 빗을 교차하여 틴닝 커트를 하여 언더 부분의 부드러운 모발 흐름을 연출합니다.

|그러데이션 보브 헤어스타일 - 뒤 방향 둥근 라인|

37

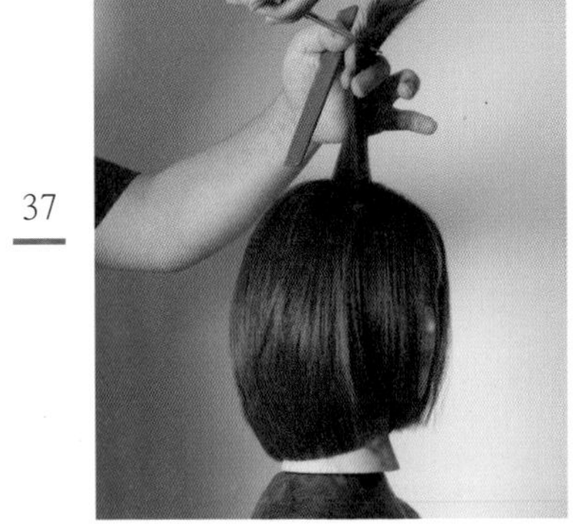

레이어드 기법으로 세밀하게 슬라이스하면서 모발 길이 중간, 끝부분에서 틴닝 커트를 하여 모발량을 조절하고 가벼운 흐름을 연출합니다.

38

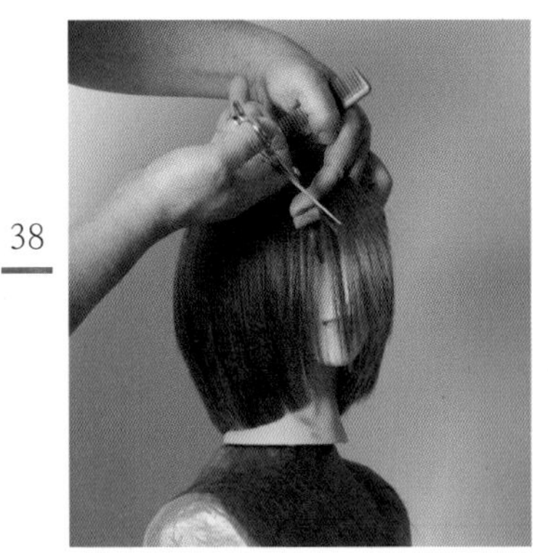

슬라이딩 커트 기법으로 가늘어지고 가벼운 흐름을 연출하여 율동감 있는 헤어스타일 표정을 연출합니다.

39

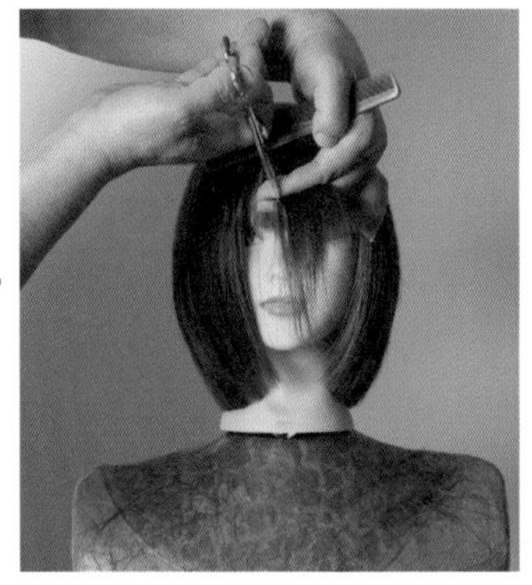

페이스 라인을 따라서 섬세한 슬라이딩 커트 기법으로 아름다운 헤어스타일 표정을 연출합니다.

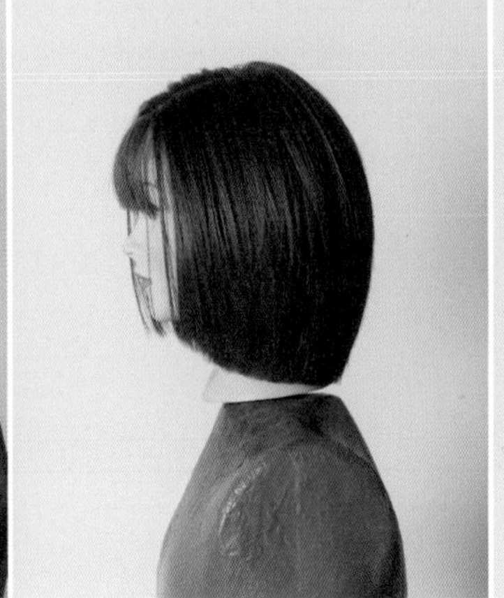

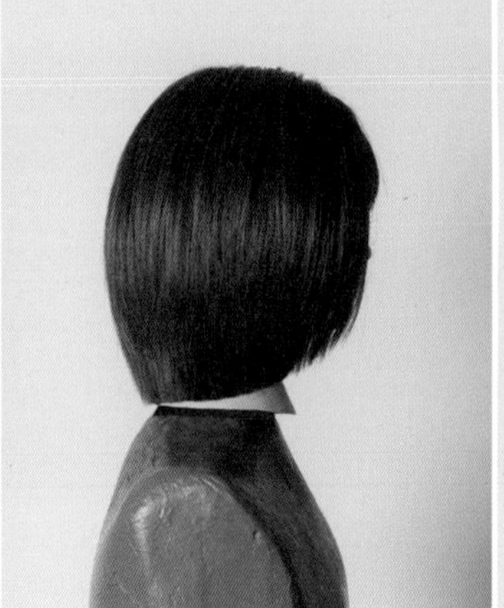

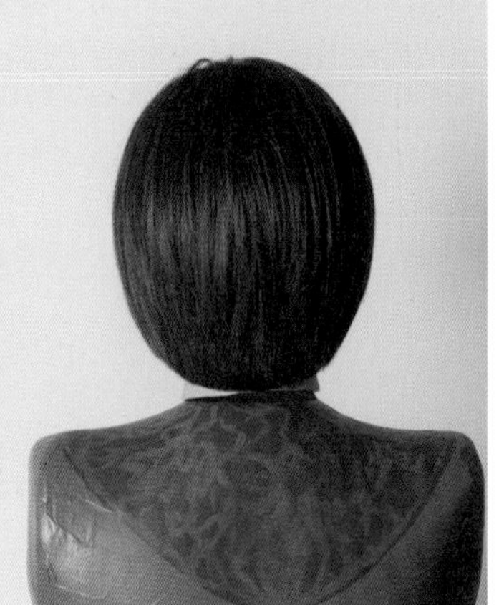

|그러데이션 보브 헤어스타일 – 앞 방향 둥근 라인|

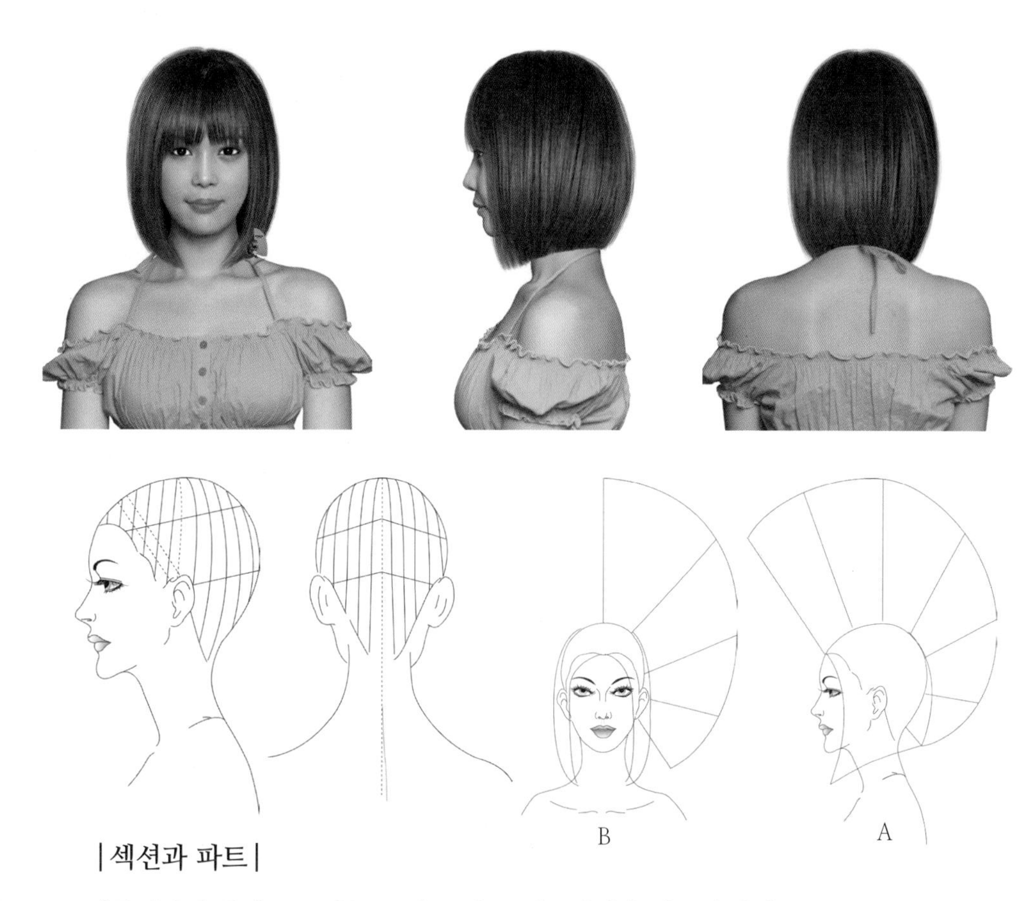

형태 라인은 앞 방향 둥근 라인으로 후두부에서 층이 많이 나고 형태 라인이 급격히 둥근 라인으로 길어지는 보브 헤어스타일입니다.
모발의 방향성은 후두부에서 풍성한 볼륨이 만들어지면서 얼굴 방향으로 흐르는 스타일로 언더라인을 깨끗한 라인으로, 전체를 부드러운 곡선의 실루엣으로 커트하면 독창적이고 개성 있는 헤어스타일 디자인을 완성할 수 있습니다.

|구조|

A. 네이프에서 길이가 짧고 정수리, 프런트로 길이가 길어집니다.
B. 귀 부분에서 길이가 짧고 프런트로 길이가 길어집니다.

|섹션과 파트|

정중선과 측중선으로 나누고, 후두부는 정중선에서 세로 슬라이스를 하고 사이드 방향으로 이어지는 슬라이스는 수직에 가까운 앞 방향 사선 슬라이스를 합니다.

|그러데이션 보브 헤어스타일 - 앞 방향 둥근 라인|

1

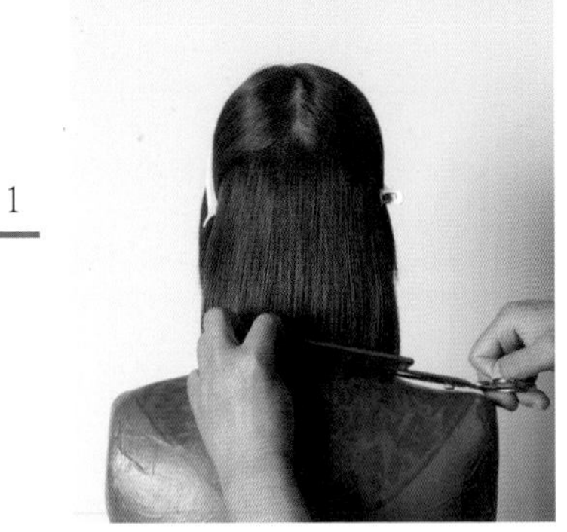

정중선과 측중선으로 나누고 첫 번째 섹션을 내려서 수직으로 고르게 빗고 앞 방향으로 길어지는 라운드 라인으로 커트를 합니다.

2

후두부의 정중선에서 세로 슬라이스를 하고 그러데이션 커트를 합니다.

3

이어지는 슬라이스는 수직에 가까운 앞 방향 사선 슬라이스를 하면서 그러데이션 층을 연결합니다.

4

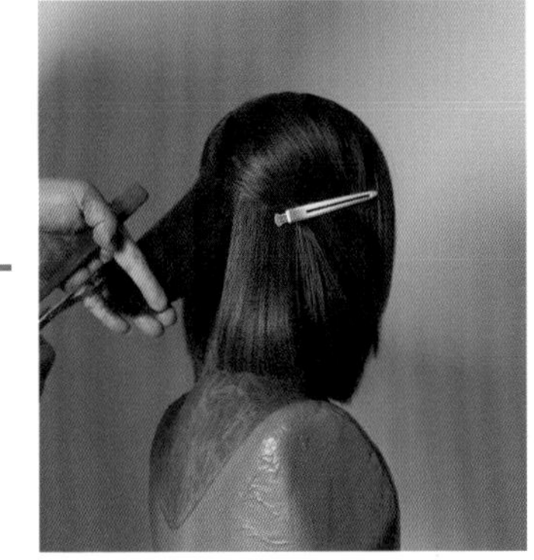

우측 백 사이드도 3번과 동일한 방법으로 그러데이션 커트를 합니다.

5

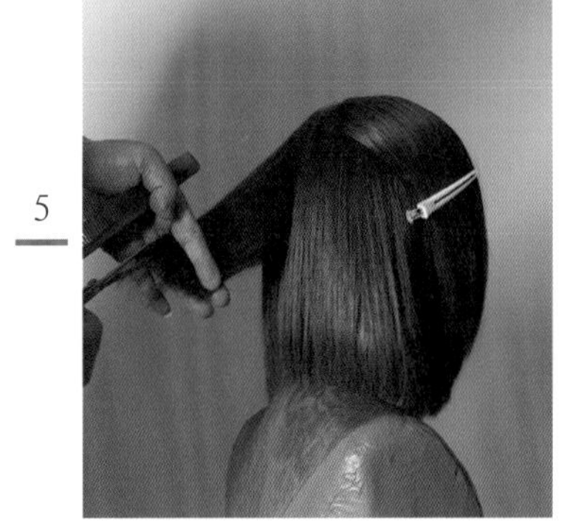

미들 섹션을 내리고 정중선에서 세로 슬라이스를 하여 언더 섹션과 연결하는 부드러운 모발 흐름의 층을 연결합니다.

6

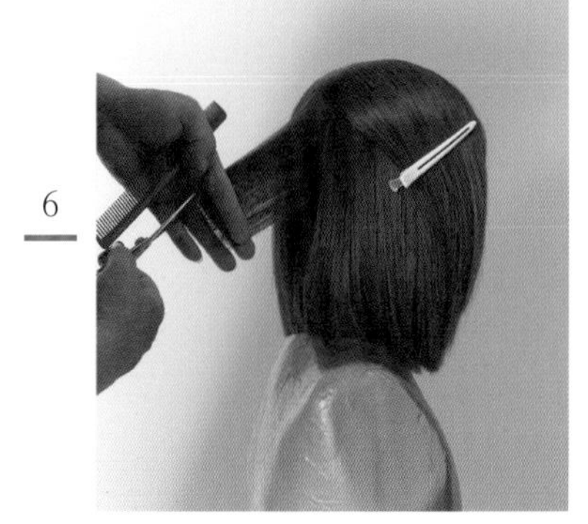

세밀하게 슬라이스하면서 정교하게 층을 연결하여 부드러운 모발 흐름을 연출합니다.

|그러데이션 보브 헤어스타일 – 앞 방향 둥근 라인|

7

정중선의 가이드 길이와 연결하여 수직에 가까운 앞 방향 사선 슬라이스를 하면서 바이어스 블런트 커트를 예리하게 합니다.

8

톱 섹션에서 정수리를 기준으로 세로 슬라이스를 하고 부드러운 층을 연결하는 커트를 합니다.

9

두상은 둥글기 때문에 조금씩 이동하면서 슬라이스를 하고 세밀하게 커트를 합니다.

10

반대쪽도 수직에 가까운 앞 방향 사선 슬라이스를 하면서 세밀하게 커트를 하여 브드럽고 율동감 있는 층을 연결합니다.

11

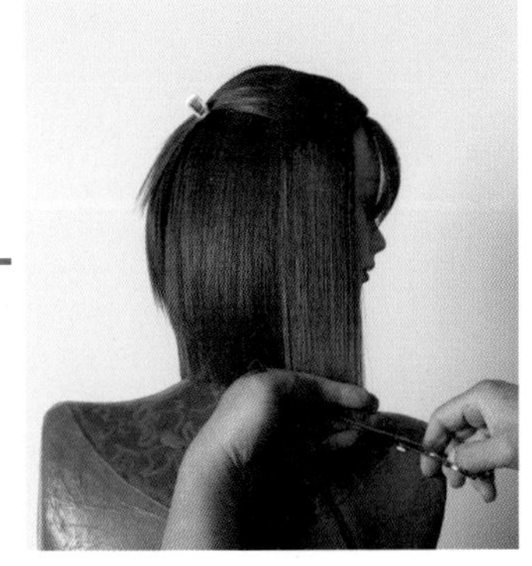

사이드는 미들 섹션까지 내려서 수직 흐름으로 곱게 빗질하고 텐션을 주지 않고 앞 방향으로 길어지는 둥근 라인으로 형태 라인을 만드는 커트를 합니다.

12

후두부와 연결하여 수직에 가까운 앞 방향 사선 슬라이스를 하면서 그러데이션 커트를 하는데 언더의 형태 라인이 커트되지 않도록 주의합니다.

|그러데이션 보브 헤어스타일 - 앞 방향 둥근 라인|

13

언더 라인이 커트되지 않도록 주의하면서 커트를 하여 부드러운 층을 연결합니다.

14

톱 섹션을 내리고 수직에 가까운 앞 방향 슬라이스를 하면서 부드러운 그러데이션 커트를 합니다.

15

앞 방향 사선 라인으로 섹션을 나누고 고르게 수직 흐름으로 빗질하고 빗으로 언더라인을 고정시키면서 정교하게 커트를 합니다.

16

앞 방향 사선 라인으로 슬라이스하면서 그러데이션 커트를 하는데 언더라인이 커트되지 않도록 주의합니다.

17

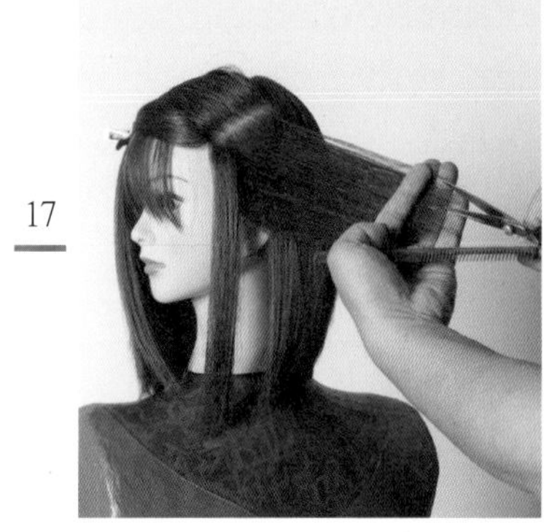

두상은 둥글기 때문에 위치별 동일한 각도를 유지하면서 세밀하게 층을 연결합니다.

18

톱 섹션을 내리고 앞 방향 사선 슬라이스를 하면서 그러데이션 커트를 합니다.

|그러데이션 보브 헤어스타일 – 앞 방향 둥근 라인|

19

그러데이션 형태에서 나타나는 리지 라인을 부드러운 곡선의 실루엣을 연출하기 위해 정중선을 따라 슬라이스하여 프론트 길이는 커트하지 않고 정수리 쪽으로 짧아지는 커트를 합니다.

20

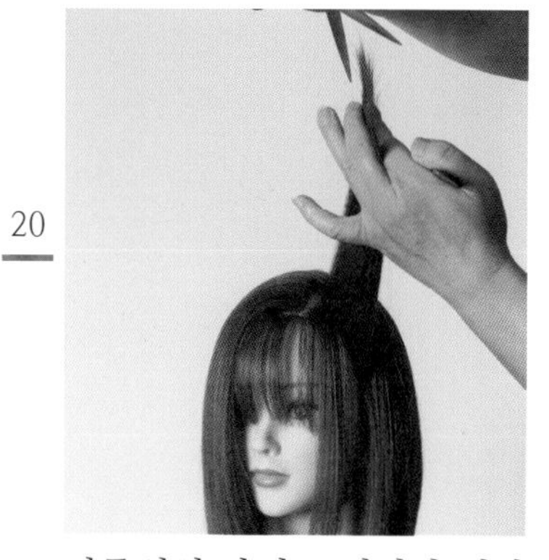

정중선의 가이드 길이와 연결하여 둥근 곡선의 실루엣이 될 수 있도록 상하 각도를 조절하면서 레이어드 커트를 세밀하게 합니다.

21

둥근 두상에서 위치별 동일한 각도를 유지하면서 레이어드 커트를 하여 부드러운 곡선의 실루엣과 율동감 있는 모발 흐름을 연출합니다.

22

반대쪽도 동일한 각도를 유지하면서 세밀하게 커트를 합니다.

23

후두부의 정중선에서 세로 슬라이스를 하여 층을 연결합니다. 톱 섹션, 미들 섹션으로 슬라이스 각도를 상하로 조절하면서 부드러운 곡선의 층을 연결합니다.

24

둥근 두상을 따라서 조금씩 이동하면서 위치별 동일한 각도를 유지하면서 커트하여 균형미 있는 헤어스타일을 연출합니다.

|그러데이션 보브 헤어스타일 - 앞 방향 둥근 라인|

25

헤어스타일 흐름이 가볍고 율동감 있는 흐름이 되도록 스타일 전체를 모발 길이 중간, 끝부분에서 틴닝 커트를 하여 모발량을 조절합니다.

26

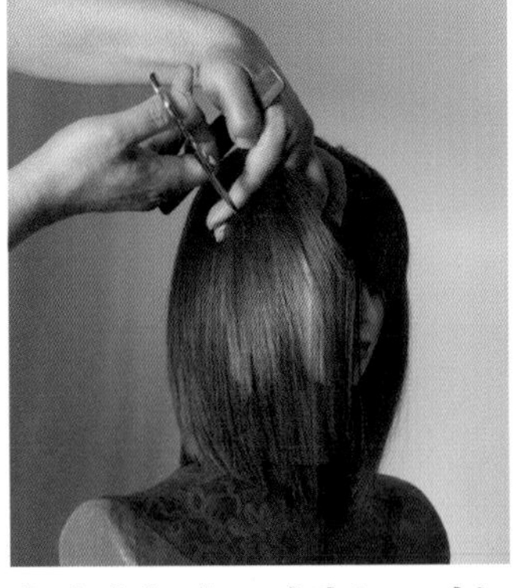

슬라이딩 커트 기법으로 가늘어지고 가벼운 흐름을 만들면서 헤어스타일 표정을 연출합니다.

27

빗질과 털어 주는 동작을 반복하면서 내추럴 폴 상태를 확인하면서 세밀하게 슬라이딩 커트를 하여 표정을 연출합니다.

28

앞머리는 민감하므로 길이와 형태를 잘 상담하고 텐션을 주지 않고 커트를 합니다.

29

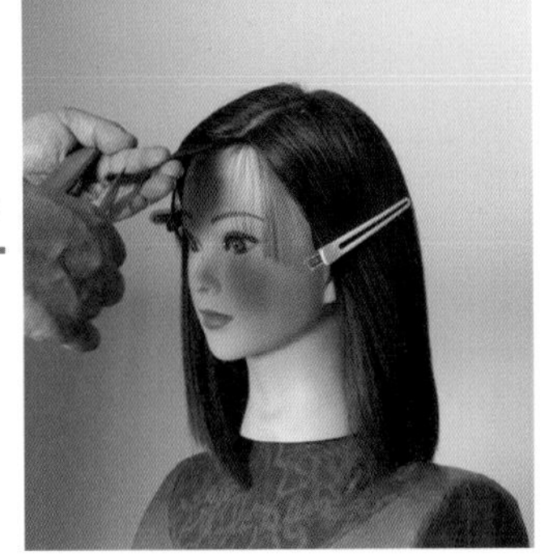

앞머리 슬라이스를 조금씩 들어서 층을 만드는데 가이드 길이가 커트되지 않도록 주의합니다.

30

앞머리를 슬라이딩 커트 기법으로 가늘어지고 가벼운 흐름을 연출합니다.

|그러데이션 보브 헤어스타일 - 앞 방향 둥근 라인|

31

슬라이딩 커트를 조금씩 하면서 헤어스타일의 표정을 다듬습니다.

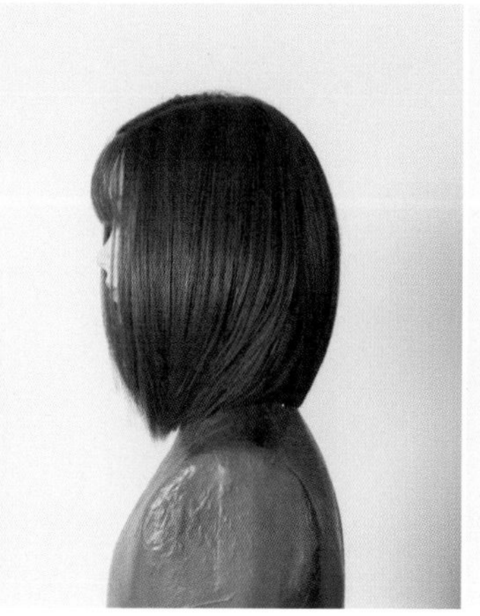

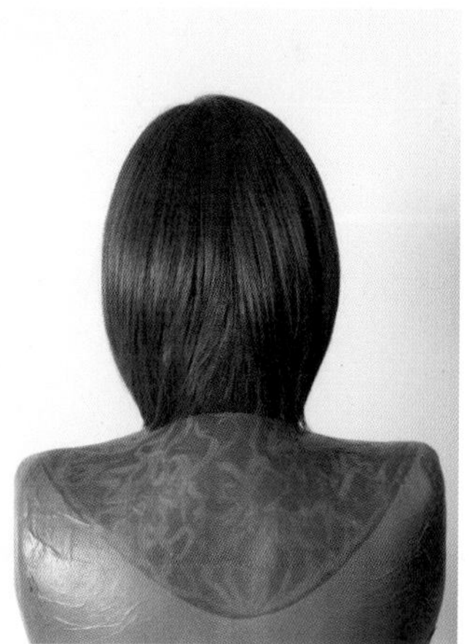

|그러데이션 롱 헤어스타일 - 둥근 라인|

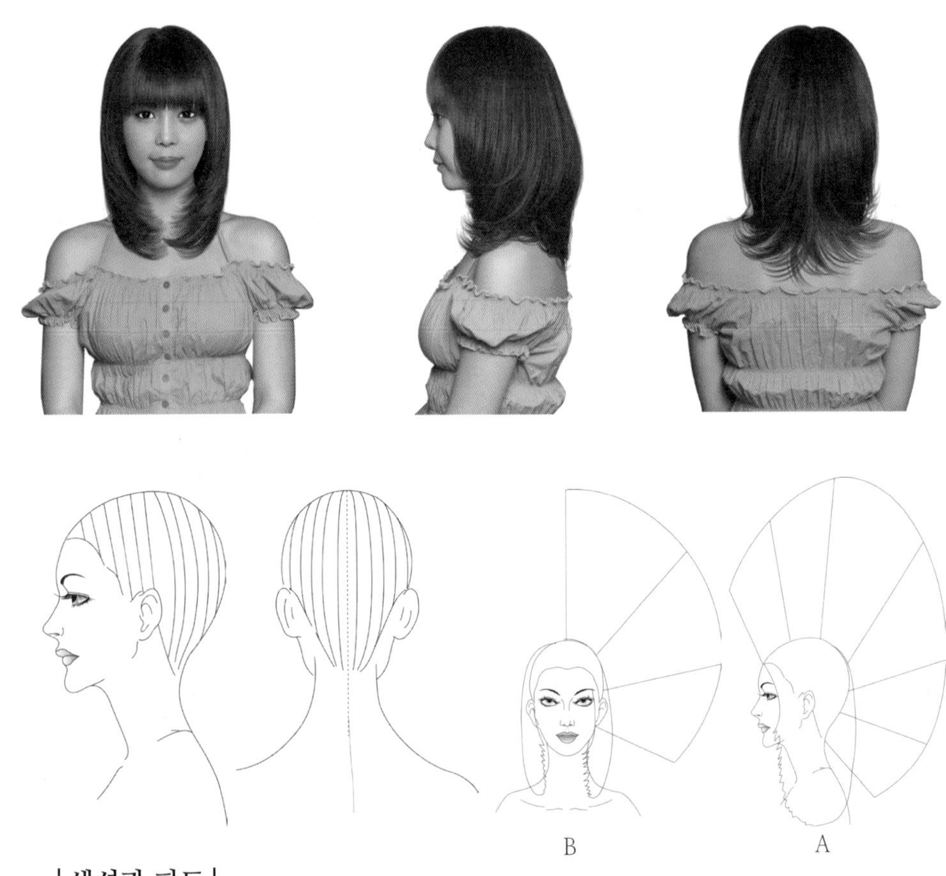

어깨선을 넘는 길이의 그러데이션 롱헤어스타일입니다.
층을 많이 주면 무게감이 없어져서 뻗치기 쉬우므로 층을 조절하여 언더 부분에서 부드러운 곡선의 실루엣으로 안말음 되는 흐름을 연출합니다.

모발이 굵고 숱이 많은 건강한 모발에 특히 적합한 헤어스타일로 그러데이션 층의 연결이 좋게 하는 균형 있는 커트를 하고 원컬 스트레이트 파마를 하면 손질하기 편한 헤어스타일을 연출할 수 있습니다.

|구조|

A. 목둘레에서 길이가 짧고 톱 쪽으로 길이가 길어져서 프런트 쪽으로 길이가 길어집니다.
B. 귀 부분의 길이가 짧고 프런트 쪽으로 길이가 길어집니다

|섹션과 파트|

정중선과 측중선으로 나누고, 후두부는 정중선에서 세로 슬라이스를 하고 사이드 방향으로 이어지는 슬라이스는 수직에 가까운 뒤 방향 사선 슬라이스를 합니다.

|그러데이션 롱 헤어스타일 – 둥근 라인|

1

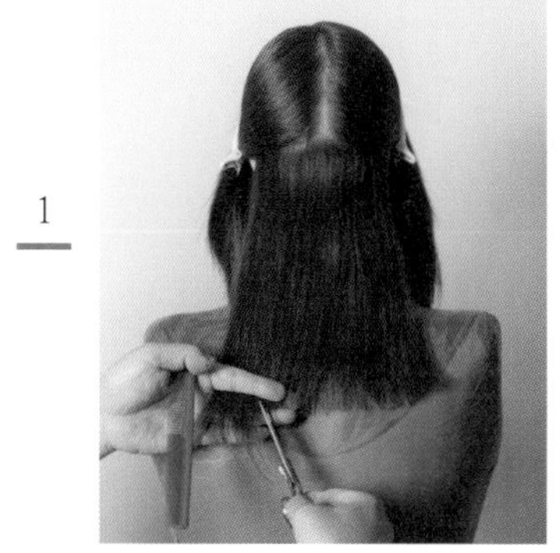

첫 번째 섹션을 내리고 수직으로 빗질하여 둥근 라인을 커트합니다.

2

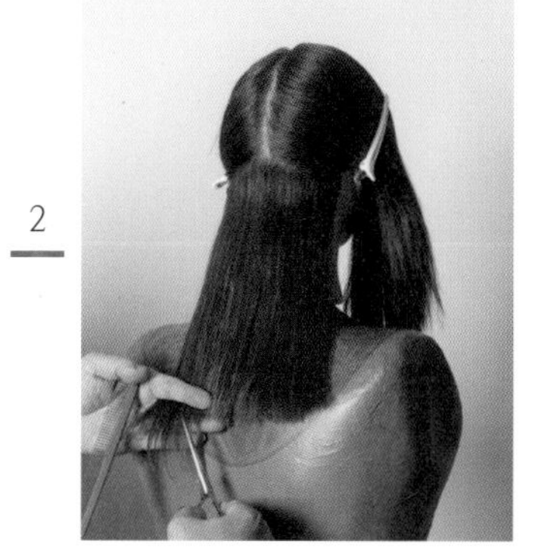

고개를 30° 정도 숙인 상태에서 빗질 흐름이 굴곡이 생기지 않도록 섬세하게 빗질하여 커트를 합니다.

3

텐션을 주지 않고 빗으로 라인을 고정시키며 둥근 라인을 다듬습니다.

4

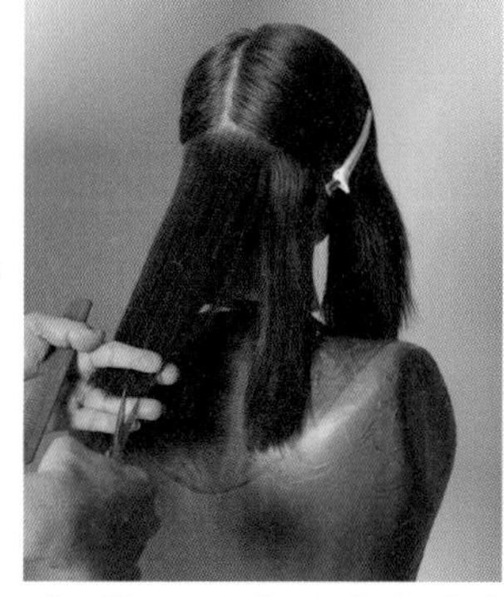

각도를 조금씩 들어서 언더 부분에서 층이 나도록 커트합니다.

5

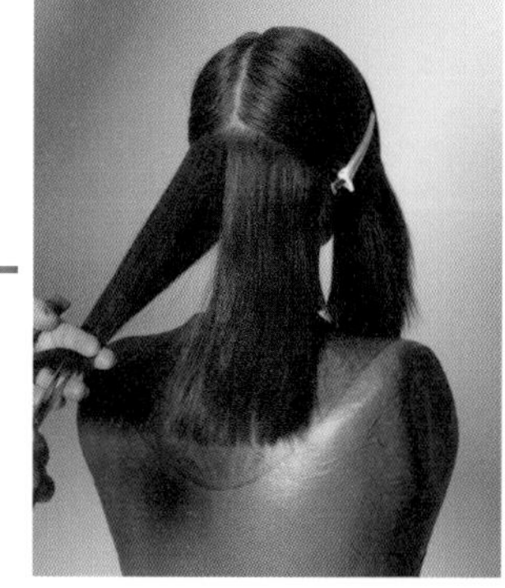

네이프, 네이프 사이드로 이동하면서 층을 연결합니다.

6

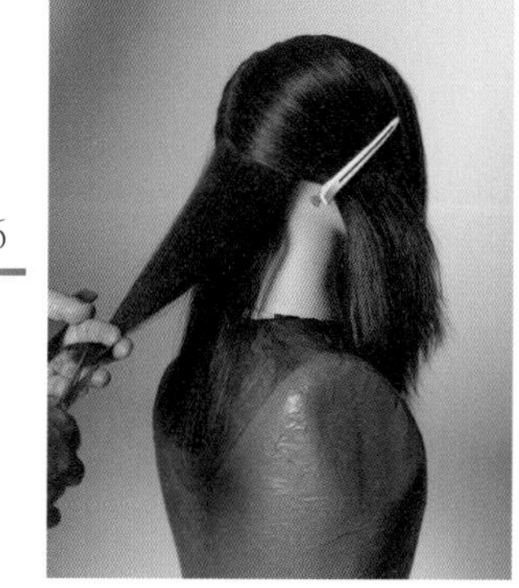

둥근 라인을 따라서 각도를 들어주면서 커트를 합니다.

|그러데이션 롱 헤어스타일-둥근 라인|

7

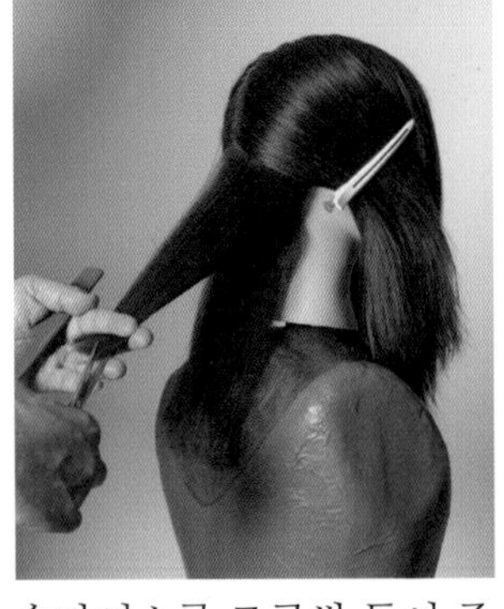

슬라이스를 조금씩 들어 주면서 커트를 하는데 가이드 라인이 커트되지 않도록 주의합니다.

8

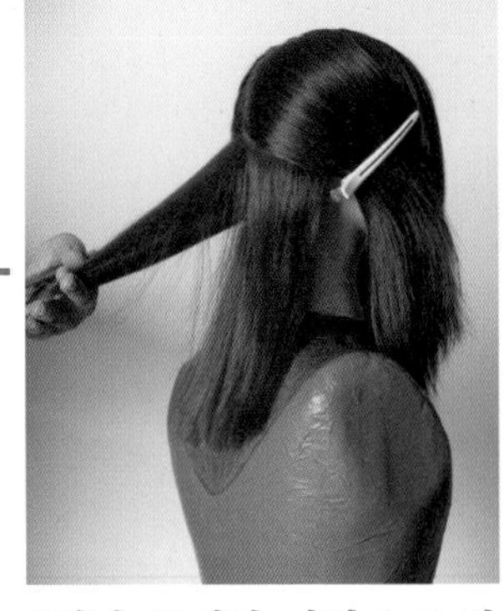

7번과 동일한 기법으로 각도를 들어 주면서 커트를 합니다.

9

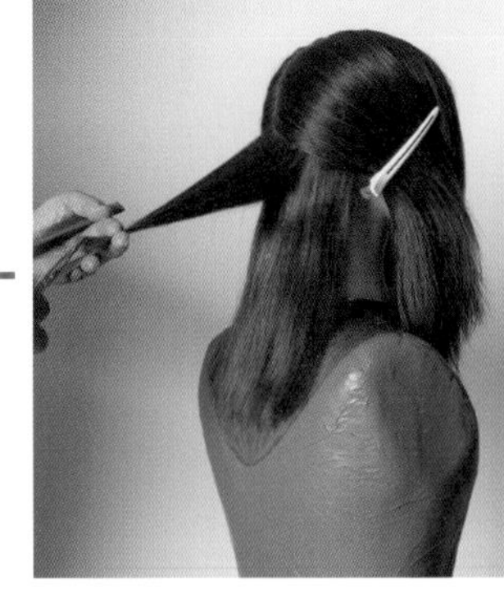

섬세하게 빗질하고 각도를 들어 주는 그러데이션 커트를 합니다.

10

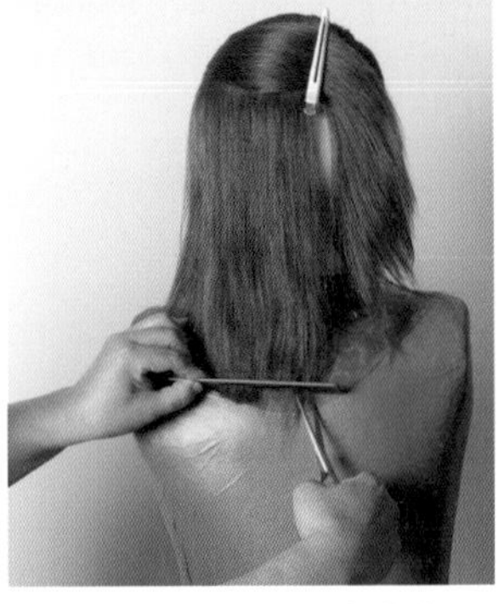

사이드는 고개를 최대한 돌리고 수직으로 섬세하게 빗질하고 빗으로 라인을 고정시키며 커트를 합니다.

11

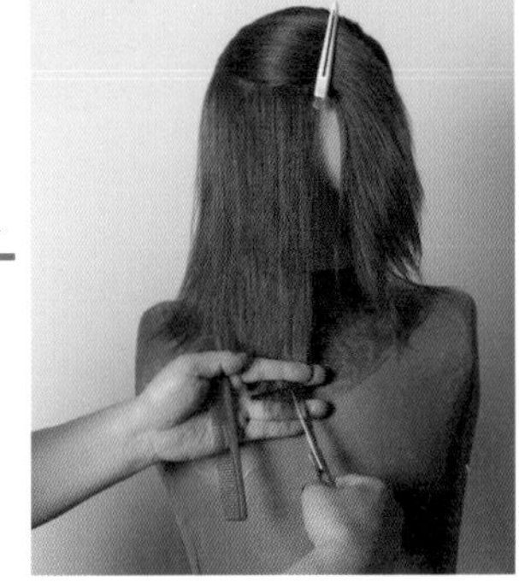

다시 고르게 빗질하고 체크 커트를 합니다.

12

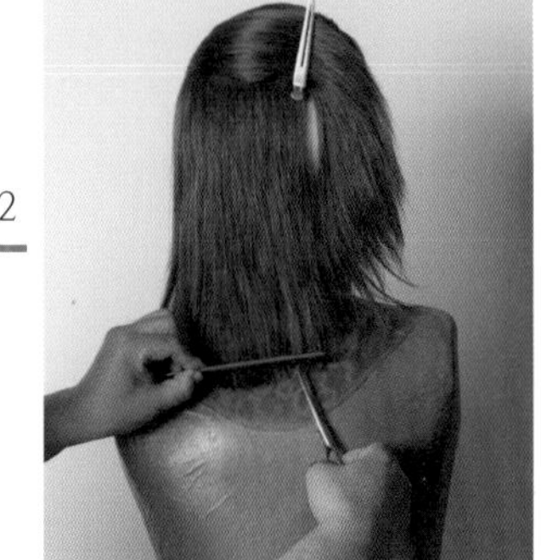

여러 번 반복해서 빗질하고 둥근 라인이 굴곡이 생기지 않도록 주의합니다.

|그러데이션 롱 헤어스타일 – 둥근 라인|

13

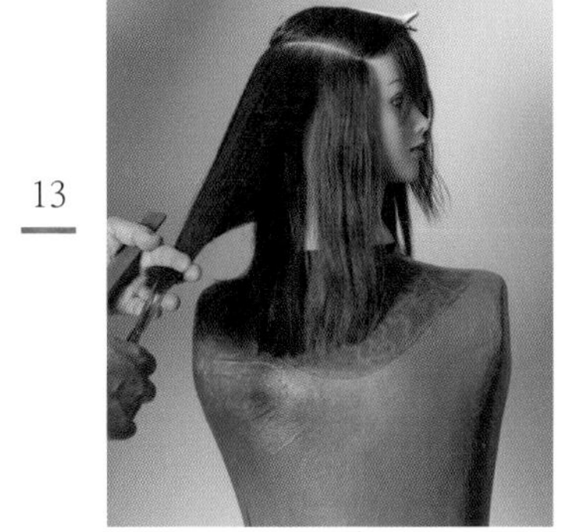

후두부와 연결하여 사이드도 각도를 조금씩 들어 주면서 그러데이션 커트를 합니다.

14

미들 섹션도 각도를 조금씩 들어 주면서 그러데이션 커트를 하여 부드러운 층을 만들어 갑니다.

15

톱 섹션까지 슬라이스하면서 각도를 조절하고 그러데이션 커트를 합니다.

14

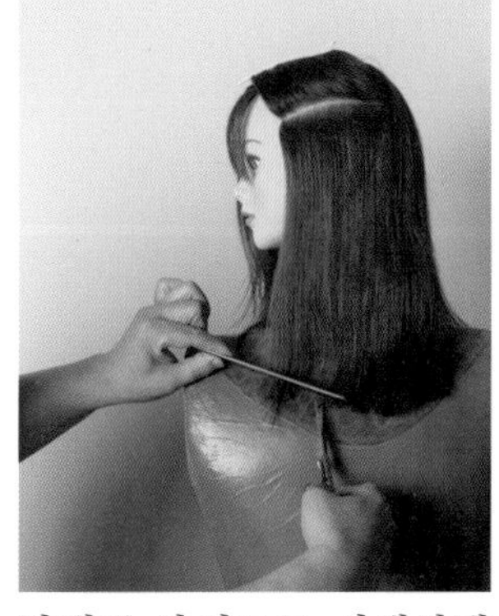

반대쪽 사이드도 섬세하게 빗질하면서 빗으로 둥근 라인을 고정시키며 커트를 합니다.

17

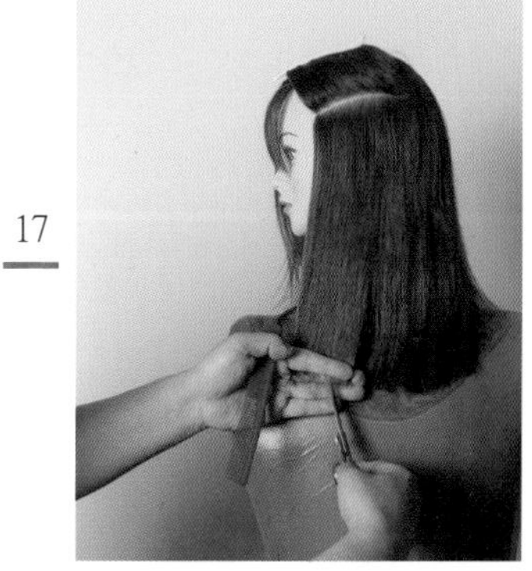

굴곡이 생기지 않도록 고개를 최대한 돌리고 여러 번 섬세하게 빗질하여 체크 커트를 합니다.

18

사이드를 언더라인의 가이드와 연결하며 각도를 조금씩 들어 주며 그러데이션 커트를 합니다.

|그러데이션 롱 헤어스타일 – 둥근 라인|

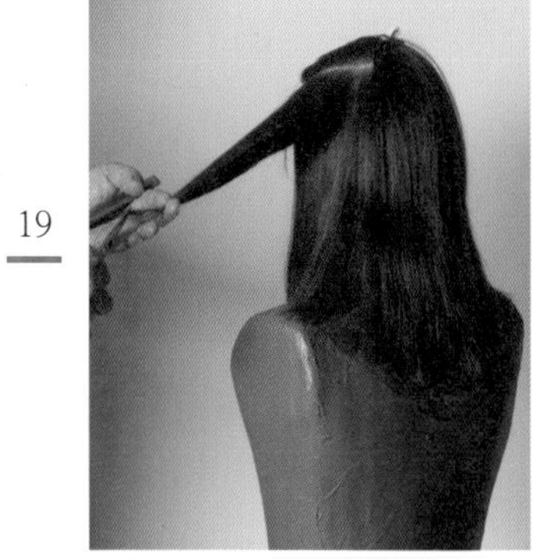
19

사이드의 미들 섹션으로 각도를 조금씩 들어 주면서 그러데이션 커트를 합니다.

20

톱 섹션으로 점차 각도를 들어 주면서 섬세하게 커트를 하고, 두상은 둥글기 때문에 위치별 들어 주는 각도가 일정해야 합니다.

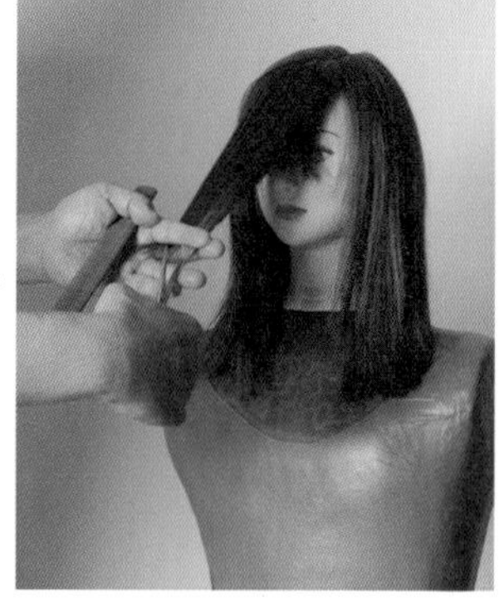
21

프런트를 슬라이스하고 빗질하여 사이드로 떨어지는 길이를 감안하여 가이드 길이를 설정하고 커트를 합니다.

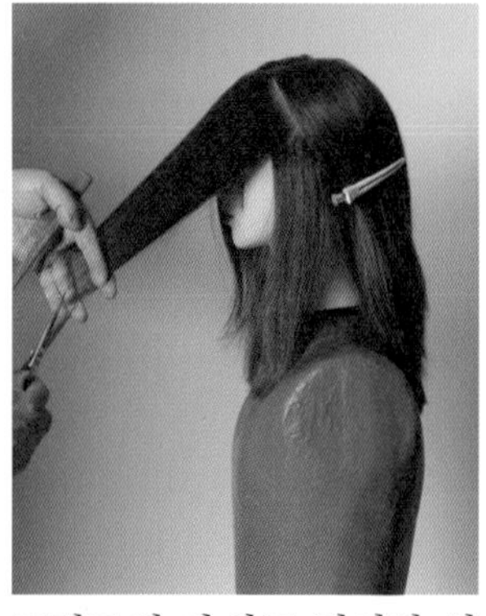
22

프런트의 가이드 길이와 연결하기 위해 사이드에서 뒤 방향 사선 슬라이스를 하여 예리하게 바이어스 블런트 커트를 합니다.

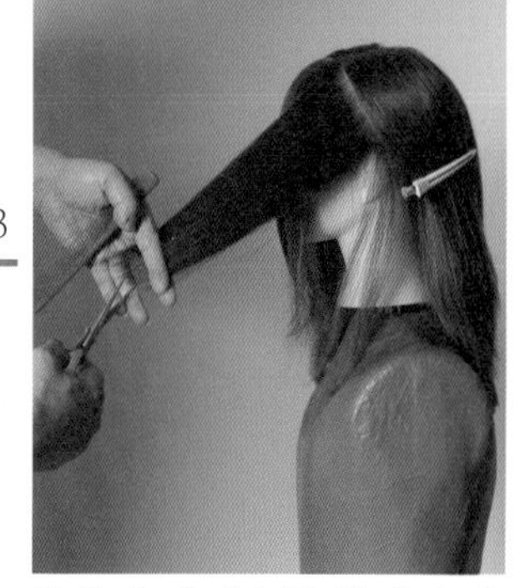
23

사선 슬라이스를 하면서 가이드와 연결하여 커트를 진행합니다.

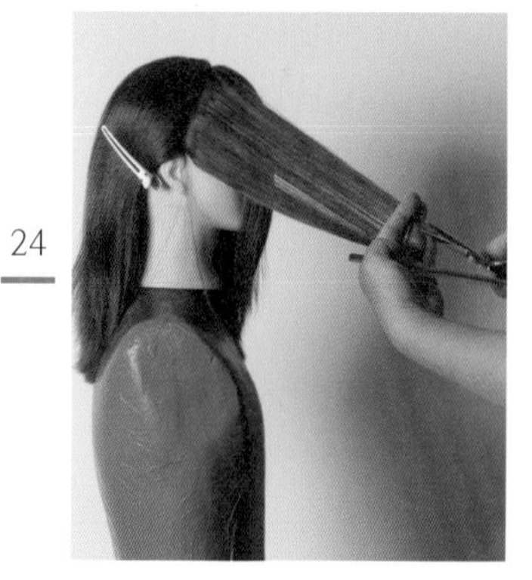
24

반대쪽 사이드도 22번과 동일한 기법으로 커트를 합니다.

|그러데이션 롱 헤어스타일－둥근 라인|

25

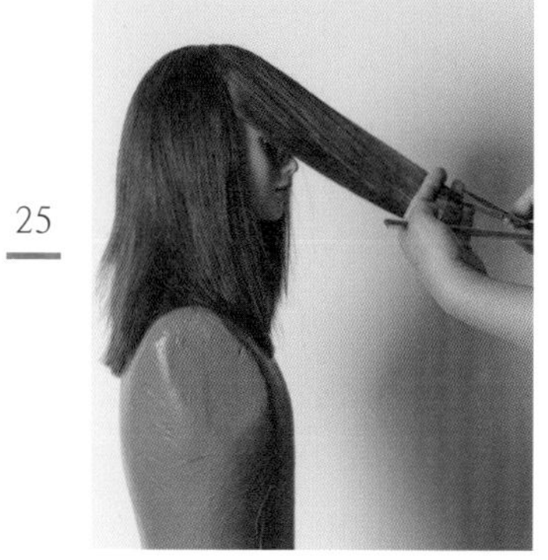

섬세하게 빗질하면서 사이드의 가이드 길이와 연결하는 커트를 합니다.

26

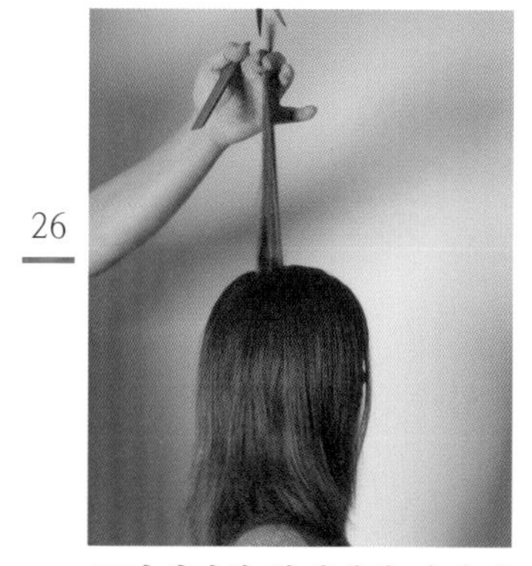

그러데이션 형태에서 나타나는 언더 섹션의 리지 라인의 무게감을 줄이기 위해서 톱에서 슬라이스하여 레이어드 길이를 설정하여 커트를 합니다.

27

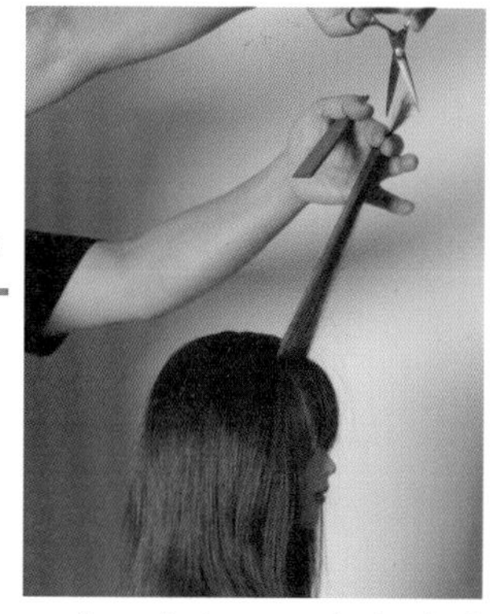

프런트까지 2cm씩 슬라이스하면서 그러데이션 커트를 합니다.

28

정수리와 사이드를 연결하고 각도를 둥근 두상에 따라서 상하로 조절하면서 레이어드 커트를 합니다.

29

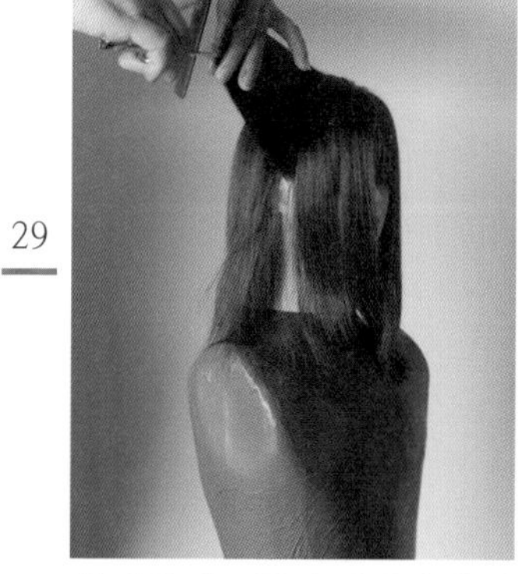

일정한 각도를 유지하면서 레이어드 커트를 하여 부드러운 모발 흐름을 연출합니다.

30

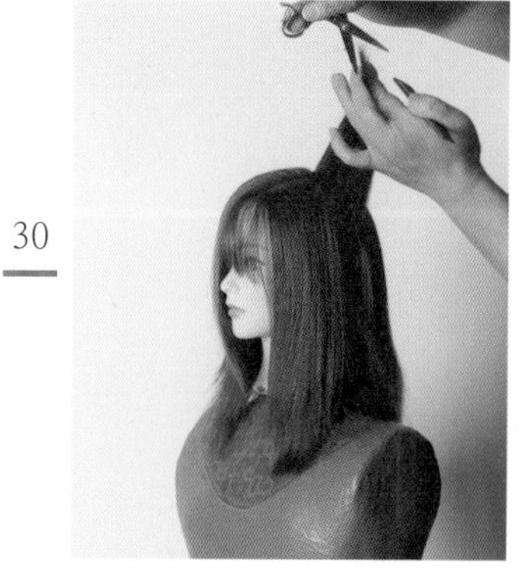

반대쪽 사이드도 동일한 기법으로 둥근 두상에 따라서 섬세하게 빗질하여 커트를 합니다.

|그러데이션 롱 헤어스타일-둥근 라인|

31

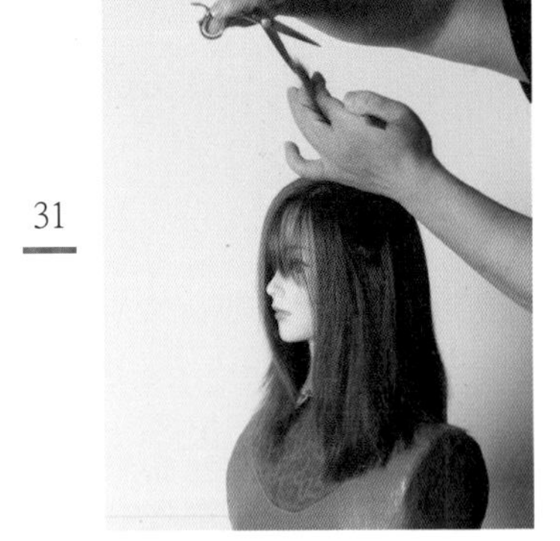

둥근 두상에 따라서 조금씩 슬라이스하면서 레이어드 커트를 하여 부드러운 층을 연결합니다.

32

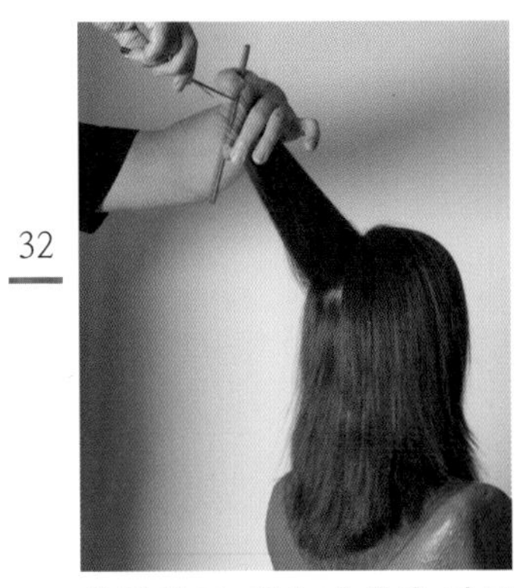

후두부도 정수리에서 정중선으로 이어지는 슬라이스를 하고 둥근 두상에 따라서 상하 각도를 조절하면서 레이어드 커트를 합니다.

33

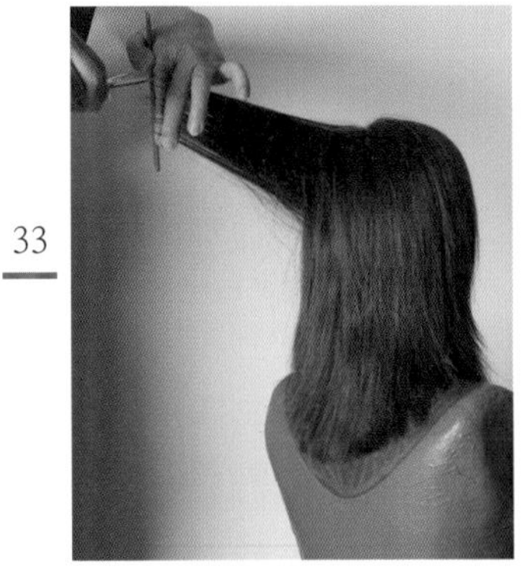

둥근 두상에 따라서 세밀하게 슬라이스하고 빗질하면서 레이어드 커트를 하여 부드러운 모발 흐름을 연출합니다.

34

반대쪽도 동일한 기법과 둥근 두상에서 일정한 각도를 유지하며 레이어드 커트를 합니다.

35

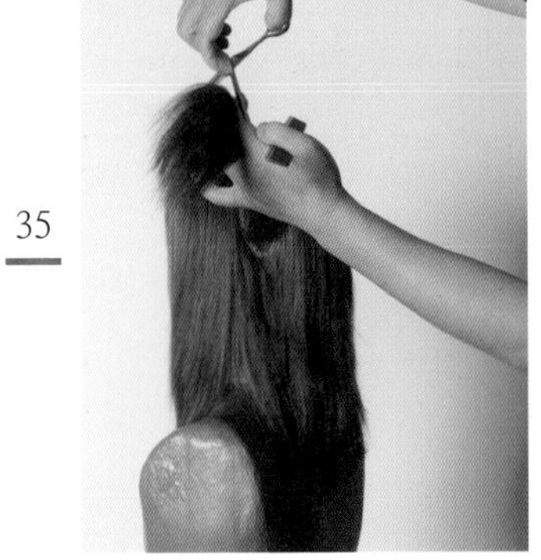

모발 길이 중간, 끝부분에서 틴닝 커트를 하여 가볍고 율동감 있는 모발 흐름을 연출합니다.

36

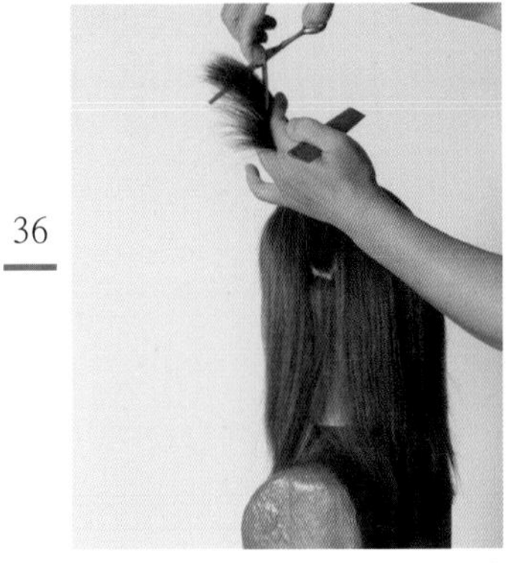

빗질과 틴닝 커트를 조금씩 반복해서 커트하여 균일한 모발량 조절이 될 수 있도록 합니다.

|그러데이션 롱 헤어스타일 - 둥근 라인|

37

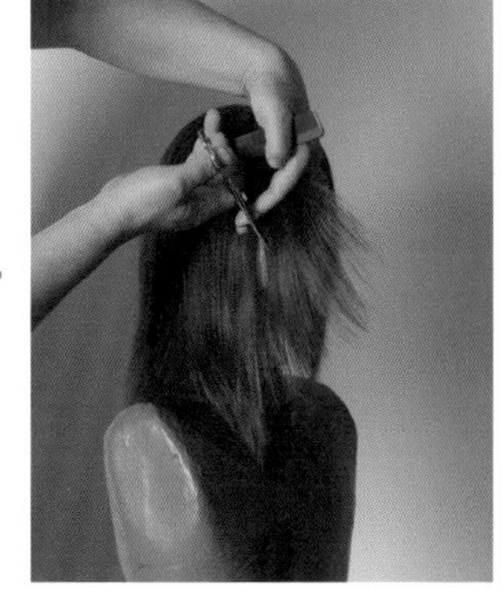

사이드를 슬라이딩 커트 기법으로 헤어스타일 표정을 연출합니다.

38

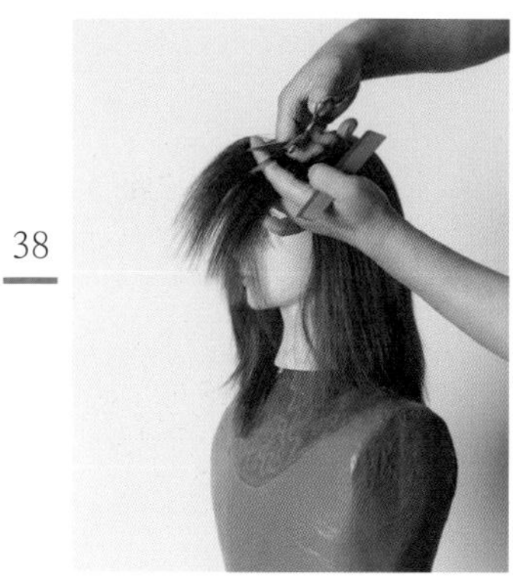

반대쪽 사이드도 세밀하게 조금씩 슬라이딩 커트를 하여 안말음 되는 부드러운 모발 흐름을 연출합니다.

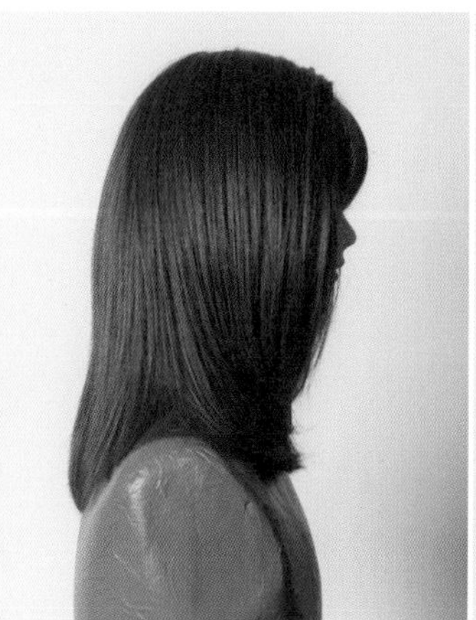

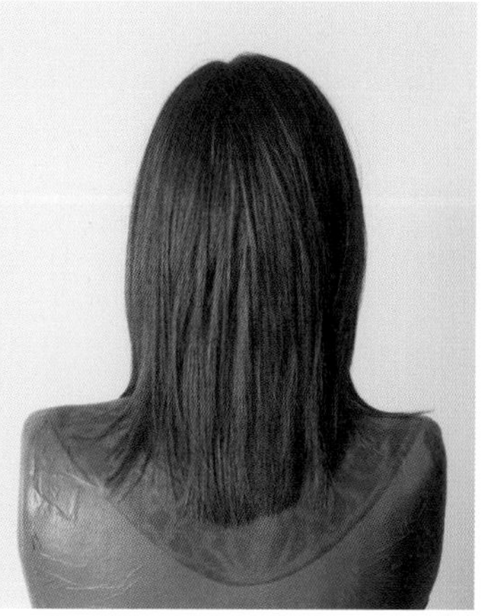

| 페이스 라인 그러데이션 - 둥근 라인 |

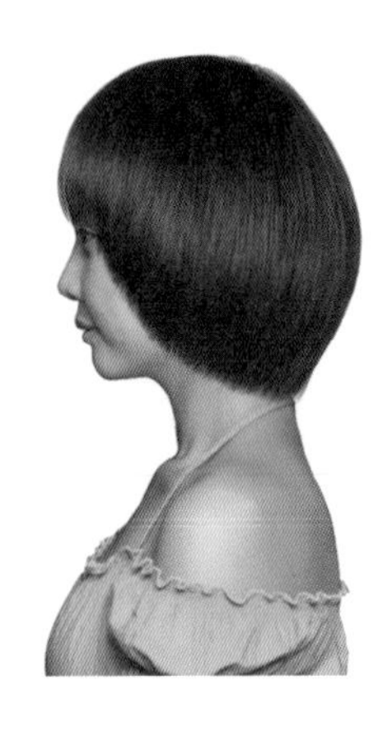
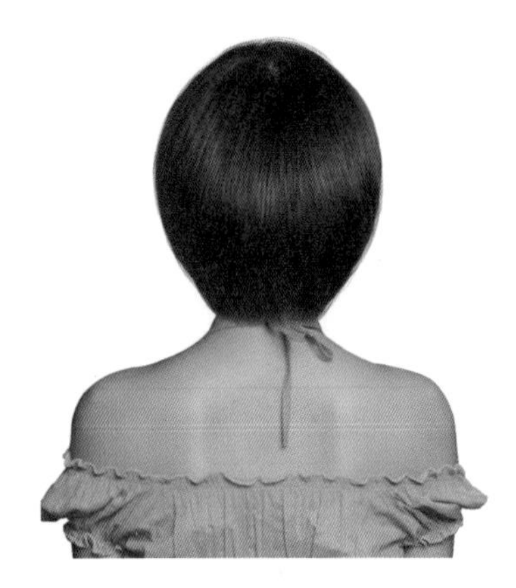

페이스 라인과 후두부의 언더라인에서 둥근 라인의 그러데이션 커트를 해서 심플하면서 차분하고 단정하면서 독특한 개성을 느끼게 하는 헤어스타일입니다.

언더 라인에서 각도를 조금씩 들어서 커트하여 부드러운 곡선의 실루엣을 연출합니다.

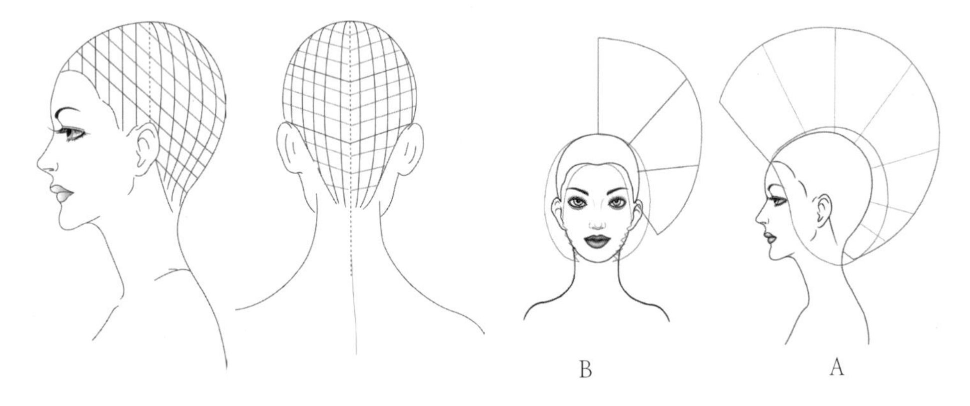

| 구조 |

A. 목둘레에서 길이가 짧고 톱 쪽으로 길이가 길어집니다.

B. 귀 부분의 길이가 짧고 톱 쪽으로 길이가 길어집니다.

| 섹션과 파트 |

정중선과 측중선으로 나누고 뒤 방향 사선 슬라이스를 하고 세로 슬라이스를 합니다 .

| 페이스 라인 그러데이션 - 둥근 라인 |

1

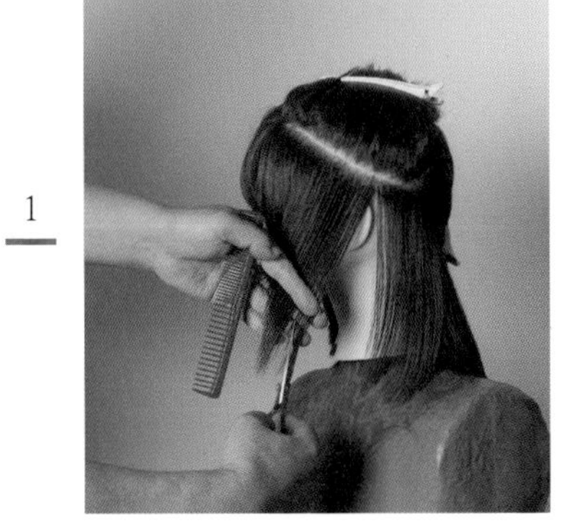

사이드에서 뒤 방향 사선 라인으로 슬라이스를 하고 부드러운 텐션으로 둥근 라인의 형태라인을 커트하여 언더라인의 가이드 라인을 만듭니다.

2

후두부와 연결하여 둥근 라인의 가이드 라인을 만듭니다.

3

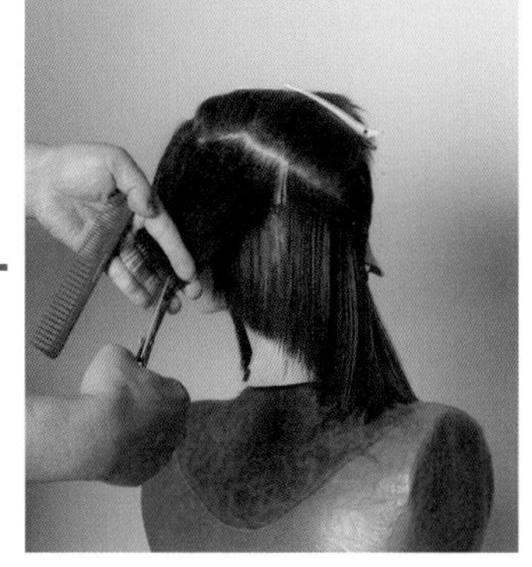

슬라이스를 하고 각도를 조금씩 올려서 그러데이션 층을 연출합니다.

4

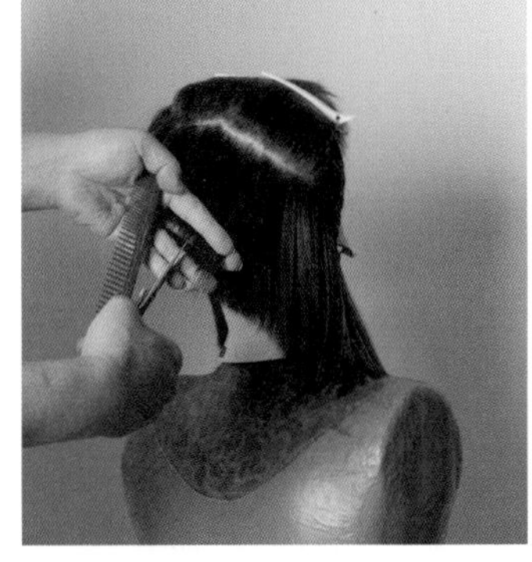

사이드와 백 사이드로 연결하는 슬라이스를 하면서 각도를 올려서 그러데이션 층을 연출합니다.

5

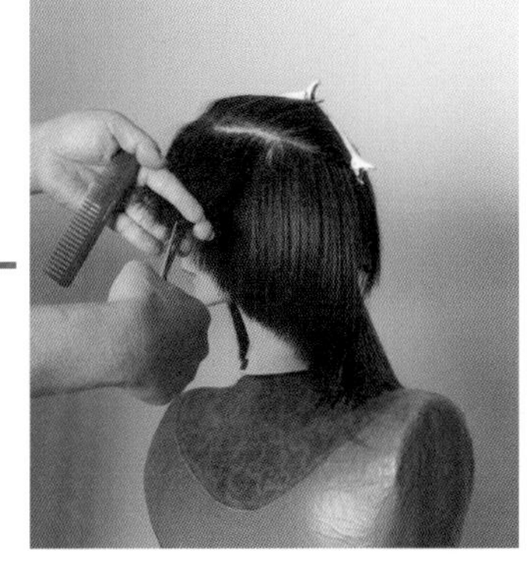

미들 섹션과 톱 섹션으로 슬라이스를 하면서 촘촘한 그러데이션 층을 커트합니다.

6

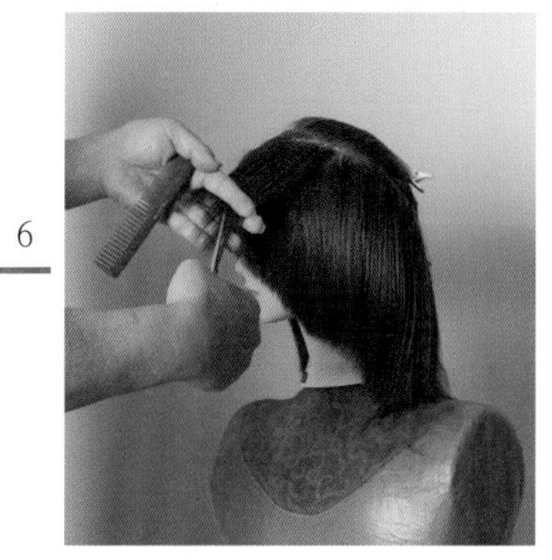

슬라이스를 2cm씩 세밀하게 하여 커트하여야 부드러운 층을 연출할 수 있습니다.

|페이스 라인 그러데이션-둥근 라인|

7

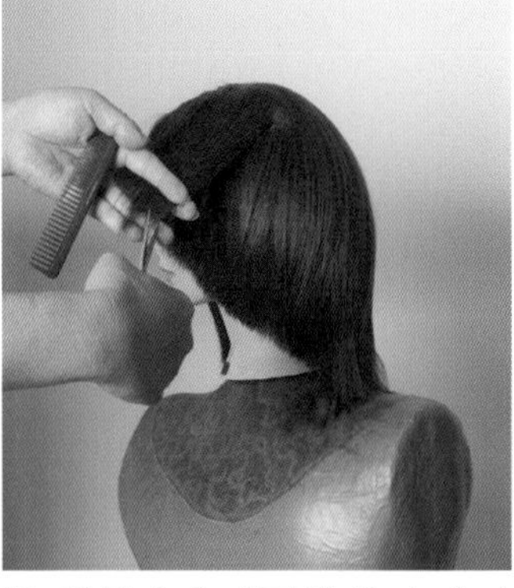

톱 섹션까지 세밀하게 슬라이스하고 균일한 각도로 빗질하면서 커트를 하여 부드러운 층의 그러데이션 커트를 합니다.

8

반대쪽 사이드도 뒤 방향 사선 슬라이스를 하면서 둥근 라인의 형태 라인을 연출합니다.

9

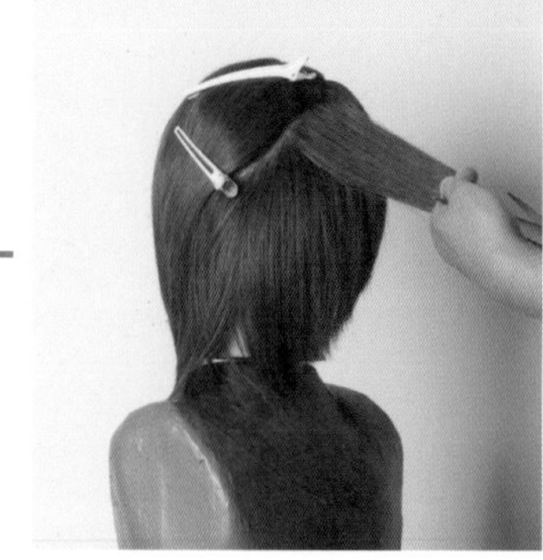

미들 섹션으로 세밀하게 슬라이스를 하면서 그러데이션 층을 연결합니다.

10

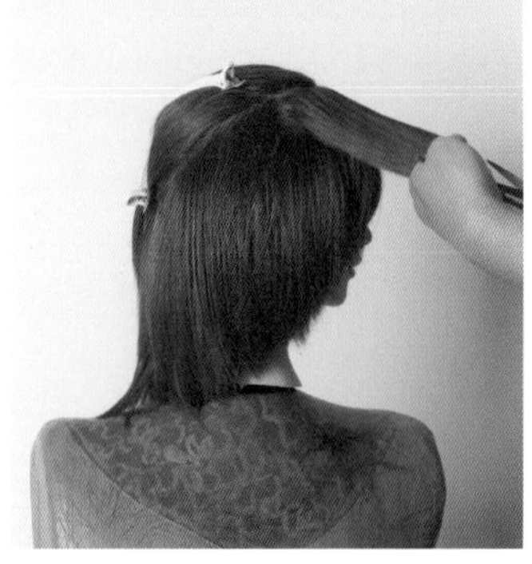

프런트 톱 부분까지 슬라이스를 하면서 두상의 위치별 동일한 각도로 커트하여 균형미 있는 헤어스타일을 연출합니다.

11

프런트의 앞머리를 양쪽 사이드와 연결하여 둥근 라인을 연출합니다.

12

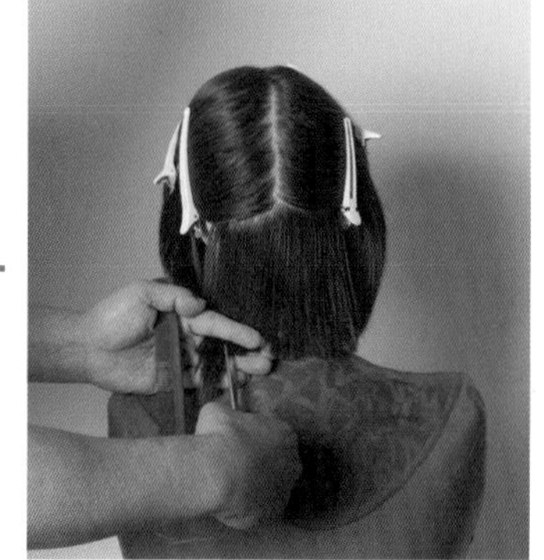

후두부를 정중선과 축중선으로 나누고 첫 번째 섹션을 둥근 라인을 커트하여 이미 커트한 사이드, 백 사이드 라인과 연결하여 다듬습니다.

| 페이스 라인 그러데이션 - 둥근 라인 |

13

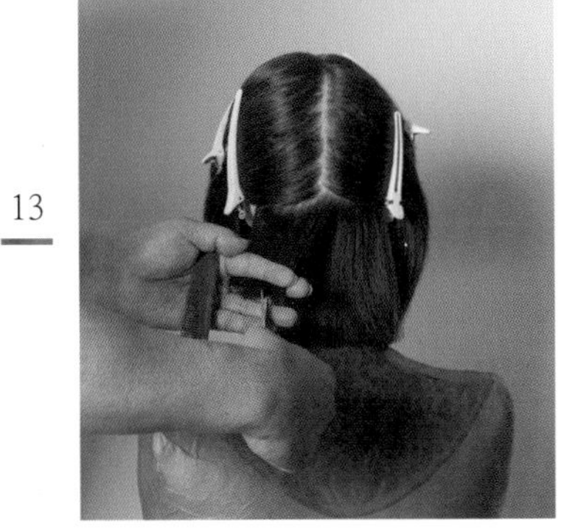

후두부도 사이드와 연결하여 세밀하게 슬라이스하면서 그러데이션 커트를 합니다.

14

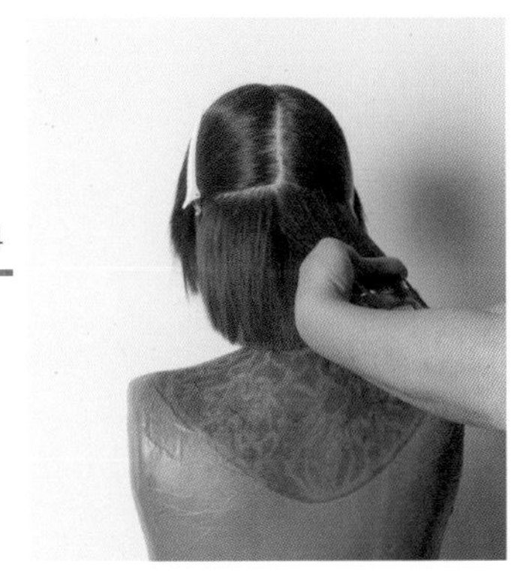

미들 섹션으로 세밀하게 2cm씩 슬라이스를 하면서 촘촘하게 그러데이션 커트를 합니다.

15

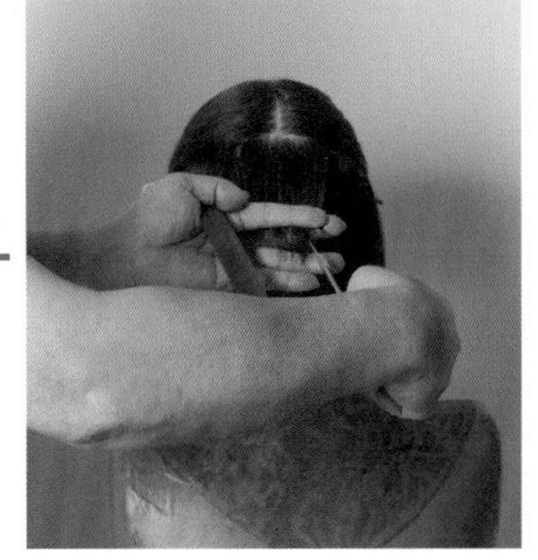

언더 섹션, 미들 섹션, 톱 섹션으로 올라가면서 그러데이션 각도를 조금씩 올려서 커트하여 부드럽고 연결성이 좋은 흐름을 연출합니다.

16

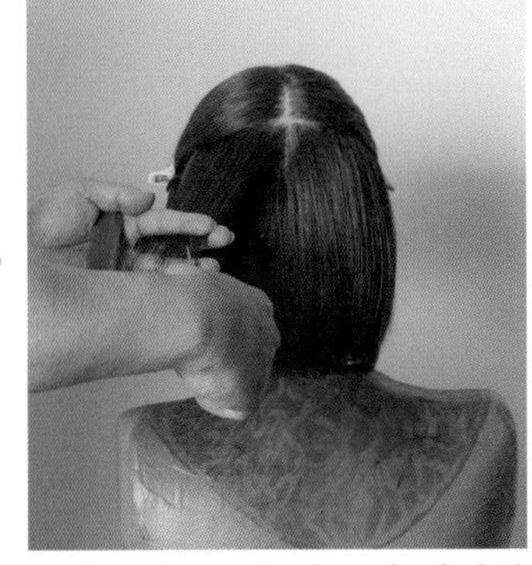

두상이 둥글기 때문에 위치별 각도를 동일하게 하여 부드러운 흐름을 연출합니다.

17

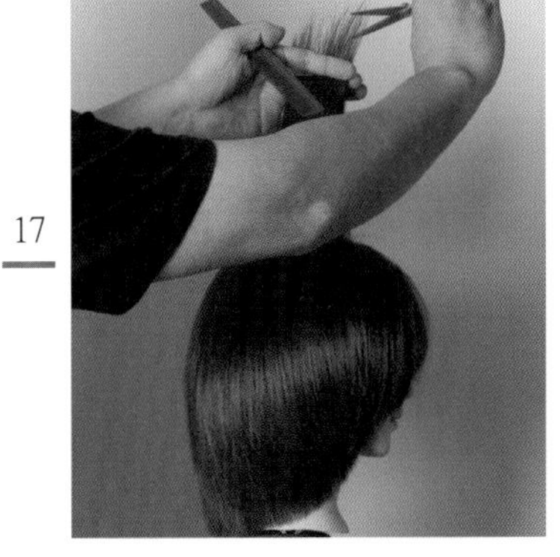

그러데이션 형태에서 나타나는 무게감을 주는 리지 라인을 부드럽게 하기 위해, 정수리에서 레이어드 커트를 하기 위해 가이드를 설정하고 커트를 합니다.

18

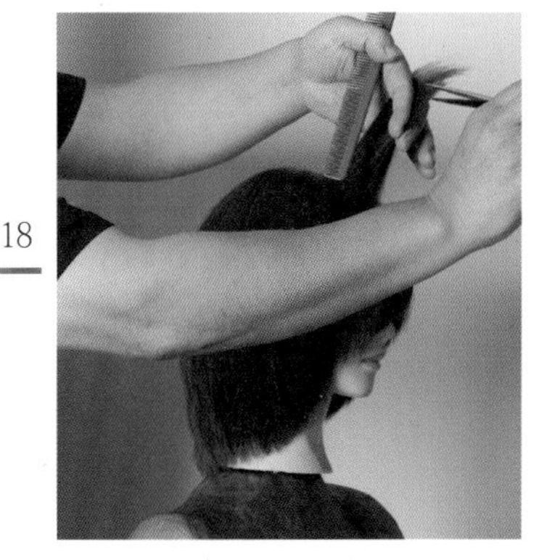

프런트로 가로 슬라이스를 하면서 세밀하게 레이어드 커트를 하여 부드러운 모발 흐름을 연출합니다.

|페이스 라인 그러데이션-둥근 라인|

19

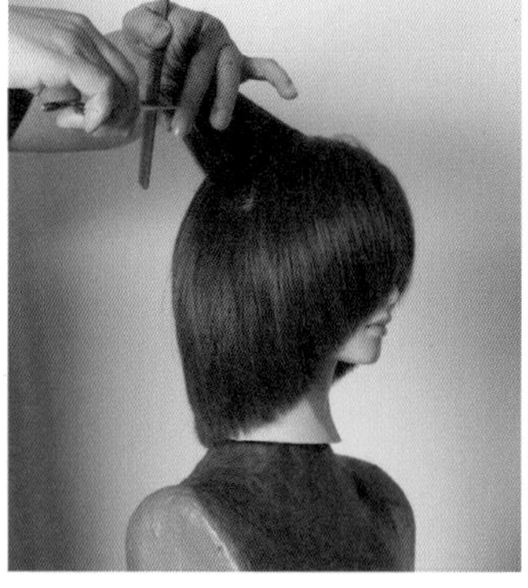

톱에서 사이드와 연결하여 슬라이스를 하면서 둥근 두상에 따라서 상하 각도를 조절하면서 레이어드 커트를 하여 부드러운 층을 연결합니다.

20

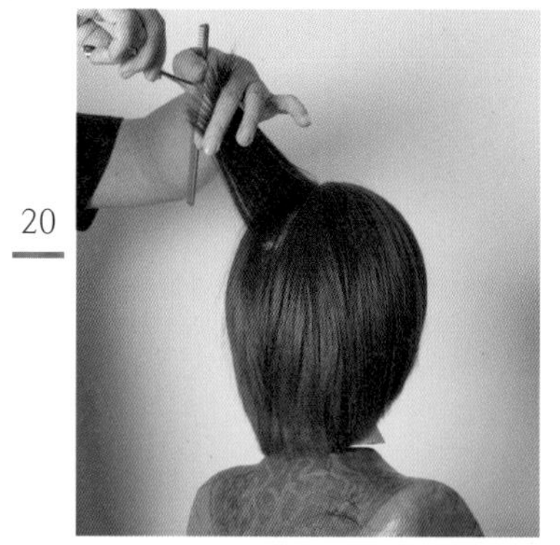

정수리에서 후두부의 정중선과 연결하는 슬라이스를 하면서 19번과 동일한 기법으로 레이어드 커트를 합니다.

21

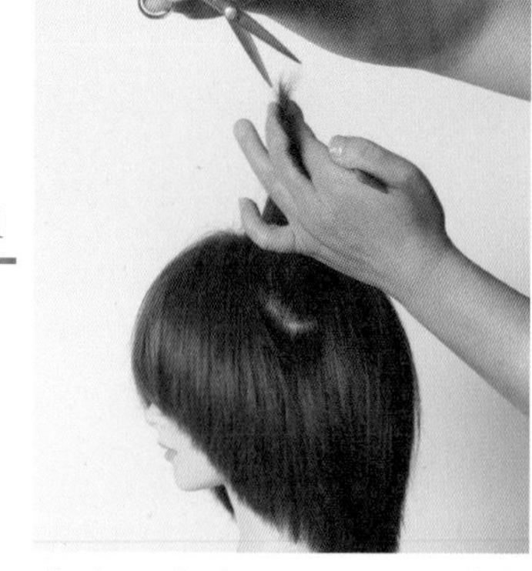

반대쪽 사이드도 둥근 두상을 따라서 세밀하게 빗질하여 레이어드 커트를 합니다.

22

조금씩 세밀하게 슬라이스를 하면서 레이어드 커트를 하여 전체 흐름이 부드럽고 율동감이 느껴지도록 자연스러움을 연출합니다.

23

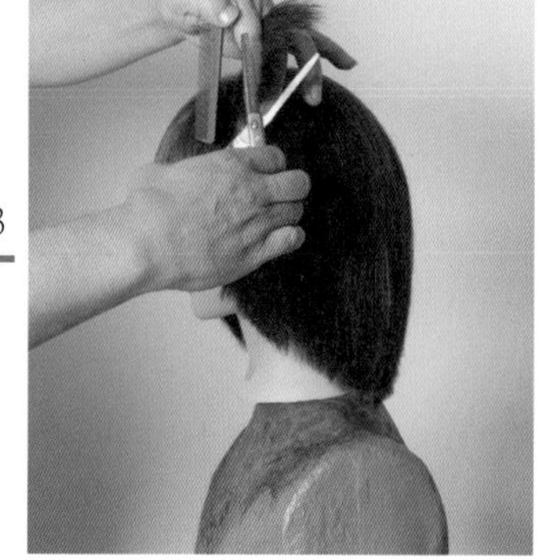

헤어스타일의 흐름을 가볍고 부드러운 모발 흐름을 연출하기 위해 모발 길이 중간, 끝부분에서 틴닝 커트를 합니다.

24

둥근 두상에 따라서 세밀하게 슬라이스를 하면서 틴닝 커트를 합니다.

|페이스 라인 그러데이션-둥근 라인|

25

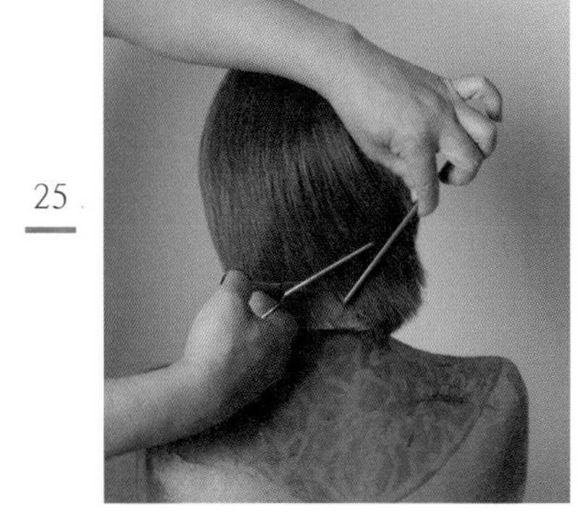

짧은 길이의 네이프는 빗과 가위를 로테이션하면서 모발량을 조절하여 부드러운 흐름을 연출합니다.

26

헤어스타일의 흐름을 관찰하면서 틴닝 커트를 하여 모발량을 조절합니다.

27

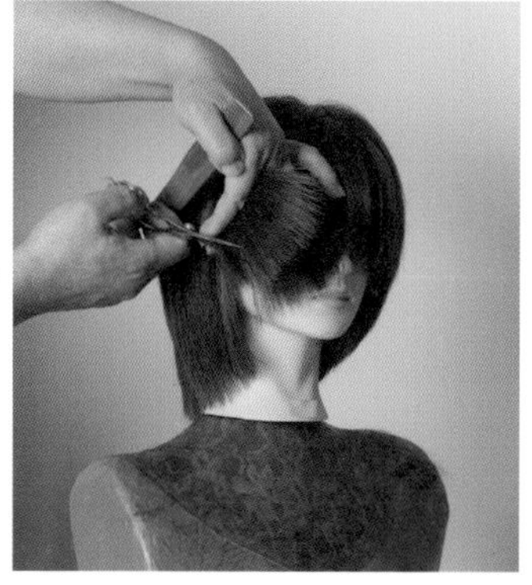

슬라이딩 커트 기법으로 가늘어지고 가벼운 흐름을 연출합니다.

28

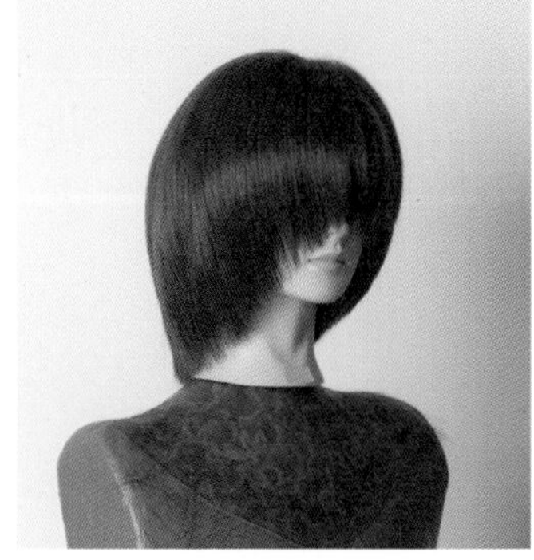

빗질하고 털어 주면서 헤어스타일의 흐름과 완성도를 체크합니다.

29

최종적으로 슬라이딩 커트를 하여 마무리 체크 커트를 합니다.

| 페이스 라인 그러데이션 – 둥근 라인 |

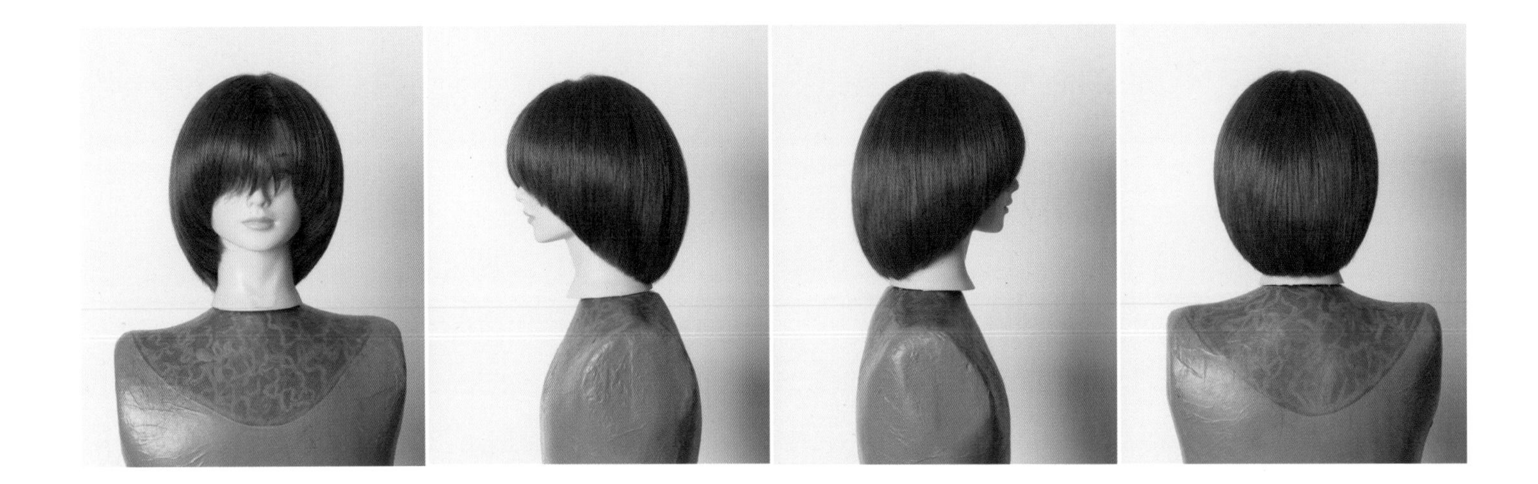

| 레이어드(Layered) |

헤어스타일이 가볍도록 자연스러운 층을 만드는 레이어드 헤어스타일은 둥근 두상에서 90°각도로 커트를 해서 균일한 단차가 만들어지는 세임 레이어드, 90° 이상의 각도로 층이 증가하는 인크리스 레이어드, 슬라이스 패널을 수평으로 빗질해서 수직으로 커트한 스퀘어 레이어드로 구분할 수 있습니다.

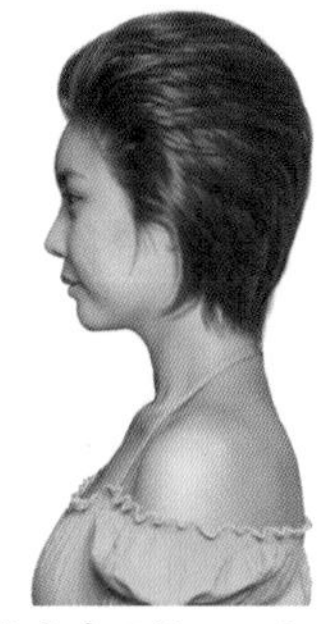
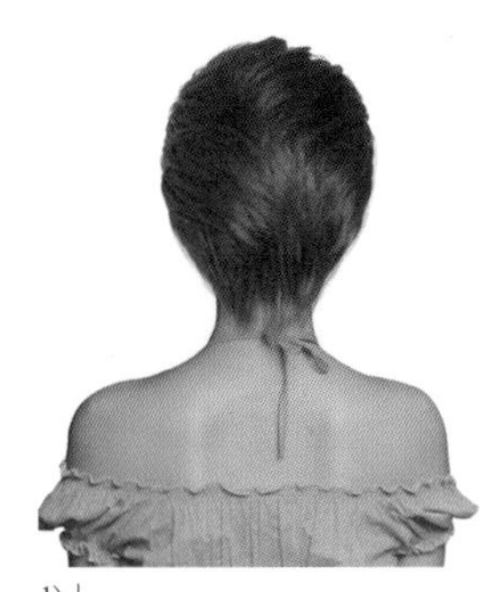

| 세임 레이어드(Same Layered) |

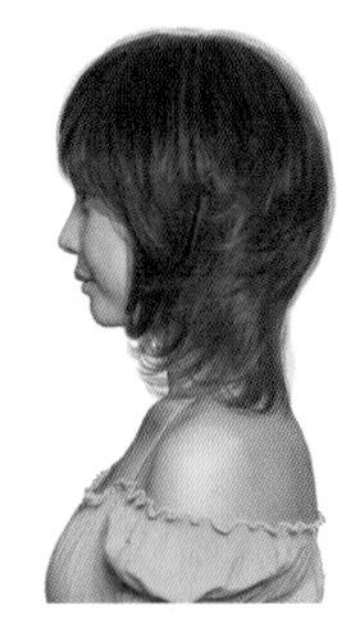
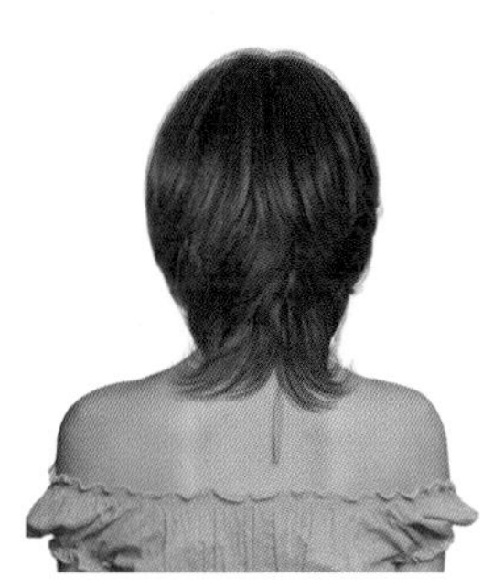

| 스퀘어 레이어드(Square Layered) |

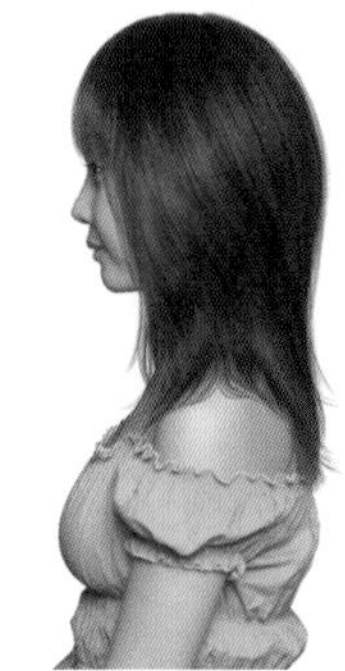

| 인크리스 레이어드(Increase Layered) |

| 레이어드(Layered) |

| 세임 레이어드(Same Layered) |

두상의 둥근 곡선에서 90˚로 커트하기 때문에 모발의 길이가 같아서 둥근 곡선의 실루엣이 연출됩니다.
헤어스타일의 형태는 둥근 곡선이며 커트한 모발 끝이 보여서 모발이 굵거나 직모일 경우 들뜨고 거친 느낌이 듭니다.
웨이브 파마를 하게 되면 부드러운 볼륨과 방향성을 얻을 수 있습니다.

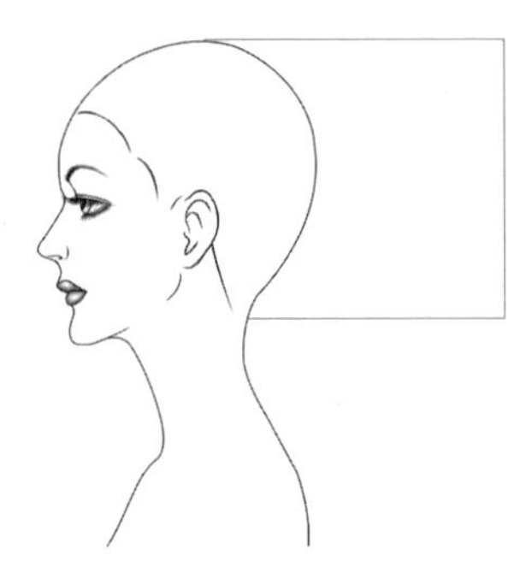

| 스퀘어 레이어드(Square Layered) |

스퀘어 레이어드는 레이어드의 일종으로 수직으로 커트를 해서 아래로 빗질을 했다면 두상이 둥글기 때문에 정수리에서 길고 백포인트까지는 짧아져서 쌓이는 층이 만들어지고 백 포인트에서 네이프로 길이가 점차 길어져서 가벼운 흐름이 만들어져서 곡선의 실루엣이 연출됩니다.

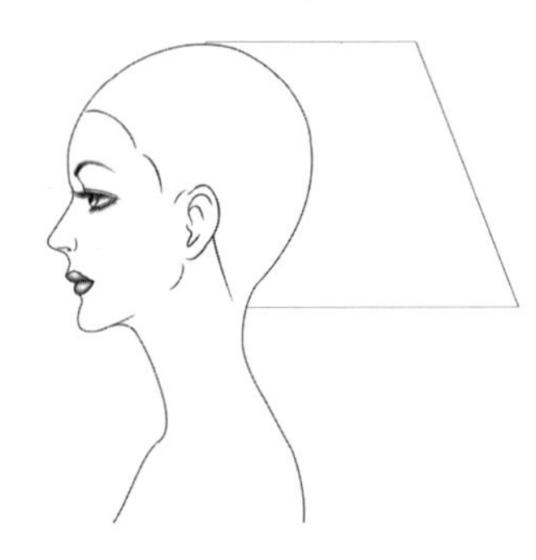

| 인크리스 레이어드(Increase Layered) |

일반적으로 인크리스의 길이 배열은 정수리에서 짧고 언더 쪽으로 길이가 길어져서 무게감 없이 끝부분이 가늘어지고 가벼워집니다.

두정부에서 길이와 두상의 커브 각도에 따라서 다양한 층을 만들 수 있으며 끝부분이 보여서 들뜨고 거친 느낌을 주기 때문에 틴닝과 깎기 기법으로 스타일의 표정을 차분하게 하고 부드럽고 움직임 있는 율동감을 표현하기 위해 웨이브 파마를 해 줍니다.

| 레이어드(Layered) |

| 레이어드의 다양한 슬라이스 기법 |

| 수직 방사상 슬라이스 |

가장 보편적으로 가장 많이 활용하는 수직 방사상 슬라이스는 정수리에서 가이드 길이를 결정한 후 전두부는 수직 슬라이스, 후두부는 방사상 수직 슬라이스를 하면서 가이드 길이와 연결하여 커트를 하는 기법으로 각도와 커트 라인에 의해서 길이가 다르게 나타납니다.
두상이 둥글기 때문에 2cm의 두께로 세밀하게 슬라이스를 하면서 위치별 동일한 각도와 직선의 빗질이 균일하게 되어야 균형감 있고 부드러운 모발 흐름을 연출할 수 있어서 손질하기 편한 헤어스타일이 됩니다.

| 앞 방향 콤비네이션 슬라이스 |

슬라이스는 프런트의 햄라인에서 가이드 길이를 결정하여 톱, 크라운, 백, 네이프의 정중선을 따라서 수평으로 슬라스를 하면서 프런트의 가이드 길이 방향으로 밀면서 빗질하여 커트를 하고, 사이드는 앞 방향 사선 슬라이스를 하면서 프런트로 밀면서 빗질하여 커트를 하고, 후두부의 크라운, 백 사이드, 네이프 사이드는 앞 방향 사선 슬라이스를 하면서 슬라이스 라인에 대해 90°로 프런트, 톱으로 밀어 빗질하면서 커트하는 기법으로 뒤 방향의 길이를 급격하게 늘리는 데 적합한 기법입니다.

| 수평 슬라이스 |

두정부의 정중선에서 수평으로 슬라이스를 하여 가이드 길이를 결정하고 전체 두상을 수평으로 슬라이스를 하면서 가이드 길이 방향으로 업시켜서 빗질하여 커트하는 기법으로 둥근 두상에 따라서 똑같이 층이 나면서 언더 쪽으로 길이가 급격하게 길어집니다.

| 레이어드(Layered) |

| 레이어드의 다양한 슬라이스 기법 |

| 방사상 슬라이스 |

정수리를 중심으로 방사상으로 슬라이스를 하면서 정수리의 가이드 길이와 연결하여 커트하는 기법으로 앞머리 길이를 길게 하기 쉽고 그러데이션 기법과 혼합하여 커트할 때, 리지 라인의 무게감을 줄이기 위해 레이어드 커트할 때 많이 활용하는 슬라이스 기법입니다.

| 세임 레이어드 슬라이스 |

정수리에서 가이드 길이를 결정하여 프런트 방향으로 수평 슬라이스를 하고 사이드는 수직 슬라이스를 합니다.
후두부는 방사상 슬라이스를 하면서 전체 둥근 두상에 대해 90°로 일정하게 커트하여 길이를 같게 할 때 적합한 기법입니다.

| 레이어드(Layered) |

| 레이어드의 브러싱과 각도 |

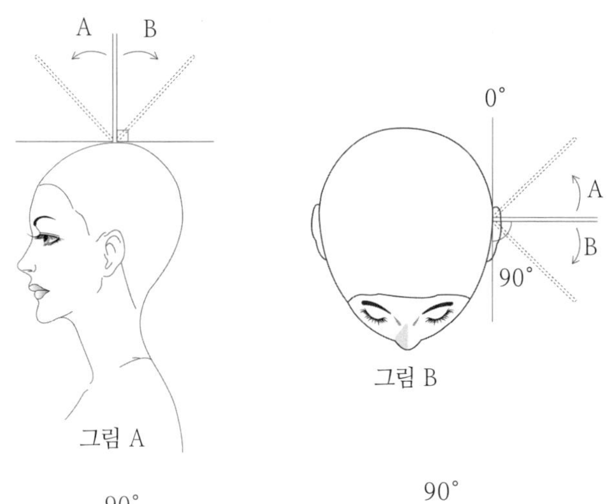

그림 A

그림 B

인크리스 레이어드 기법은 기본적으로 두정부에서 가이드 길이를 설정하여 가이드 길이와 연결하여 커트하는데 브러싱하는 방향과 각도에 의해서 길이와 방향성이 결정됩니다.

그림 A는 90˚의 가이드 길이에서 A의 방향으로 기울어지면 후두부의 길이가 길어지고 B의 후두부 방향으로 기울어지면 프런트 쪽으로 길이가 길어집니다.
그림 B는 A 방향으로 기울면 얼굴 쪽으로 길어지고 B 방향으로 기울어지면 후두부의 길이가 길어집니다.

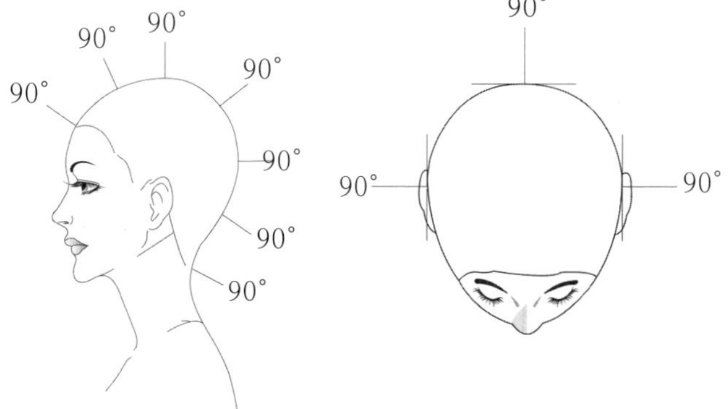

세임 레이어드의 브러싱 각도는 둥근 두상에서 90˚로 커트를 합니다.

|인크리스 레이어드 헤어스타일 - 가벼운 층의 뒤 방향 둥근 라인|

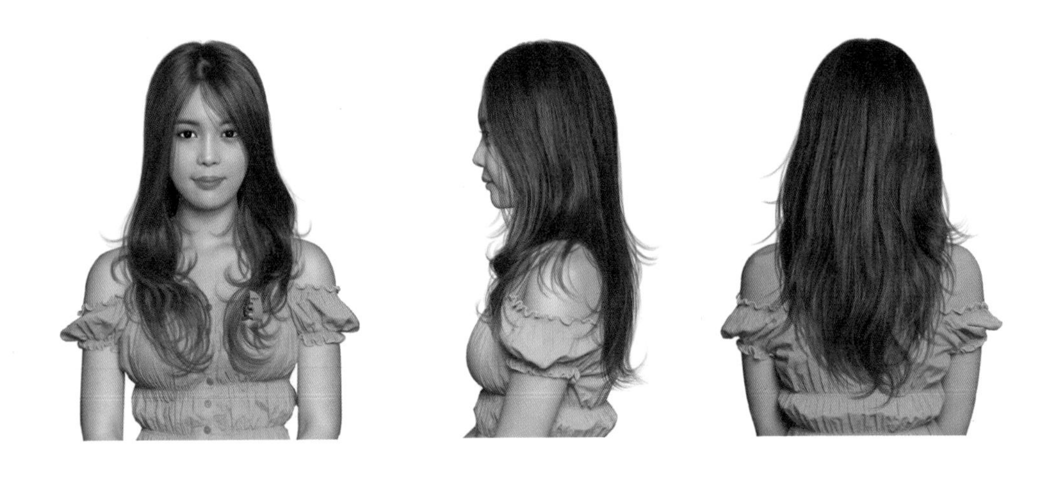

층이 나는 롱 헤어스타일을 커트하기 위해서 고객과 상담을 하다 보면 고객의 욕구와 선호하는 헤어스타일이 다양하다는 것을 알 수 있습니다. 인크리스 레이어드 헤어스타일 커트 기법은 롱 헤어에서 층을 만드는 기법으로 많이 사용하는 기법입니다.
깨끗하고 단정한 헤어스타일을 선호하는 고객은 층이 많이 나는 것을 싫어하는 경향이 있으며 자유롭고 독특한 개성을 표현하기 위해 대담하게 가늘어지고 가벼운 층을 연출할 수 있습니다.

곱슬머리 파장을 계산하여 끝부분 모발의 방향성, 흐름을 활용할 수 있는 것처럼 인크리스 레이어드 헤어스타일은 고객의 조건, 특성을 고려한 디자인을 하여야 고객이 만족하는 헤어스타일을 조형할 수 있습니다.

|구조|

A. 프런트에서 길이가 짧고 후두부의 네이프 방향으로 길이가 길어집니다.
B. 두정부에서 길이가 짧고 사이드의 언더 쪽으로 길이가 길어집니다.

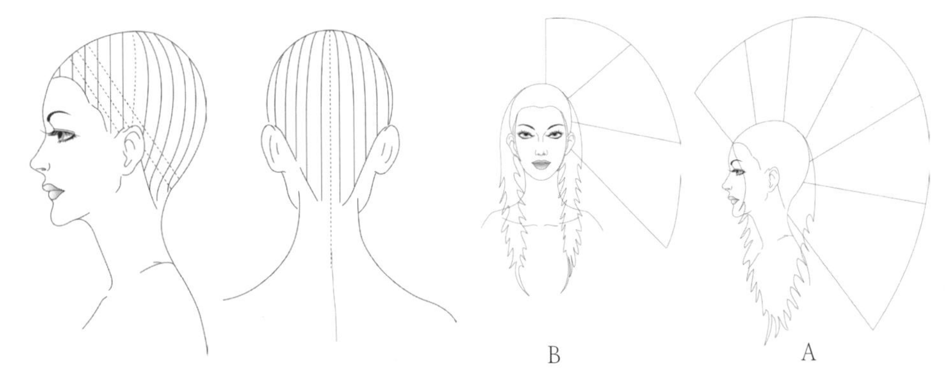

|섹션과 파트|

전두부에서는 수직 슬라이스. 후두부는 방사상 수직 슬라이스를 합니다.
얼굴을 감싸는 흐름을 연출하기 위해 사이드의 커트는 뒤 방향 사선 슬라이스를 합니다.

|인크리스 레이어드 헤어스타일 - 가벼운 층의 뒤 방향 둥근 라인|

1

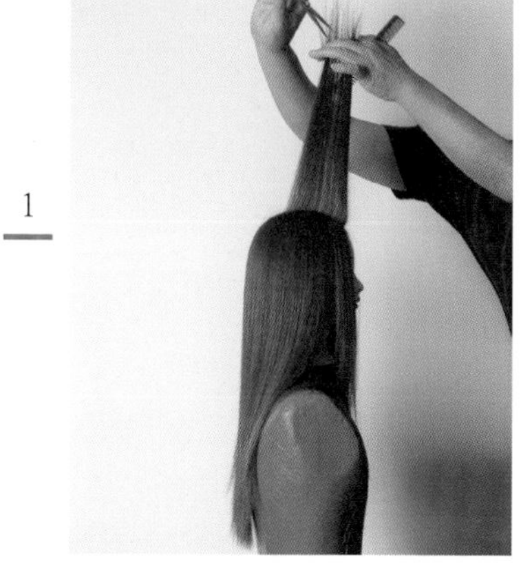

두정부의 정중선에서 가로 슬라이스를 하고 가이드라인을 설정하여 커트를 합니다.

2

정수리의 가이드라인과 사이드를 연결하는 수직 슬라이스를 하면서 바이어스 블런트 커트를 예리하게 하여 인크리스 레이어드 커트를 합니다.

3

둥근 두상을 따라서 수직 슬라이스를 하고 각도를 상하로 조금씩 조절하면서 인크리스 레이어드 커트를 합니다.

4

프런트 방향으로 조금씩 이동하면서 사이드와 연결하는 수직 슬라이스를 하고 인크리스 레이어트 커트를 진행합니다.

5

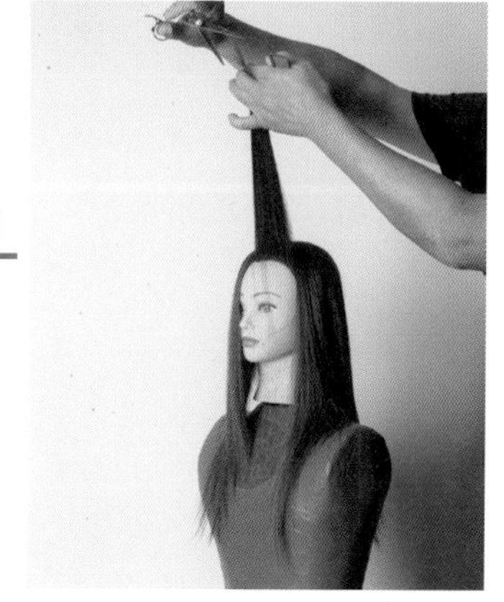

프런트까지 촘촘히 슬라이스를 하면서 인크리스 레이어드 커트를 합니다.

6

반대쪽 사이드도 전두부의 사이드를 수직 슬라이스를 하면서 커트를 하여 부드러운 모발 흐름을 연출합니다.

| 인크리스 레이어드 헤어스타일 - 가벼운 층의 뒤 방향 둥근 라인 |

7

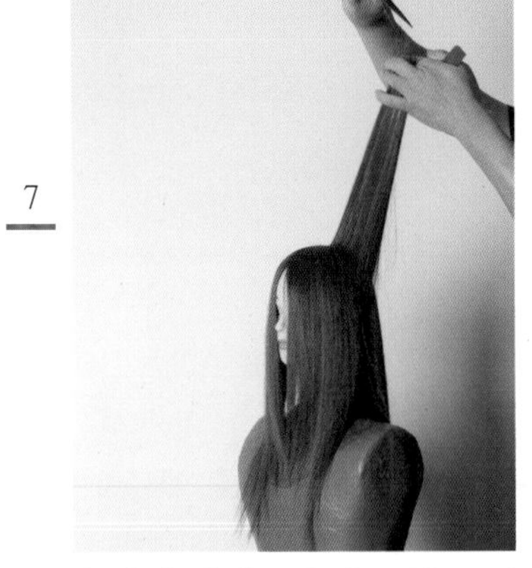

수직 슬라이스를 하고 둥근 두상에 따라서 각도를 상하로 조절하여 인크리스 레이어드의 단차를 조절합니다.

8

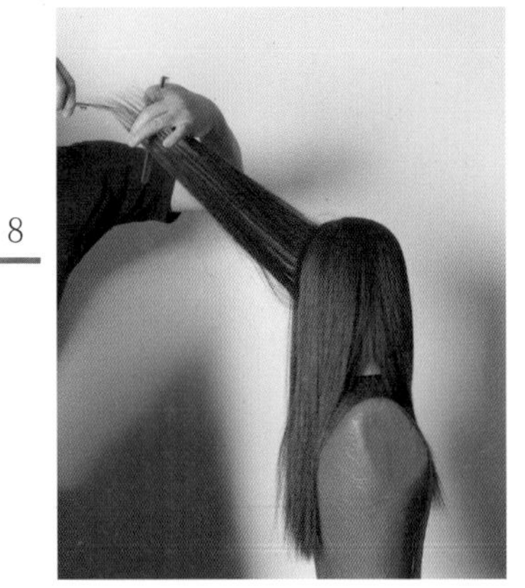

후두부는 정수리에서 정중선을 따라서 수직 슬라이스를 하고 인크리스 레이어드 커트를 합니다.

9

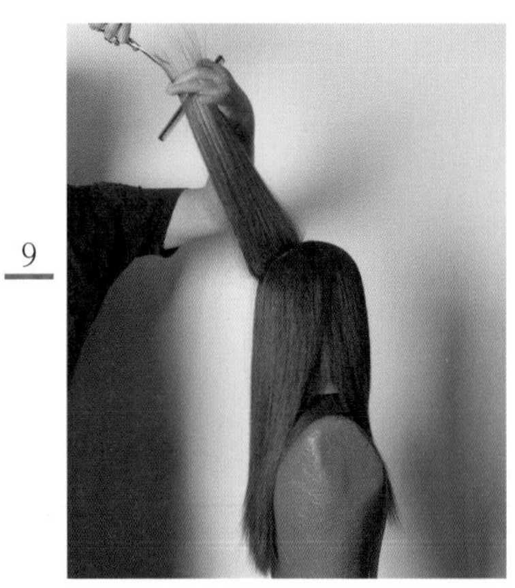

둥근 두상에서 슬라이스를 하면서 각도를 상하 조절하면서 인크리스 레이어드를 섬세하게 커트를 합니다.

10

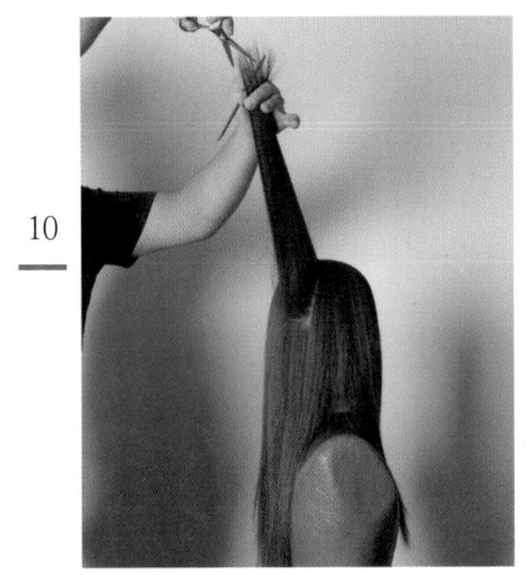

조금씩 이동하면서 인크리스 레이어드를 커트하여 부드러운 모발 흐름을 연출합니다.

11

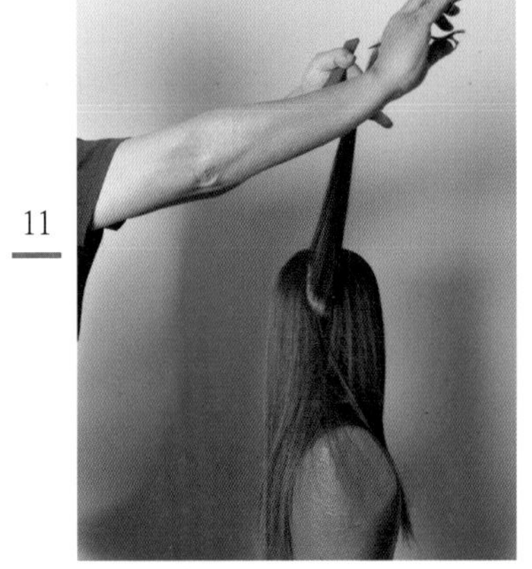

사이드로 연결하는 슬라이스를 하면서 층을 연결합니다.

12

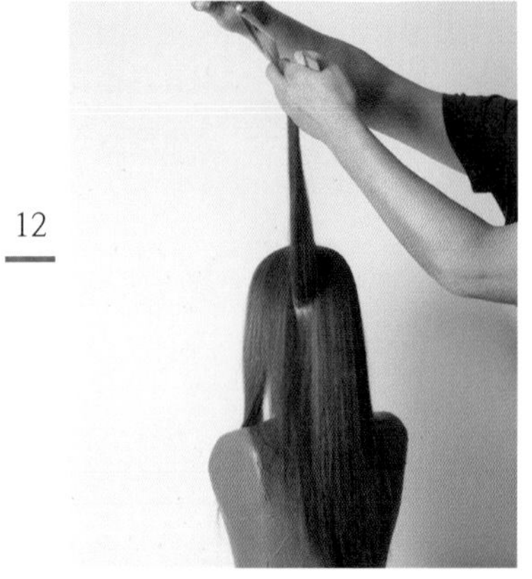

반대쪽 사이드도 방사상 슬라이스를 하면서 층을 연결합니다.

13

프런트에서 양 사이드의 층이 나는 길이를 판단하여 앞머리 가이드 길이를 커트합니다.

14

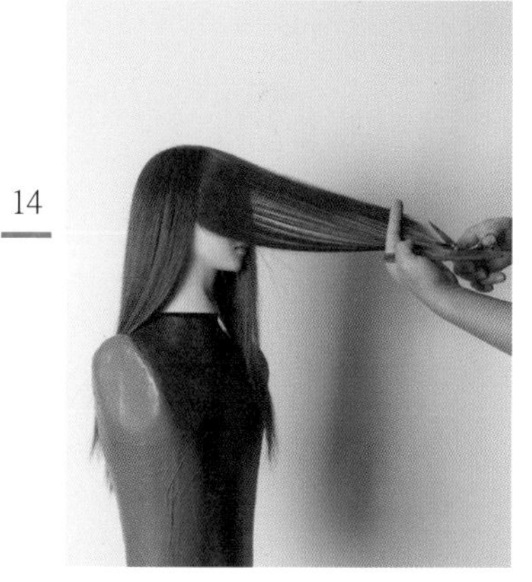

사이드에서 사선 슬라이를 하고 프런트의 길이와 연결하여 사선으로 커트를 하여 안말음 되는 부드러운 층을 연결합니다.

15

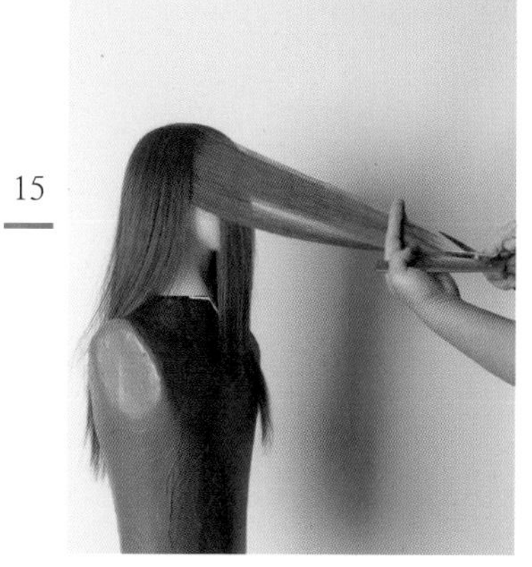

이어서 슬라이스하면서 사선 커트를 합니다.

16

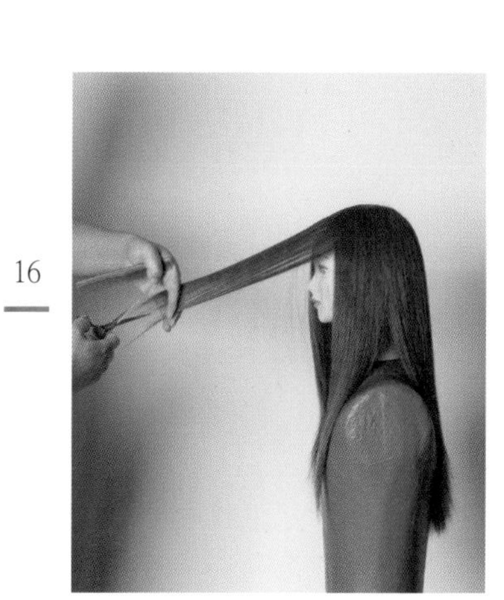

반대쪽 사이드도 15번과 동일한 기법으로 세밀하게 연결되는 층을 연출합니다.

17

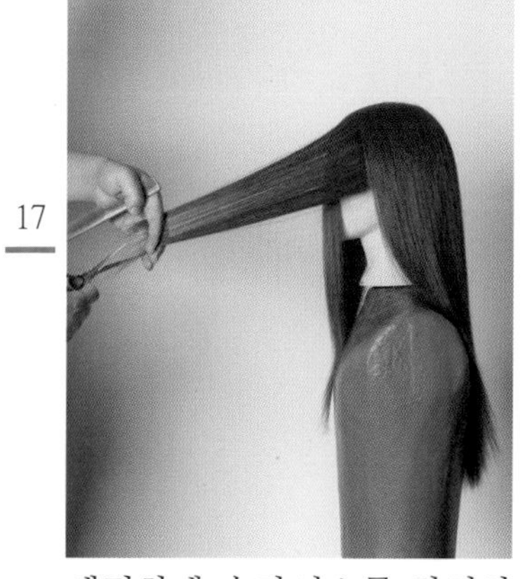

세밀하게 슬라이스를 하면서 인크리스 레이어드 커트를 합니다.

18

고개를 최대한 어깨선으로 돌리고 뒤 방향으로 급격하게 길어지는 사선 라인을 세밀하게 다듬습니다.

|인크리스 레이어드 헤어스타일 – 가벼운 층의 뒤 방향 둥근 라인|

19

반대쪽 사이드도 뒤 방향으로 급격하게 길어지는 둥근 라인을 세밀하게 다듬습니다.

20

후두부와 연결하여 뒤 방향 둥근 라인을 세밀하게 다듬습니다.

21

중력에 의하여 수직으로 흐르는 모발 흐름을 관찰하고 세밀하게 다듬습니다.

22

정수리를 기준으로 반복해서 빗질하여 자연스러운 흐름을 체크합니다.

23

모발 길이 중간, 끝부분에서 틴닝 커트를 하여 자연스러운 모발 흐름을 연출합니다.

24

슬라이딩 커트 기법으로 헤어스타일의 표정을 연출합니다.

| 인크리스 레이어드 헤어스타일 – 가벼운 층의 뒤 방향 둥근 라인 |

25

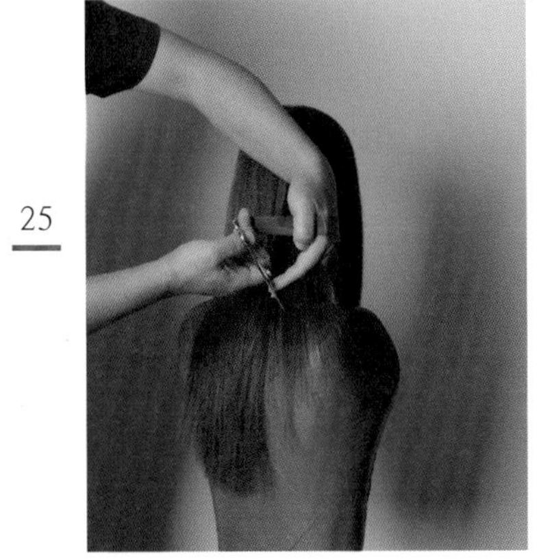

언더 라인이 가늘어지고 가벼운 흐름이 될 수 있도록 섬세하게 슬라이딩 커트를 합니다.

26

사이드를 슬라이딩 커트 기법으로 세밀하게 커트하여 율동감 있는 모발 흐름을 연출합니다.

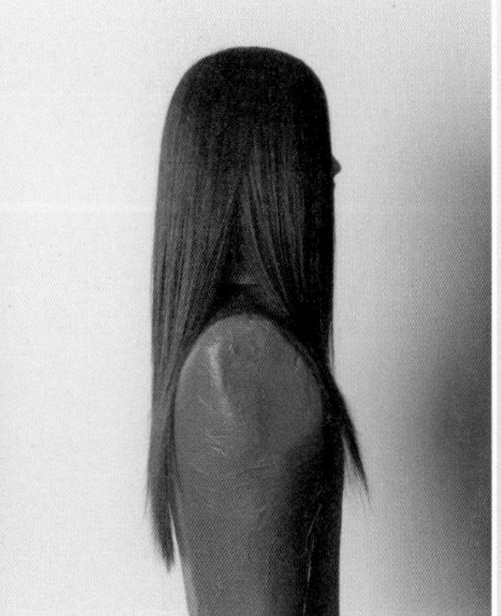

|인크리스 레이어드 헤어스타일 - 뒤 방향 V라인|

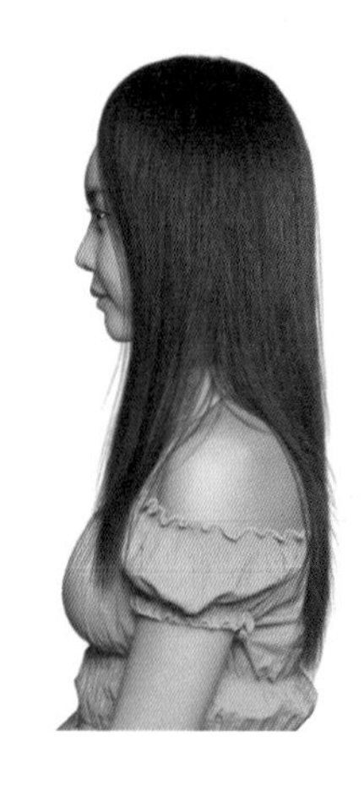

얼굴형에 어울리는 앞머리, 옆머리 길이를 조절하여 층을 만들고 사이드와 후두부 단차를 슬라이딩 커트 기법으로 급격하게 가늘어지고 길어지는 흐름의 V라인 형태를 연출합니다.

페이스 라인은 불규칙하면서 가늘어지는 자유로운 흐름을 연출하고 모발 길이 중간, 끝부분에서 틴닝과 슬라이딩 커트로 율동감 있는 자연스러운 흐름을 연출합니다.

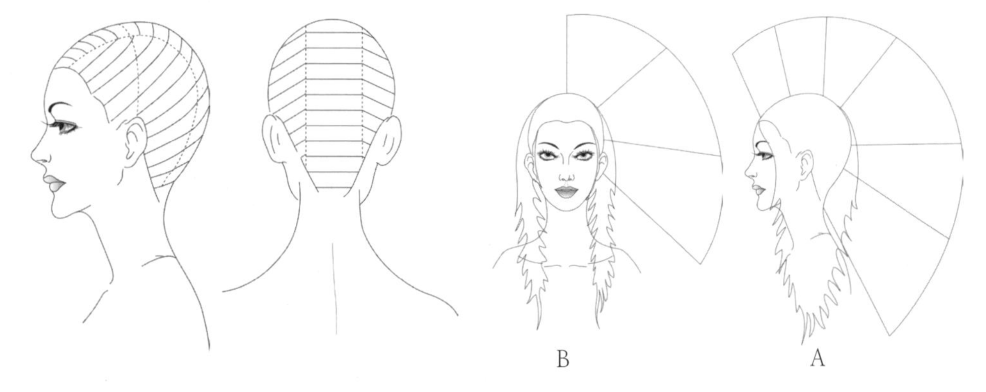

|구조|

A. 프런트에서 길이가 짧고 후두부의 네이프 방향으로 길이가 길어집니다.
B. 두정부에서 길이가 짧고 사이드의 언더 쪽으로 길이가 길어집니다.

|섹션과 파트|]

베이직 펌 와인딩할 때처럼 정중선을 따라서 수평 슬라이스, 사이드, 백 사이드, 네이프 사이드는 앞 방향 사선 슬라이스를 합니다.

| 인크리스 레이어드 헤어스타일 - 뒤 방향 V라인 |

1

얼굴형에 어울리는 길이를 결정하고 삼각형 라인으로 바이어스 블런트 커트를 하여 가이드를 만듭니다.

2

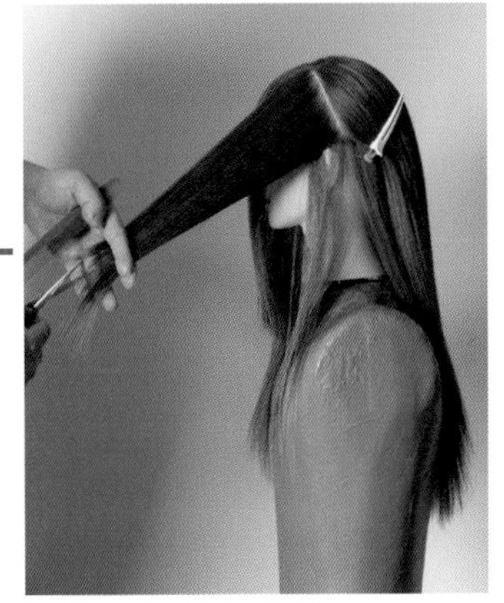

사이드를 사선 슬라이스를 하고 프런트의 앞머리와 연결하여 층지게 커트를 합니다.

3

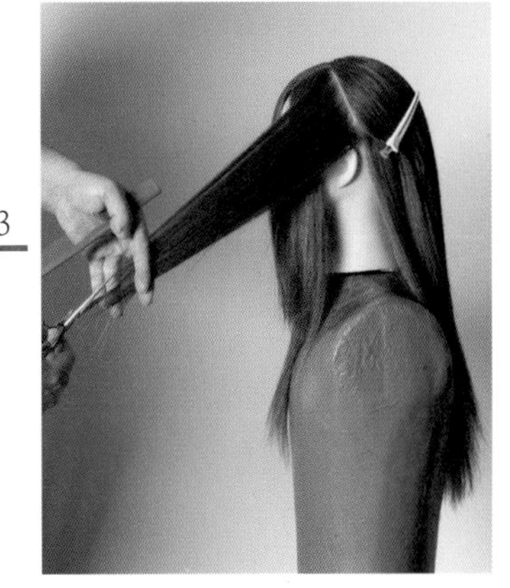

사이드를 조금씩 슬라이스를 하면서 층을 연결합니다.

4

반대쪽 사이드도 동일한 방법으로 커트를 합니다.

5

세밀하게 슬라이스를 하면서 층을 연결하여 커트를 합니다.

6

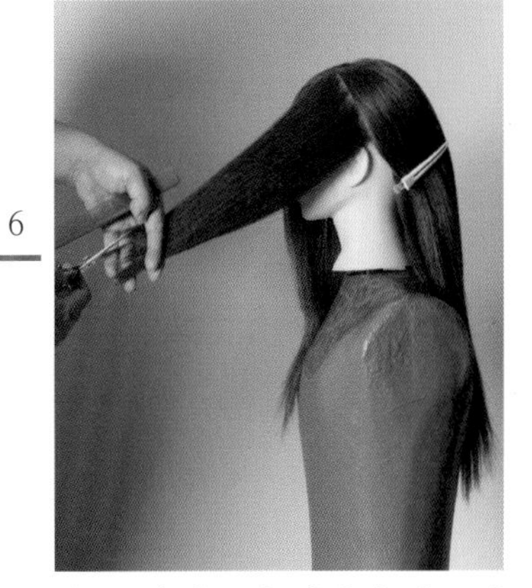

양쪽 사이드의 길이가 다르지 않도록 각도와 커트 라인을 동일하게 커트합니다.

|인크리스 레이어드 헤어스타일 – 뒤 방향 V라인|

7

측중선까지 슬라이스를 하고 섬세하게 빗질하여 층을 연결합니다.

8

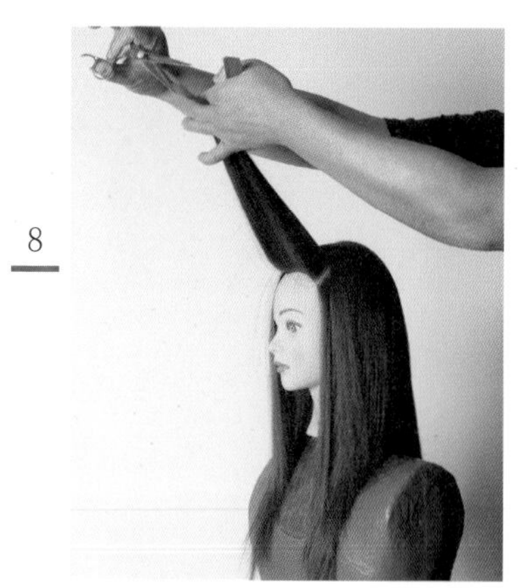

프런트에서 가로로 슬라이스를 하여 가이드 길이와 연결하여 커트를 합니다.

9

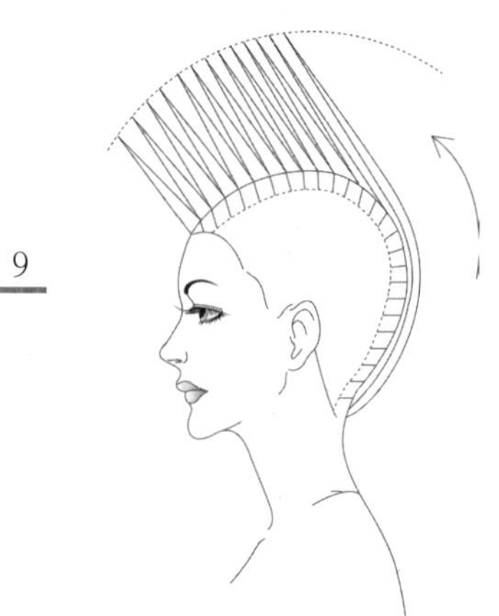

프런트에서 네이프까지 베이직 펌 와인딩 기법처럼 조금씩 슬라이스를 하면서 밀어 빗어 올리며 커트를 합니다.

10

프런트에서 백까지 가로 슬라이스를 하면서 커트를 하는데 프런트 방향으로 각도가 기울어질수록 뒷길이가 급격히 길어집니다.

11

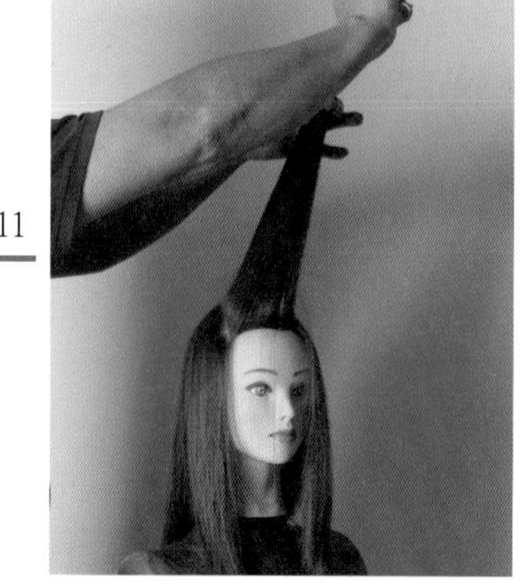

사이드는 앞 방향 사선 슬라이스를 하면서 프런트의 가이드와 연결하여 커트를 합니다.

12

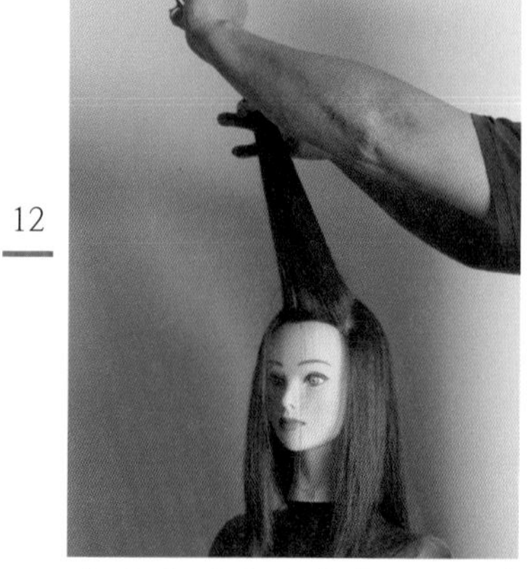

앞 방향 사선 슬라이스를 하면서 프런트 방향으로 밀어 빗어주는데, 반대쪽으로 밀어주면 언더의 길이가 급격히 길어집니다.

|인크리스 레이어드 헤어스타일 - 뒤 방향 V라인|

13

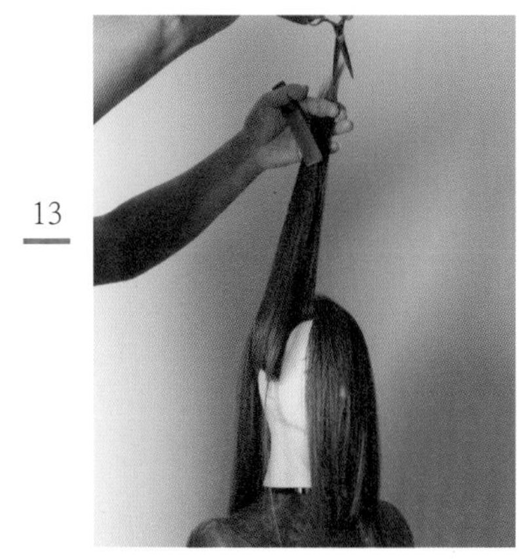

사이드 전부를 조금씩 앞 방향 사선 슬라이스를 하면서 커트를 합니다.

14

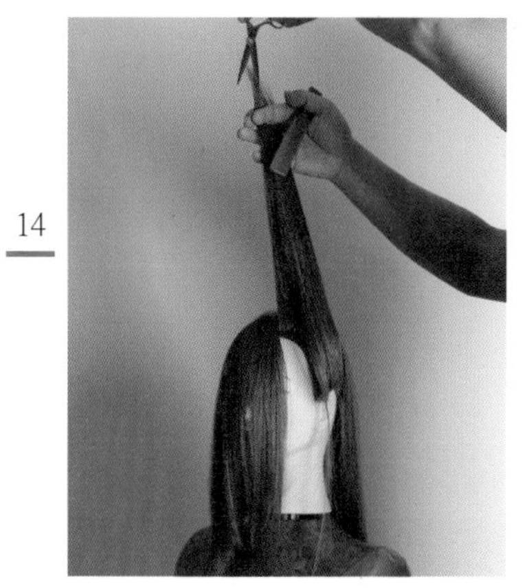

반대쪽 사이드도 13번과 동일한 기법으로 커트를 합니다.

15

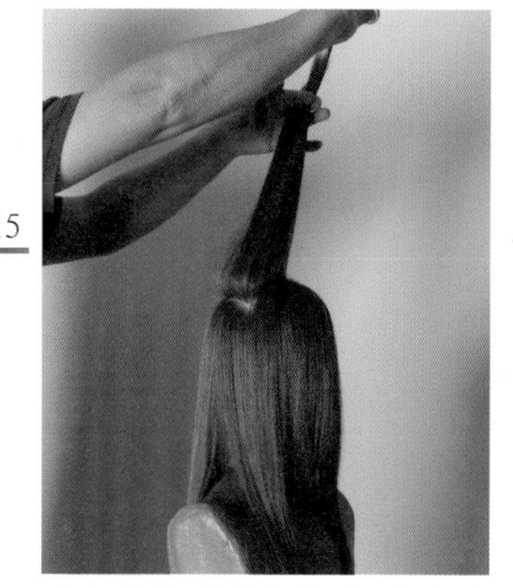

정수리와 연결하여 앞 방향 사선 슬라이스를 하면서 밀어 올려 빗어서 층을 연결합니다.

16

백 사이드로 내려가면서 앞 방향 사선 슬라이스를 하고 섬세하게 층을 연결합니다.

17

반대쪽도 앞 방향 사선 슬라이스를 하면서 층을 연결합니다.

18

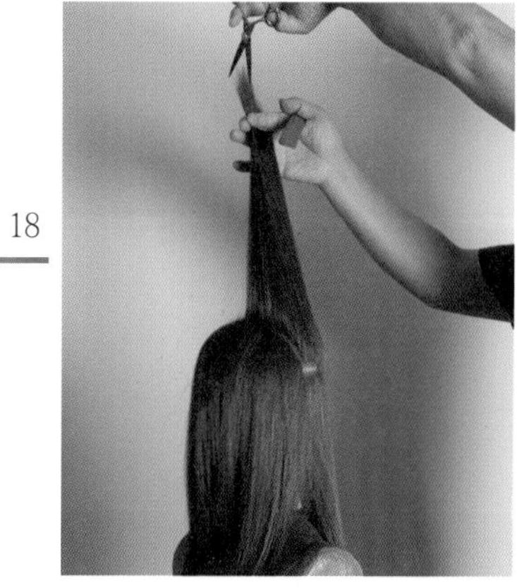

촘촘하게 슬라이스를 하면서 커트하여 부드러운 모발의 층을 연출합니다.

|인크리스 레이어드 헤어스타일 – 뒤 방향 V라인|

19

어깨선으로 고개를 최대한 돌리고 굴곡이 없는 수직 흐름을 확인하면서 브이 라인을 다듬습니다.

20

수직 흐름으로 빗고 체크 커트를 하여 라인을 다듬습니다.

21

끝부분이 가볍고 불규칙한 라인이 되도록 바이어스 블런트 커트를 예리하게 합니다.

22

정수리에서 방사상으로 고르게 수직 흐름으로 빗질하여 브이 라인을 다듬습니다.

23

사이드를 브이 라인과 연결되는 사선 라인으로 정교하게 커트를 합니다

24

후두부를 정수리에서 방사상으로 고르게 빗질하여 V라인을 다듬는 커트를 합니다.

|인크리스 레이어드 헤어스타일 - 뒤 방향 V라인|

25

헤어스타일의 흐름을 가볍고 부드러운 흐름을 연출하기 위해서 모발 길이 중간, 끝부분에서 틴닝 커트를 합니다.

26

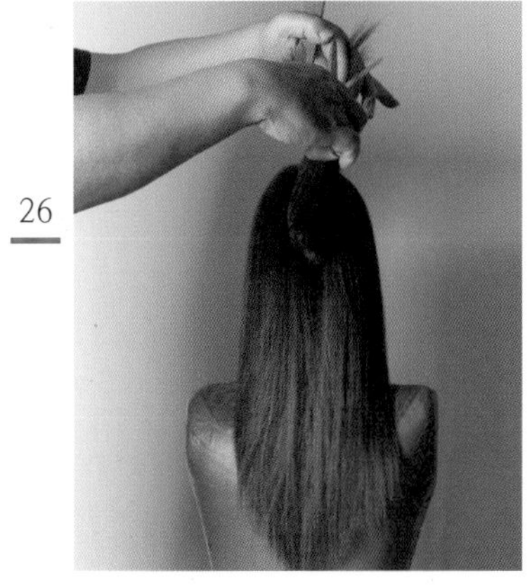

조금씩 슬라이스를 하면서 균일하게 모발량을 조절합니다.

27

둥근 두상을 따라서 조금씩 슬라이스를 하면서 모발량을 조절합니다.

28

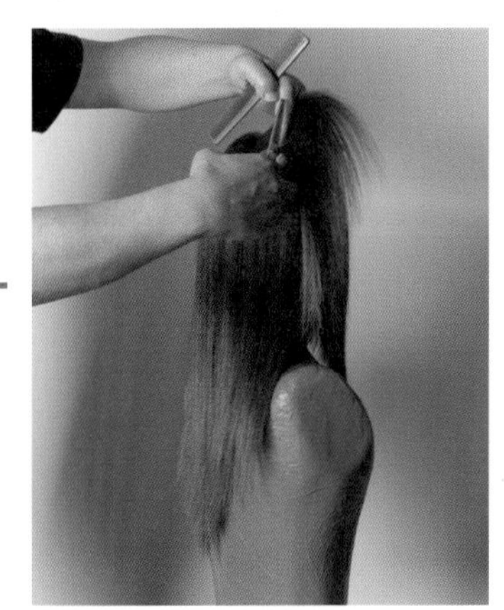

사이드로 이동하면서 슬라이스를 하고 전체 흐름을 파악하면서 섬세하게 틴닝 커트를 합니다.

29

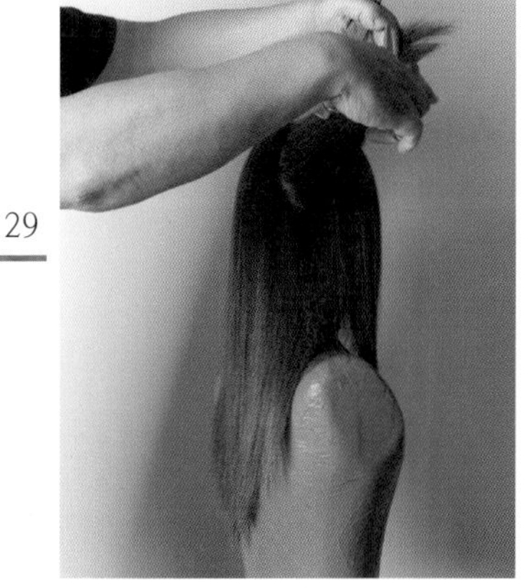

28번과 동일한 기법으로 모발량을 조절합니다.

30

프런트도 모발 길이 중간, 끝부분에서 틴닝 커트를 하여 가벼운 흐름을 연출합니다.

|인크리스 레이어드 헤어스타일 - 뒤 방향 V라인|

31

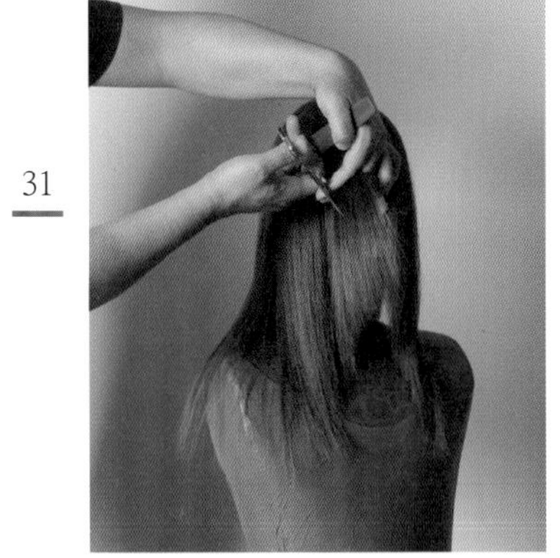

사이드를 슬라이딩 커트 기법으로 가늘어지고 가벼운 흐름으로 커트하여 헤어스타일 표정을 연출합니다.

32

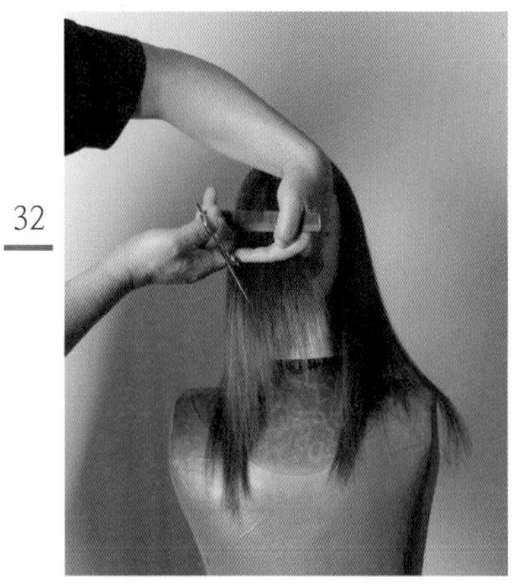

조금씩 세밀하게 슬라이딩 커트를 하여 자유롭고 자연스러운 흐름을 연출합니다.

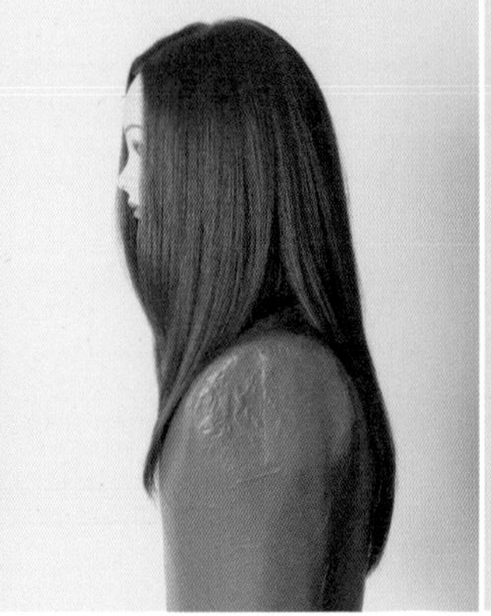

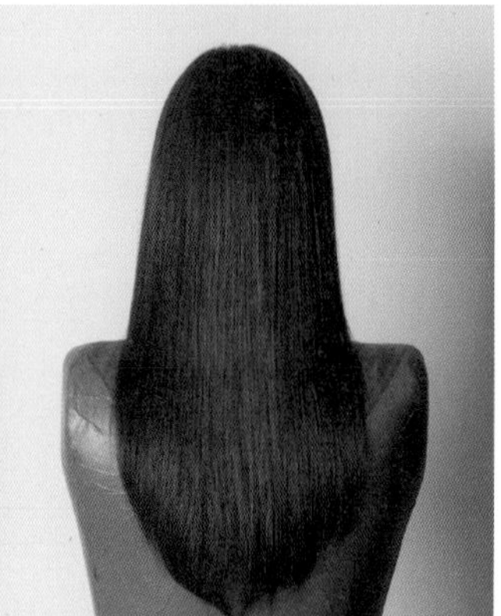

|페이스 라인 레이어드 헤어스타일 뒤 방향-둥근 라인|

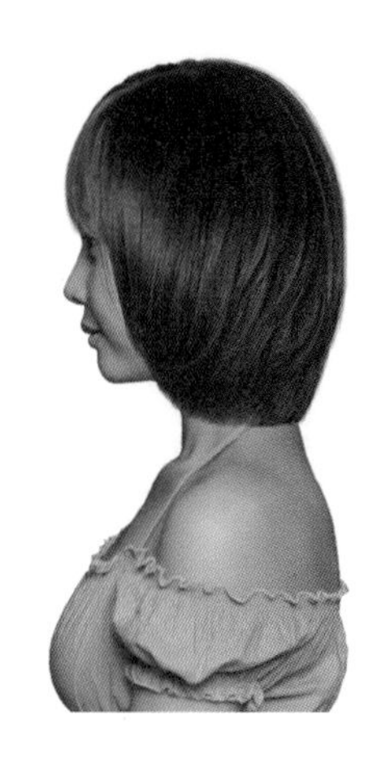
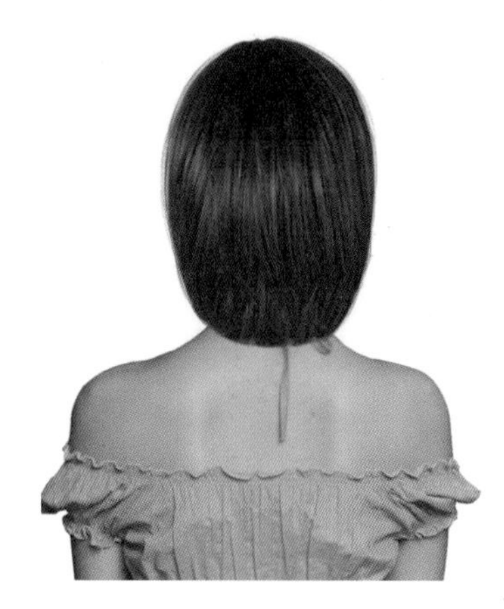

전체적인 베이스는 둥근 형태의 무게감 있는 아웃 라인의 원랭스를 연상하면서 페이스 라인과 연결되는 사이드, 네이프 사이드, 네이프 라인에서 둥근 느낌의 언더 라인을 만드는 레이어드 기법으로 형태 라인이 곡선의 균형미 있는 실루엣을 표현하여야 합니다.

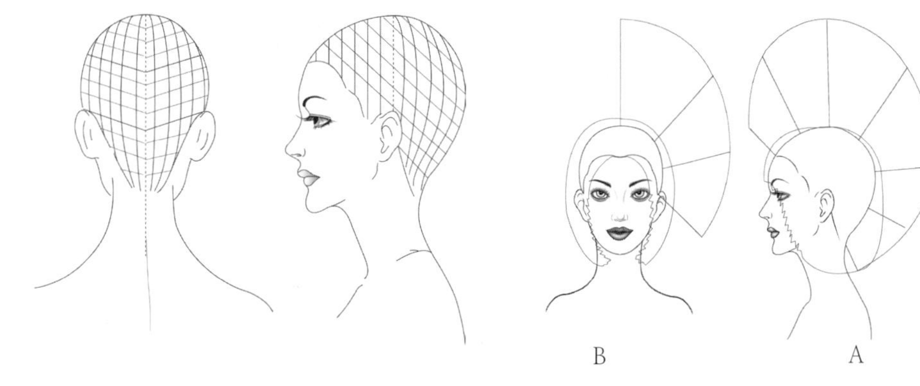

|구조|

A. 네이프에서 짧고 톱 쪽으로 길어진 후 프런트로 짧아집니다.
B. 귀 부분의 길이가 짧고 톱 쪽으로 길이가 길어집니다.

|섹션과 파트|

언더 섹션에서 톱 섹션으로 뒤 방향 사선 슬라이스를 하면서 둥근 곡선의 레이어드 커트를 하고, 무게감을 줄이기 위한 레이어드 커트를 할 때는 수직 슬라이스, 수직 방사상 슬라이스를 합니다.

|페이스 라인 레이어드 헤어스타일 뒤 방향-둥근 라인|

1

미들 섹션에서 뒤 방향 사선 슬라이스를 합니다.

2

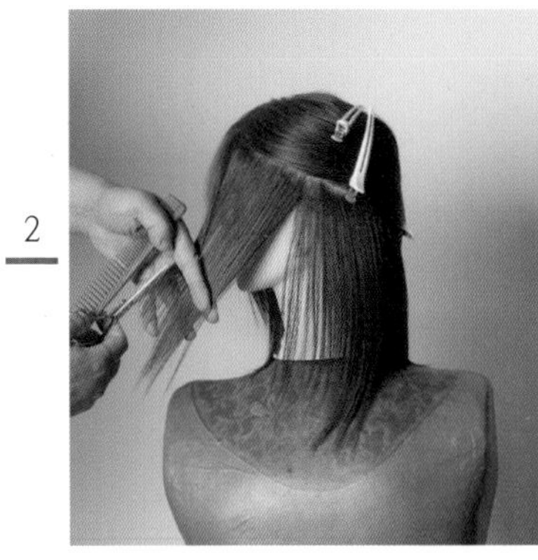

사이드에서 사선 라인으로 층지게 커트를 합니다.

3

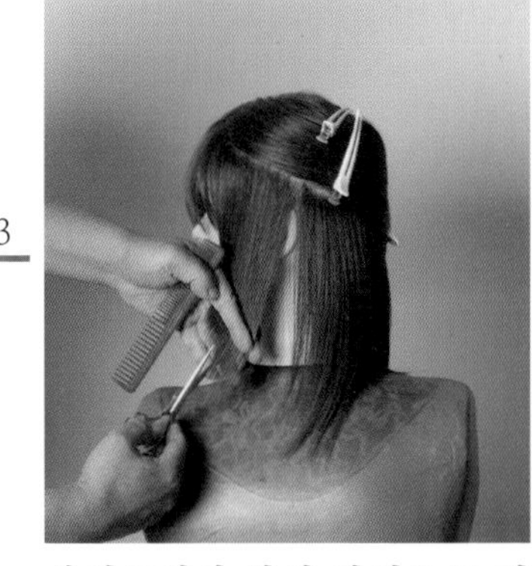

사이드에서 사선 라인으로 턱선보다 긴 길이로 사선 라인을 연출하는 커트를 합니다.

4

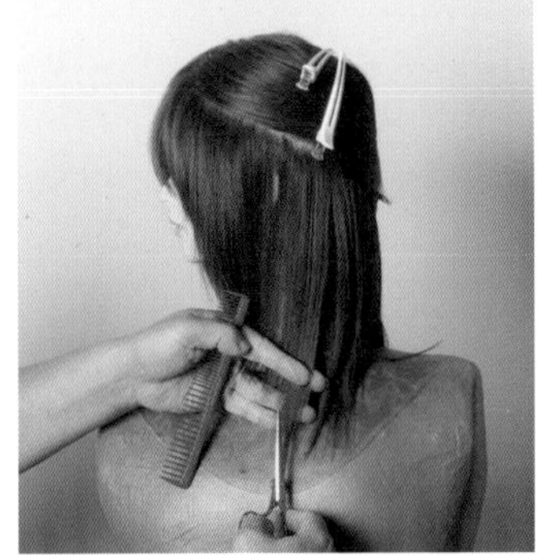

사선 라인을 점차 사이드에서 네이프 사이드로 연결합니다.

5

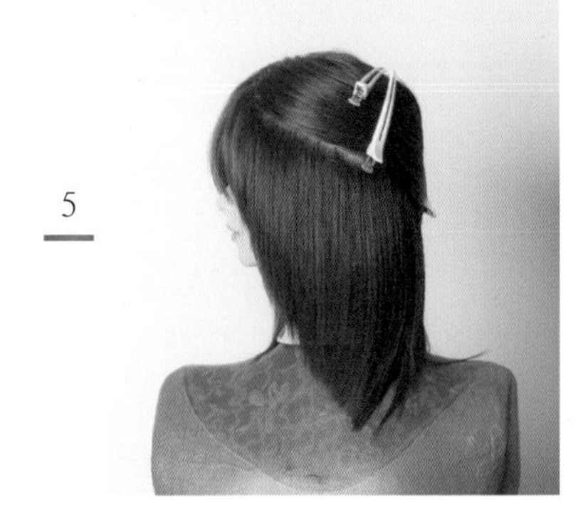

사선 라인을 정교하게 커트를 한 상태입니다.

6

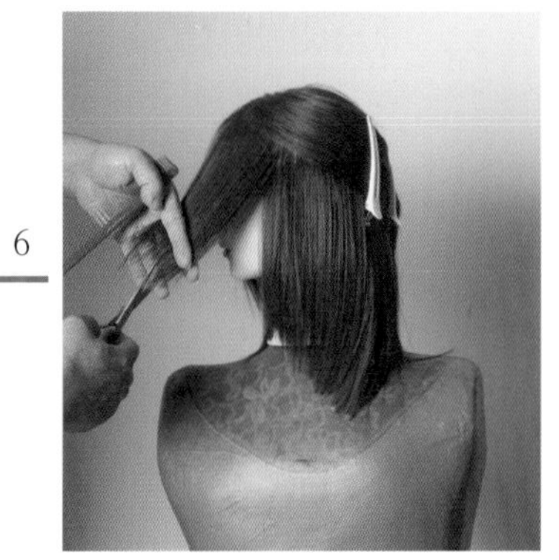

뒤 방향 사선 슬라이스를 하면서 레이어드 커트를 합니다.

|페이스 라인 레이어드 헤어스타일 뒤 방향-둥근 라인|

7

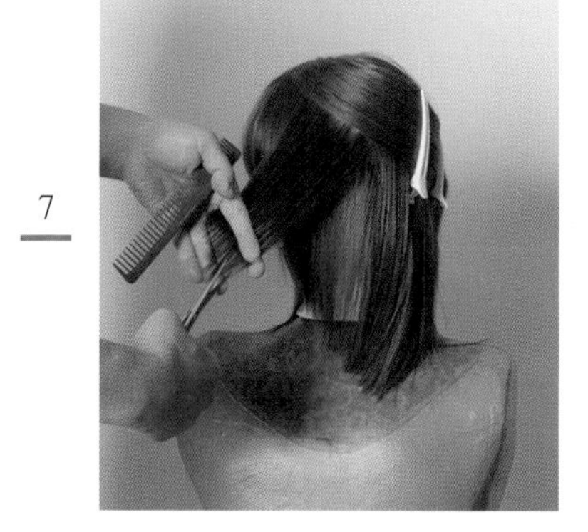

정수리 쪽으로 올라가는 뒤 방향 사선 슬라이스를 하면서 각도를 점차 들어 주면서 부드러운 층을 연출합니다.

8

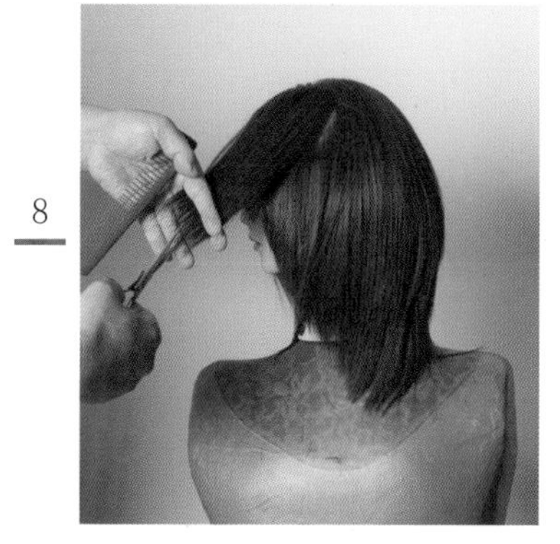

톱 섹션까지 촘촘하게 슬라이스를 하면서 각도를 조금씩 들어 주며 부드러운 층을 연출합니다.

9

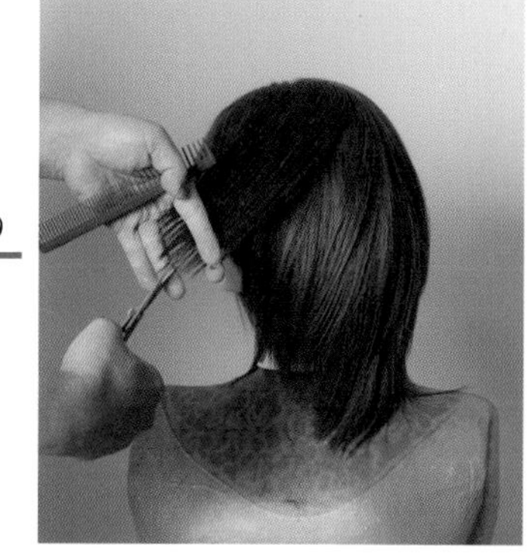

둥근 두상에 따라서 이동하면서 위치별 동일한 각도로 커트를 합니다.

10

반대쪽 사이드도 뒤 방향 사선 슬라이스를 하면서 사선 라인으로 커트를 합니다.

11

양쪽 사이드의 길이가 달라지지 않도록 각도와 사선 라인을 동일하게 커트를 합니다.

12

톱 쪽으로 올라가면서 뒤 방향 사선 슬라이스를 하며 부드러운 층을 연결합니다

| 페이스 라인 레이어드 헤어스타일 뒤 방향 - 둥근 라인 |

13

각도를 조금씩 들어 주면서 레이어드 커트를 합니다.

14

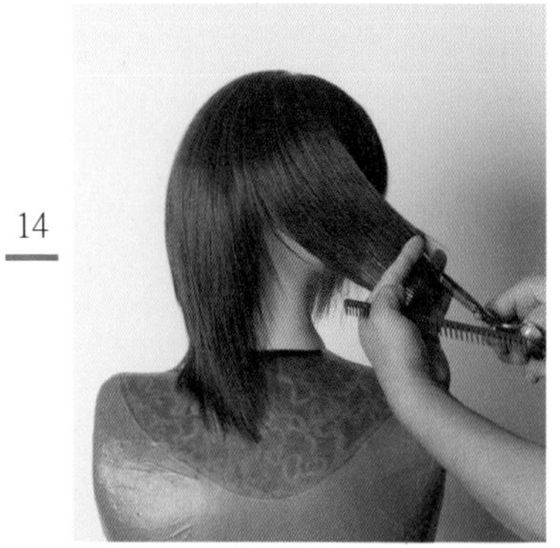

부드러운 모발 흐름의 층이 만들어질 수 있도록 레이어드 커트를 합니다.

15

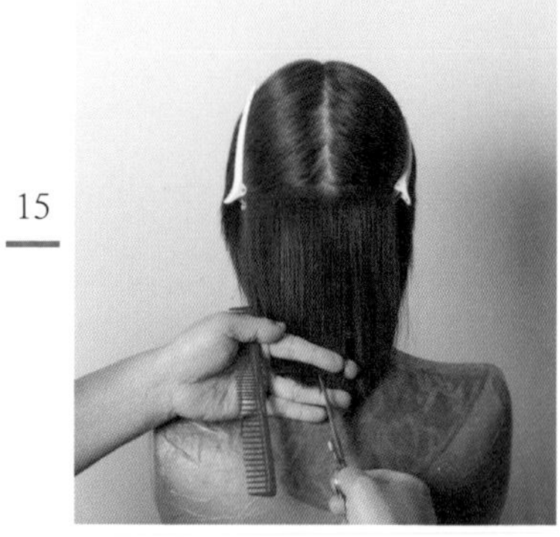

후두부를 뒤 방향 사선으로 슬라이스를 하고 사이드 라인과 연결하여 둥근 라인을 연출합니다.

16

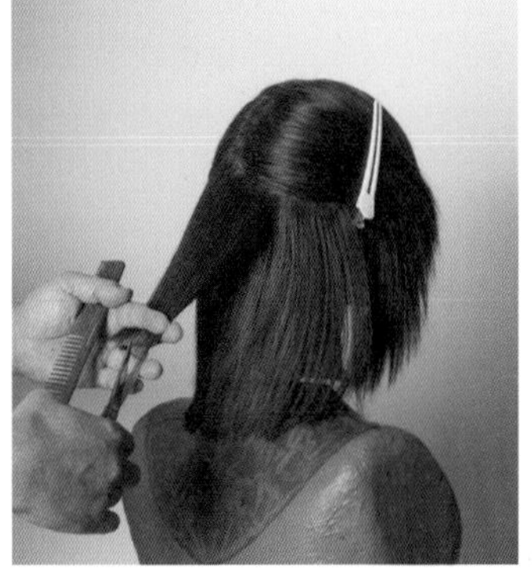

두상의 둥근 곡선을 따라서 슬라이스를 하면서 조금씩 각도를 들어 주어 커트를 합니다.

17

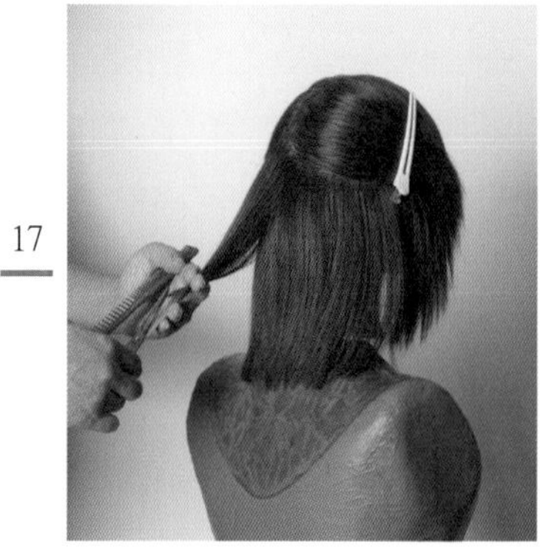

사이드로 슬라이스를 하면서 층을 연결하는 커트를 합니다.

18

둥근 두상을 따라서 각도를 들어 주면서 커트를 합니다.

|페이스 라인 레이어드 헤어스타일 뒤 방향 – 둥근 라인|

19

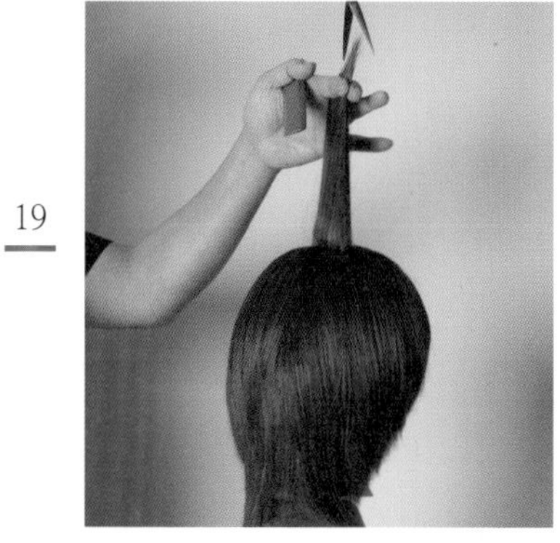

무게감을 줄여서 가볍고 부드러운 모발 흐름을 연출하기 위해서 톱에서 레이어드 커트를 할 수 있는 가이드 길이를 설정합니다.

20

두정부의 정중선을 따라서 가로 슬라이스를 하면서 프런트까지 레이어드 커트를 합니다.

21

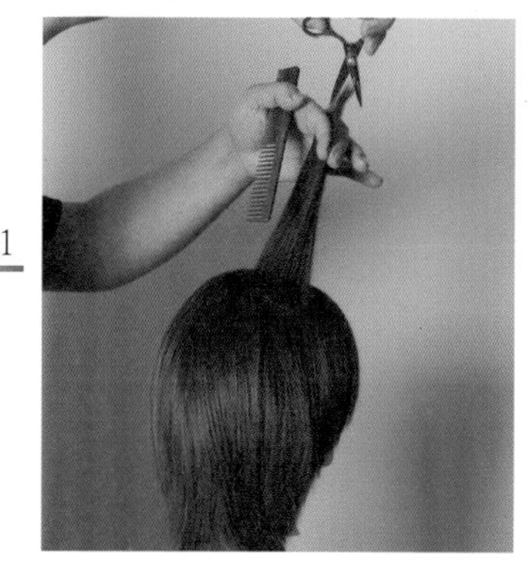

톱에서 사이드로 이어지는 슬라이스를 하면서 부드럽고 가벼운 층을 연출합니다.

22

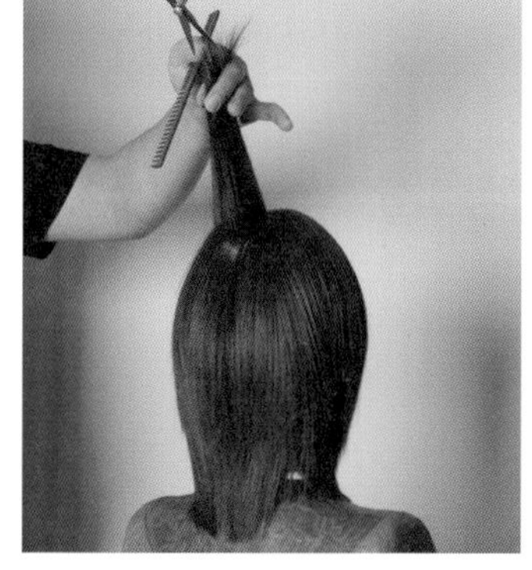

정수리에서 후두부의 정중선을 따라 수직 슬라이스, 수직 방사상 슬라이스를 하면서 부드러운 층을 연출합니다.

23

둥근 두상에 따라서 상하 각도를 들어 주면서 부드러운 모발 흐름이 되도록 커트를 합니다.

24

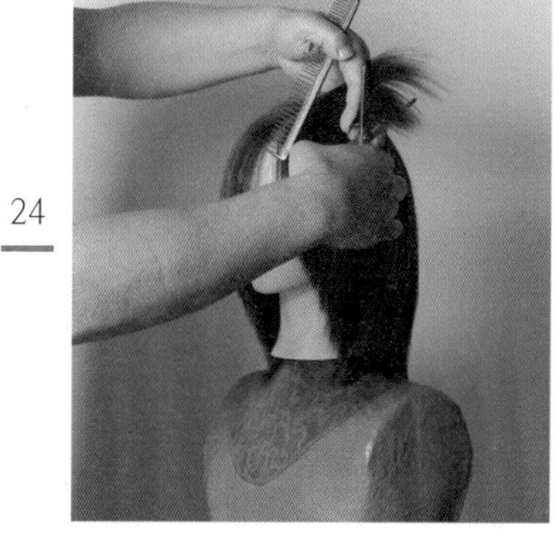

모발 길이 중간, 끝부분에서 틴닝 커트를 하여 부드러운 모발 흐름을 연출합니다.

|페이스 라인 레이어드 헤어스타일 뒤 방향-둥근 라인|

25

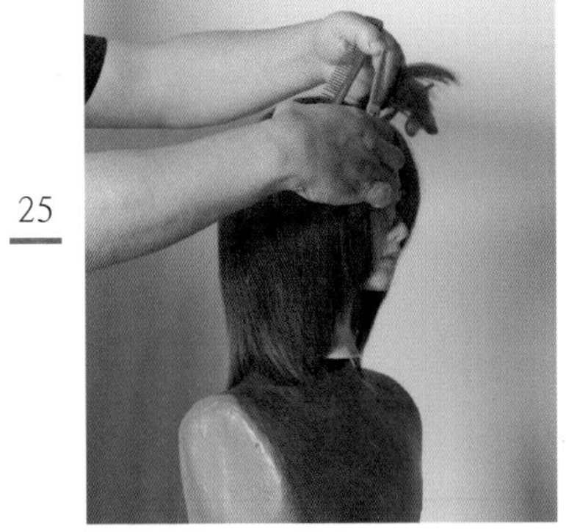

조금씩 슬라이스를 하면서 틴닝 커트를 균일하게 하여 모발량을 조절합니다.

26

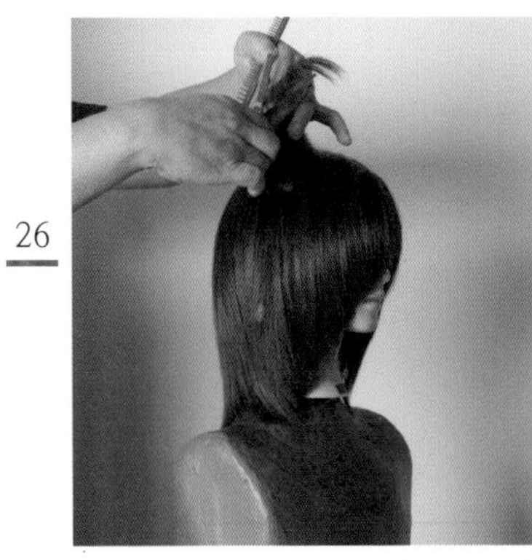

전체 두부를 수직 슬라이스, 방사상 수직 슬라이스를 하면서 틴닝 커트를 하여 가볍고 부드러운 모발 흐름을 연출합니다.

27

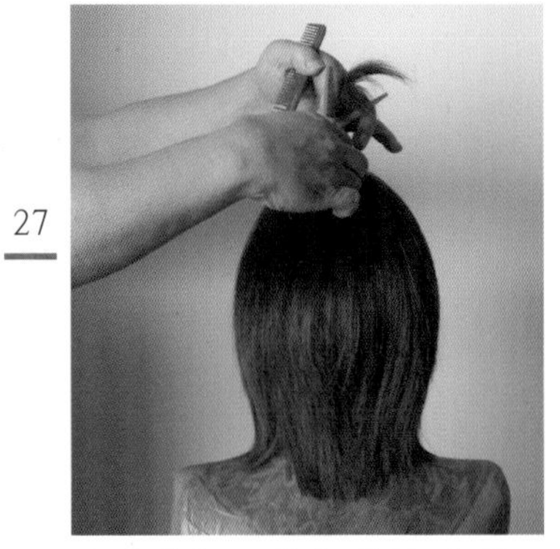

브러싱과 모발을 흔들어 주고 모발의 움직임을 관찰하면서 모발량을 조절합니다.

28

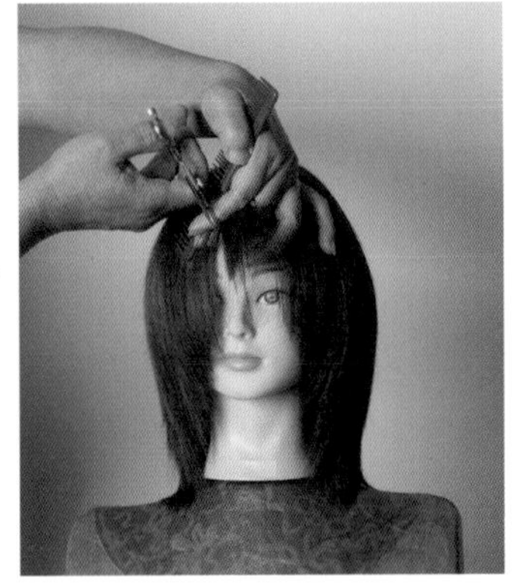

슬라이딩 커트 기법으로 페이스 라인에서 가늘어지고 가벼운 헤어스타일 표정을 연출합니다.

|페이스 라인 레이어드 헤어스타일 뒤 방향-둥근 라인|

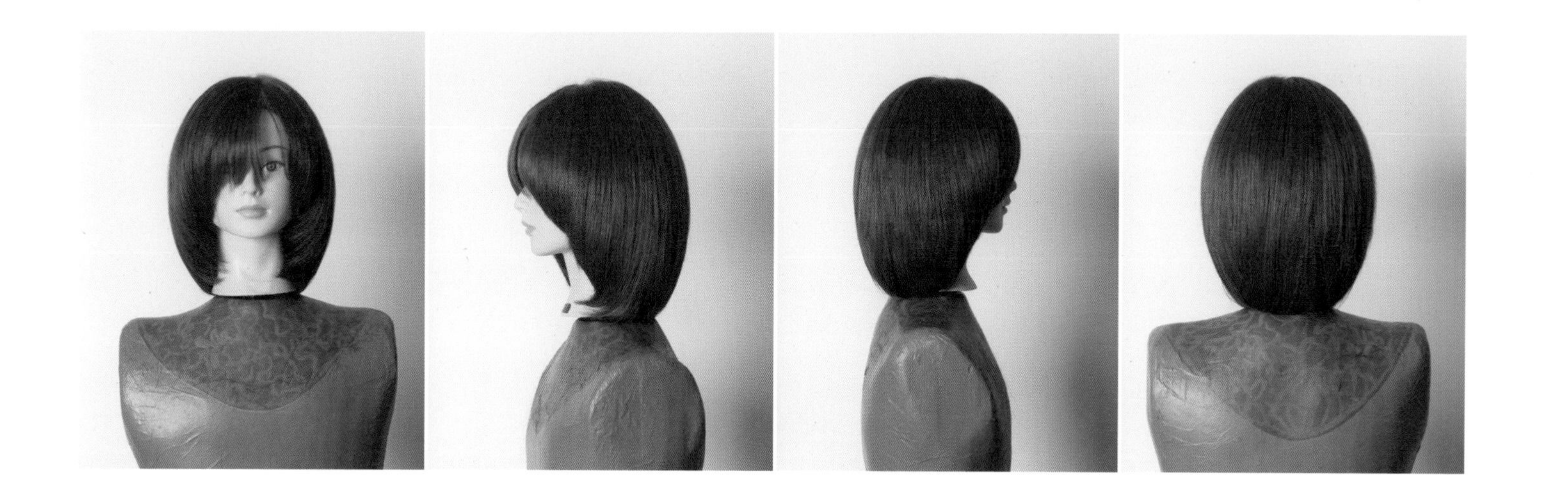

|미디엄 레이어드 헤어스타일 - 뒤 방향 둥근 라인|

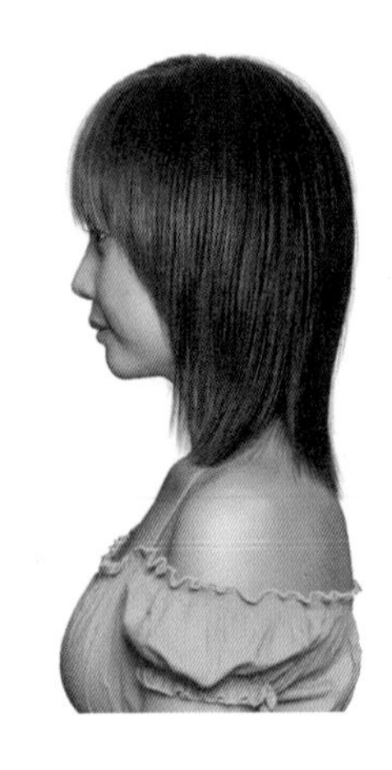

헤어스타일의 길이, 아웃 라인의 변화, 단차에 의해서 다양한 헤어스타일 디자인이 가능하고, 이번 스타일은 미디엄 길이의 레이어드 헤어스타일 커트 기법을 섬세하게 보여 주도록 하겠습니다.

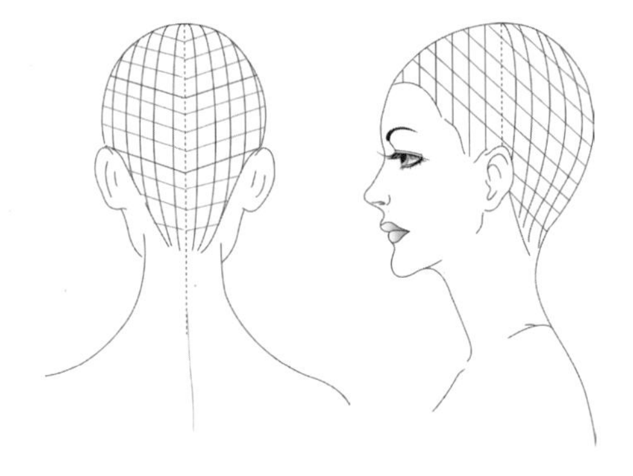

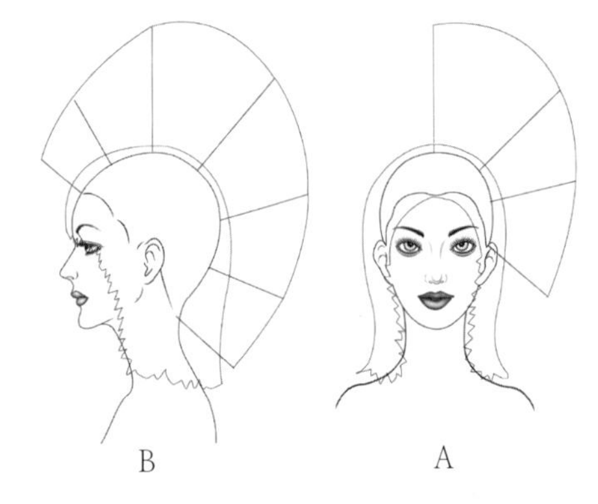

|구조|

A. 네이프에서 짧고 톱 쪽으로 길어진 후 프런트로 짧아집니다.
B. 귀 부분의 길이가 짧고 톱 쪽으로 길이가 길어집니다.

|섹션과 파트|

언더 섹션에서 톱 섹션으로 뒤 방향 사선 슬라이스를 하면서 둥근 곡선의 레이어드 커트를 하고, 무게감을 줄이기 위한 레이어드 커트를 할 때는 수직 슬라이스, 방사상 수직 슬라이스를 합니다.

|미디엄 레이어드 헤어스타일 - 뒤 방향 둥근 라인|

1

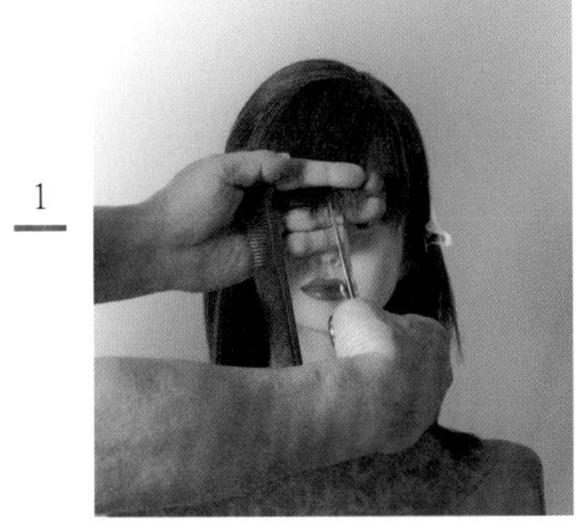

앞머리 길이를 결정하고 부드러운 텐션으로 바이어스 브란트 커트를 합니다.

2

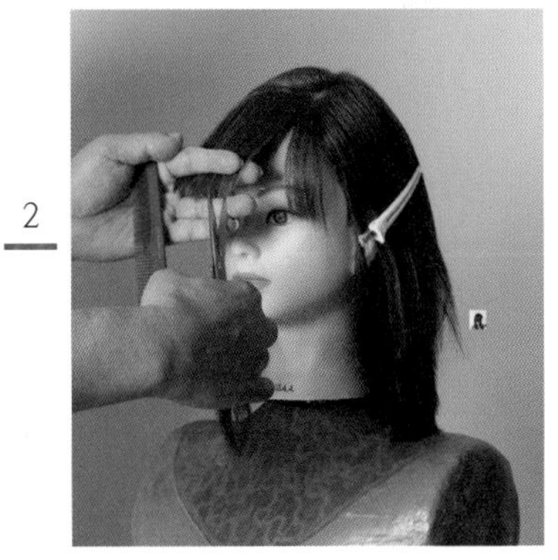

앞머리 슬라이스 각도를 조금씩 들어 주어 가벼운 층을 만듭니다.

3

사이드를 앞머리와 연결하여 앞 방향 사선 슬라이스를 하면서 얼굴을 감싸는 듯 사선으로 층지게 커트합니다

4

조금씩 사선 슬라이스를 하면서 층을 연결합니다.

5

사이드를 세밀하게 빗질하면서 층을 연결합니다.

6

사이드 전체를 세밀하게 슬라이스를 하면서 페이스 라인 층과 연결하는 레이어드 커트를 합니다.

|미디엄 레이어드 헤어스타일 – 뒤 방향 둥근 라인|

7

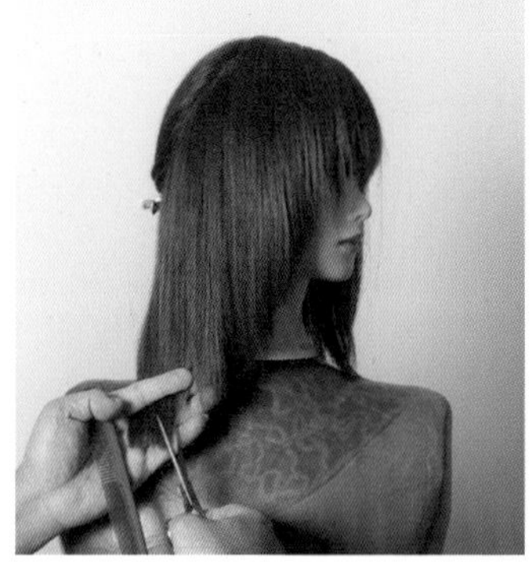

백 사이드까지 연결하면서 사선 라인을 커트합니다.

8

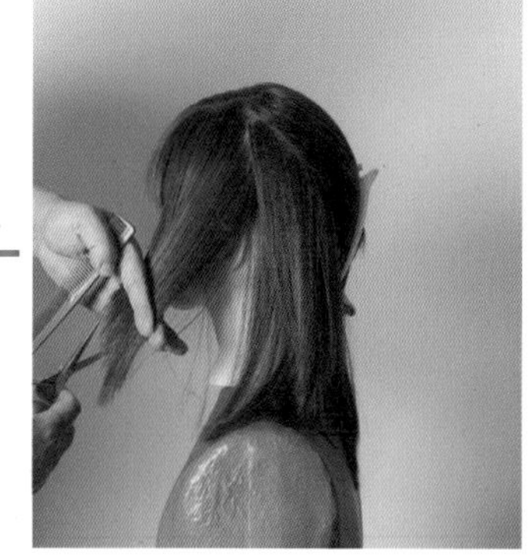

반대쪽 사이드도 앞머리와 연결하여 사선 라인 형태를 만들며 커트를 진행합니다.

9

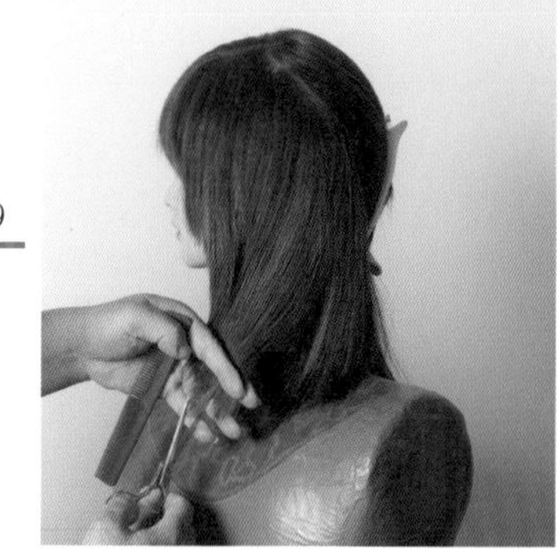

백 사이드까지 연결하여 양쪽 길이가 달라지지 않도록 주의하며 커트를 합니다.

10

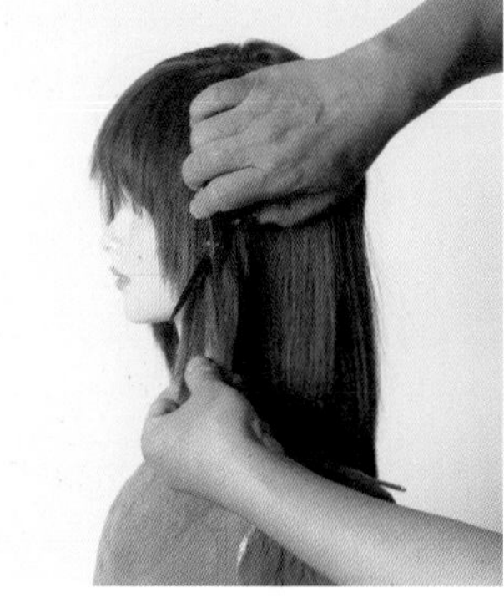

페이스 라인을 슬라이딩 커트 기법으로 조금씩 다듬어서 가늘어지고 가벼운 흐름을 연출합니다.

11

페이스 라인의 흐름을 관찰하며 슬라이딩 기법으로 표정을 연출합니다.

12

섬세하게 슬라이딩 커트를 하면서 부드럽고 가벼운 모발 흐름을 연출합니다.

|미디엄 레이어드 헤어스타일 – 뒤 방향 둥근 라인|

13

언더 부분의 무게감을 줄이고 가벼운 흐름이 될 수 있도록 다듬습니다.

14

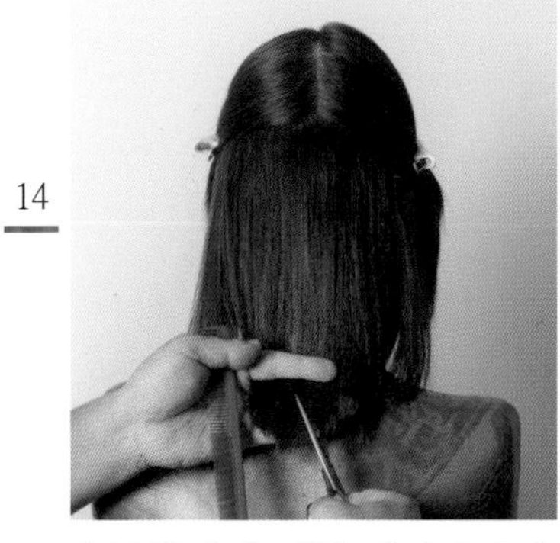

후두부에서 미들 섹션까지 수직으로 빗질하고 양 사이드의 사선 라인과 연결하여 둥근 형태 라인을 연출합니다.

15

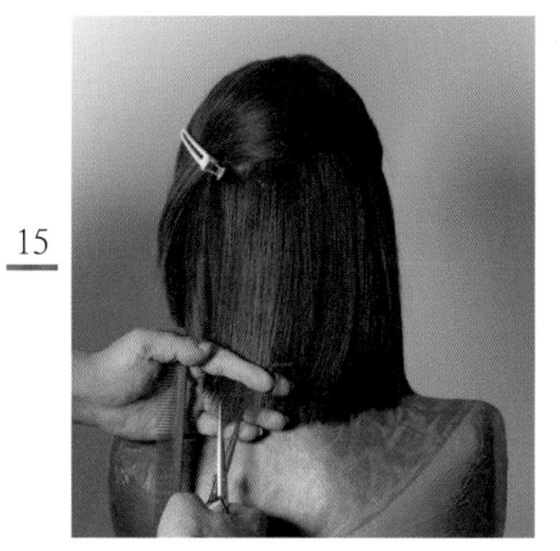

균형미 있는 뒤 방향 라운드 라인이 될 수 있도록 세밀하게 커트를 하고, 정수리까지 슬라이스를 하면서 각도를 들어 주어 부드러운 층을 만듭니다.

16

언더에서 무게감을 줄이고 부드럽고 가벼운 흐름을 연출하기 위해 정수리에서 가로 슬라이스를 하고 레이어드 커트의 가이드 길이를 결정합니다.

17

프런트로 촘촘히 슬라이스를 하면서 가이드 길이와 층을 연결하고 둥근 두상을 따라서 사이드로 연결하여 레이어드 커트를 합니다.

18

곡선의 두상을 따라서 사이드로 연결하고 상하 각도르 조절하여 부드럽고 가벼운 층을 연출합니다.

|미디엄 레이어드 헤어스타일 – 뒤 방향 둥근 라인|

19

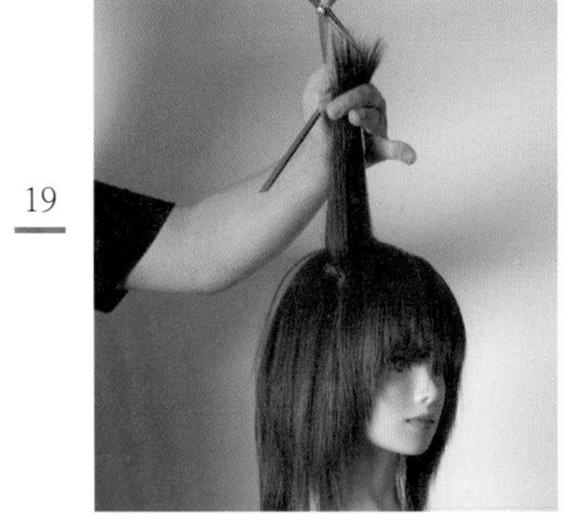

반대쪽 사이드도 정수리와 연결하는 수직 슬라이스를 하면서 바이어스 블런트 커트를 예리하게 하여 부드럽고 가벼운 모발 흐름을 연출합니다.

20

사이드로 각도를 조절하면서 커트를 하여 층을 연결합니다.

21

세밀하게 슬라이스를 하면서 프런트로 커트를 진행합니다.

22

후두브의 정중선을 따라서 수직 방사상 슬라이스를 하면서 레이어드 커트를 합니다.

23

곡선의 둥근 두상을 따라서 수직 방사상 슬라이스를 세밀하게 하고 일정한 각도를 유지하여 균형감 있는 헤어스타일을 연출합니다.

24

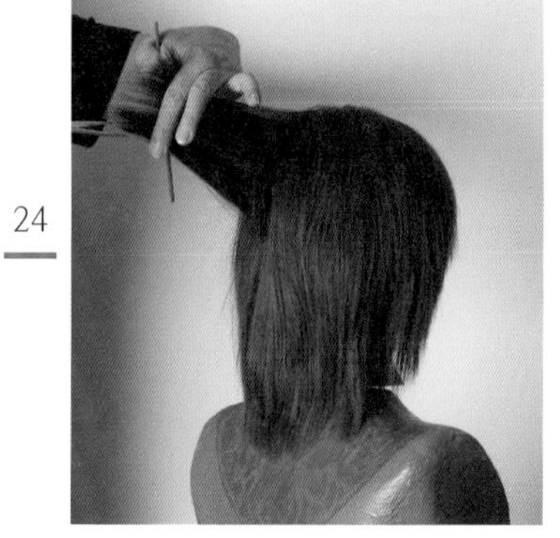

곡선의 두상을 따라서 수직 방사상 슬라이스를 하고 각도를 상하로 조절하면서 부드러운 곡선의 실루엣을 연출합니다.

| 미디엄 레이어드 헤어스타일 - 뒤 방향 둥근 라인 |

25

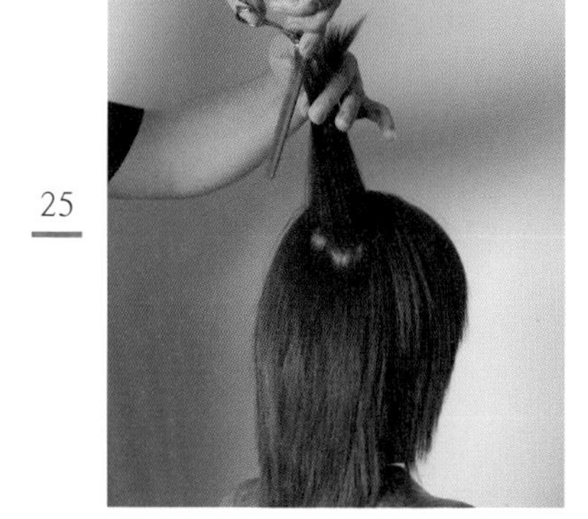

곡선의 둥근 두상을 따라서 방사상 수직 슬라이스를 하면서 부드러운 층을 연출합니다.

26

빗질을 섬세하게 하는데 곡선이 되지 않도록 주의하며 커트를 합니다.

27

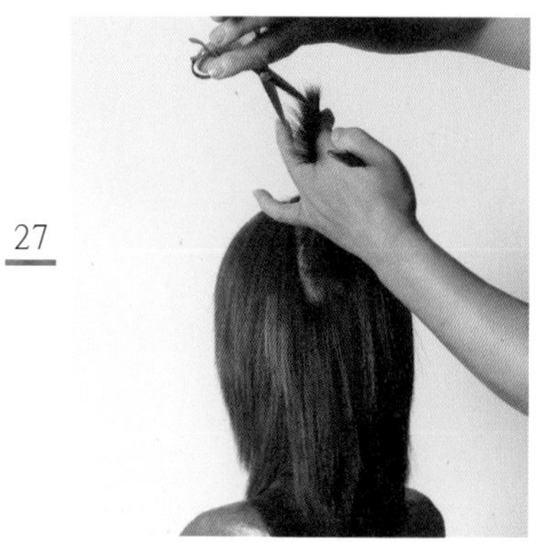

곡선의 둥근 두상을 따라서 방사상 수직 슬라이스가 위치별 동일한 각도가 되도록 해야 균형감 있는 헤어스타일을 연출할 수 있습니다.

28

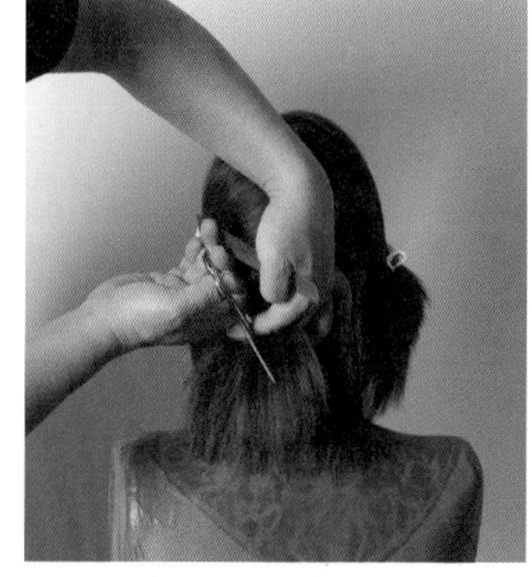

숱이 많으면 모발 길이 중간, 끝부분에서 모발량을 조절하는 틴닝 커트를 합니다.

29

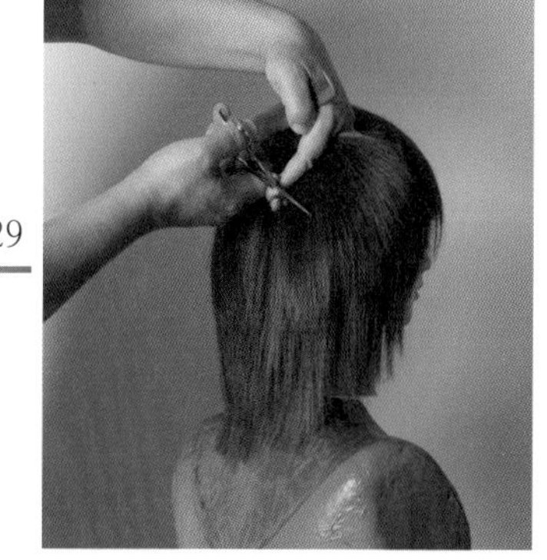

빗질하고 털어 주어 움직임을 관찰하고 슬라이딩 기법으로 가늘어지고 가벼운 모발 흐름을 연출합니다.

30

헤어스타일이 율동감 있는 가볍고 부드러운 흐름이 되도록 슬라이딩 커트를 합니다.

31

언더 섹션이 가늘어지고 가벼운 흐름이 될 수 있도록 커트를 합니다.

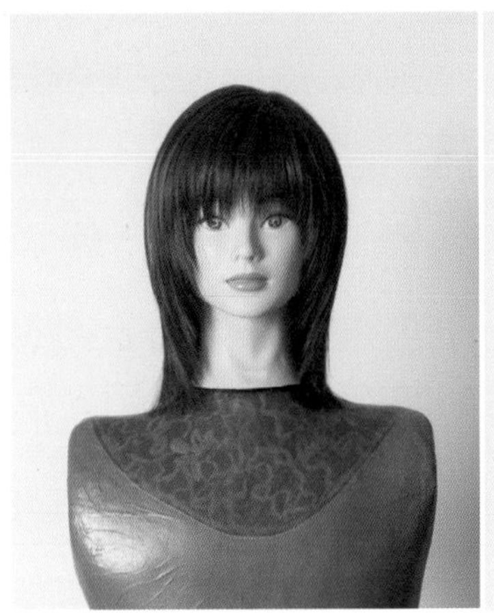

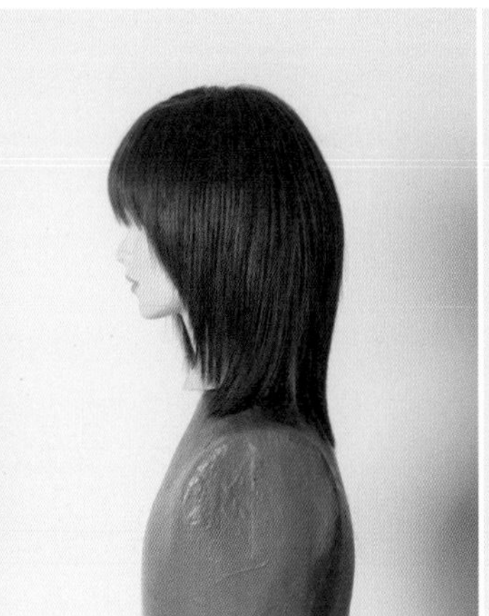

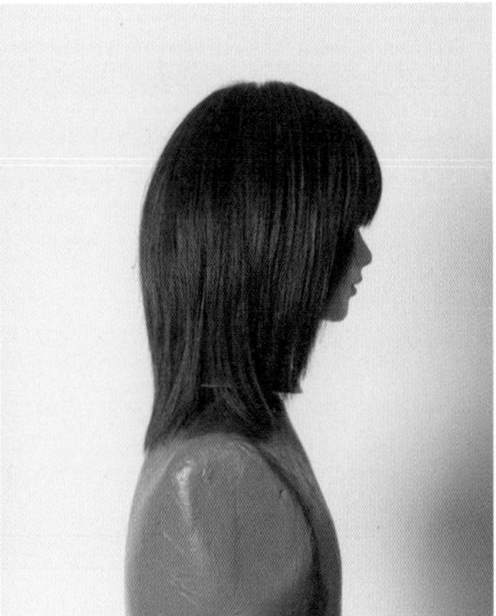

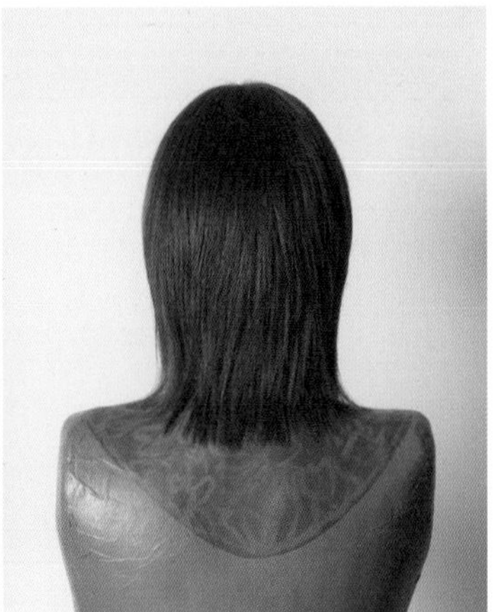

|콤비네이션 헤어스타일(Combination Style) - 혼합 헤어스타일|

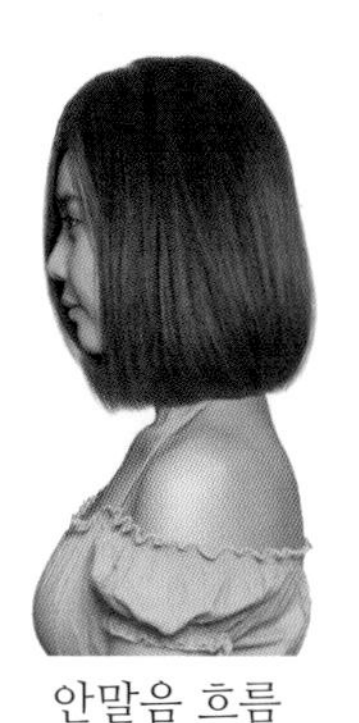

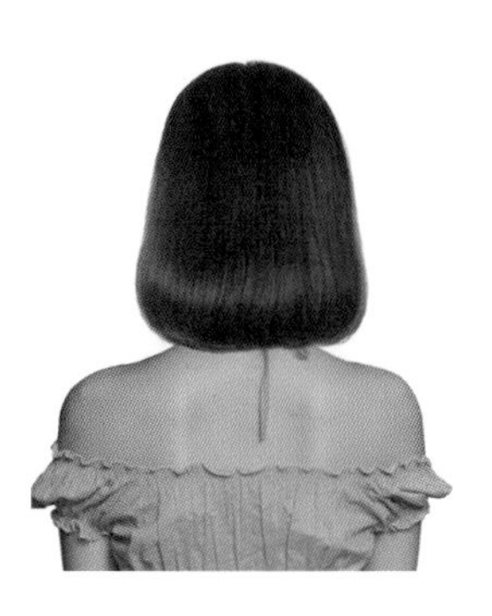

안말음 흐름

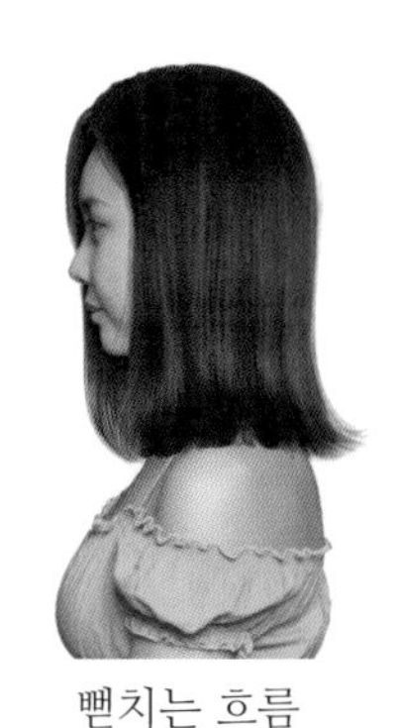

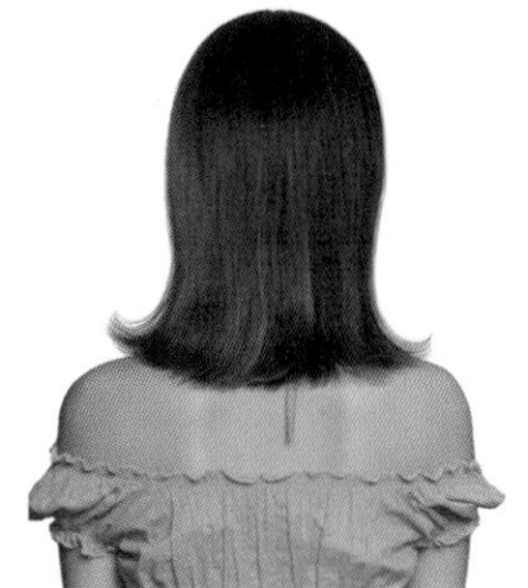

뻗치는 흐름

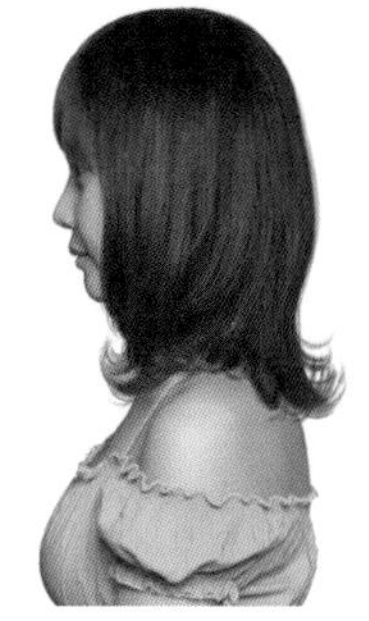

혼합 흐름

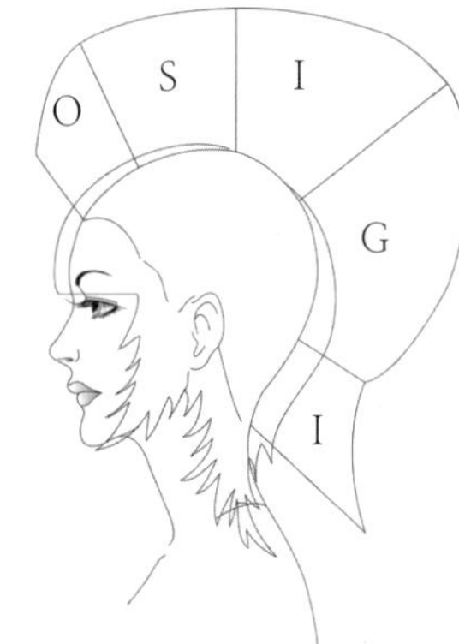

O : 원랭스 S : 세임 레이어드
I : 인크리스 레이어드 G : 그러데이션

헤어스타일은 한 가지 기법에 의해서 완성되기도 하지만 대부분의 헤어스타일은 기본 헤어스타일(원랭스, 그러데이션, 레이어드, 인크리스 레이어드, 세임 레이어드) 기법이 두 가지 또는 두 가지 이상이 혼합되어서 커트하는 것을 콤비네이션 헤어스타일이라 합니다.

콤비네이션 형태 변화는 기본 스타일의 혼합 비율과 길이에 따라서 다양한 헤어스타일로 변화합니다.

헤어스타일을 디자인하기 위한 기본 헤어스타일을 혼합할 때는 얼굴형, 두상에서의 볼륨 구성, 스타일의 흐름을 고려하여 디자인하여야 합니다.

얼굴이 작은 형은 스타일의 볼륨이 풍성하거나, 모발 끝의 흐름이 뻗치는 스타일도 잘 어울리지만, 두상이 크고 얼굴이 큰 사람은 더 확장되어 보이는 착시 현상으로 더 커 보여서 어울리지 않습니다.

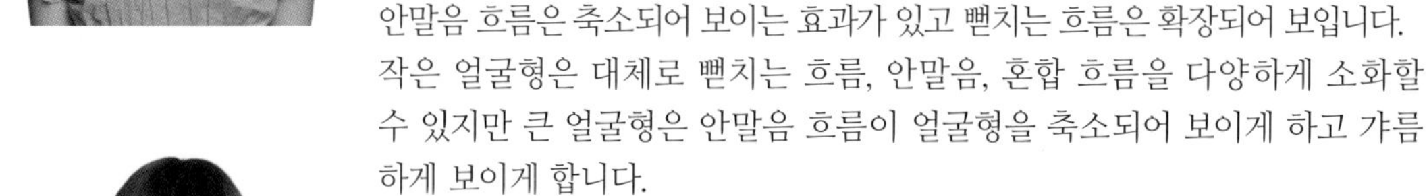

안말음 흐름은 축소되어 보이는 효과가 있고 뻗치는 흐름은 확장되어 보입니다.
작은 얼굴형은 대체로 뻗치는 흐름, 안말음, 혼합 흐름을 다양하게 소화할 수 있지만 큰 얼굴형은 안말음 흐름이 얼굴형을 축소되어 보이게 하고 갸름하게 보이게 합니다.

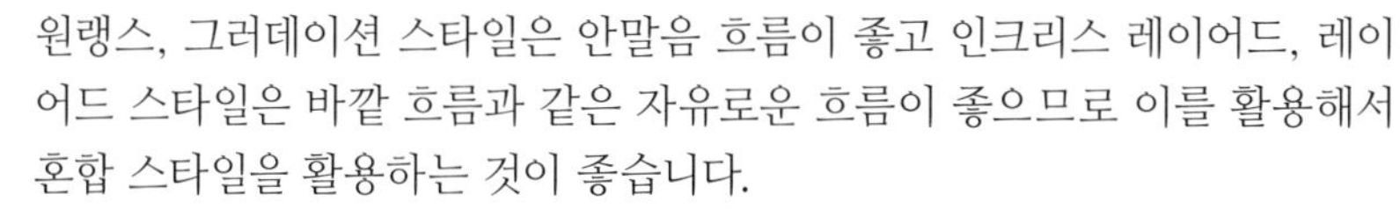

원랭스, 그러데이션 스타일은 안말음 흐름이 좋고 인크리스 레이어드, 레이어드 스타일은 바깥 흐름과 같은 자유로운 흐름이 좋으므로 이를 활용해서 혼합 스타일을 활용하는 것이 좋습니다.

곱슬기가 있는 모발은 자연 컬이 있기 때문에 길이에 따라서 끝부분의 흐름이 안말음 될 수도 있고 뻗치는 흐름이 될 수 있으므로 스타일의 흐름에 따라 레이어드 스타일이 적합할 수 있고 그러데이션 스타일이 적합할 수 있기 때문에 활용하여 디자인하여야 합니다.

|콤비네이션 헤어스타일(Combination Style) - 혼합 헤어스타일|

|볼륨 구성|

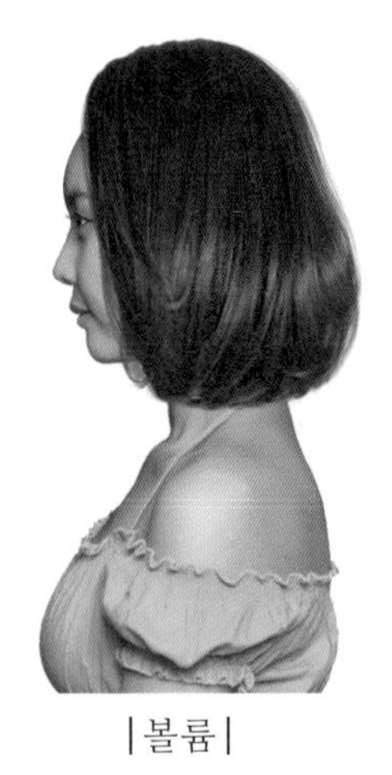
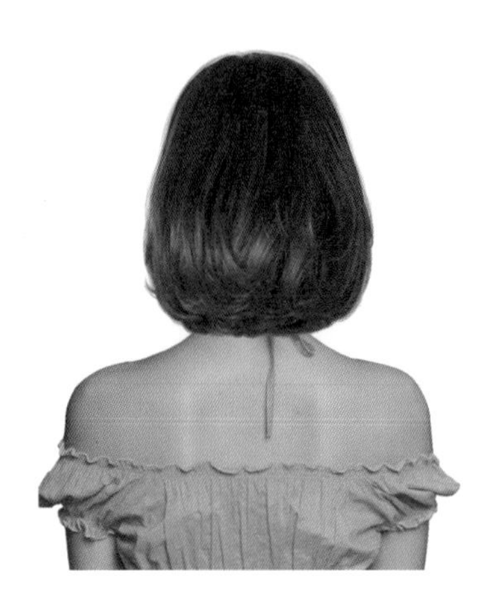

|볼륨|

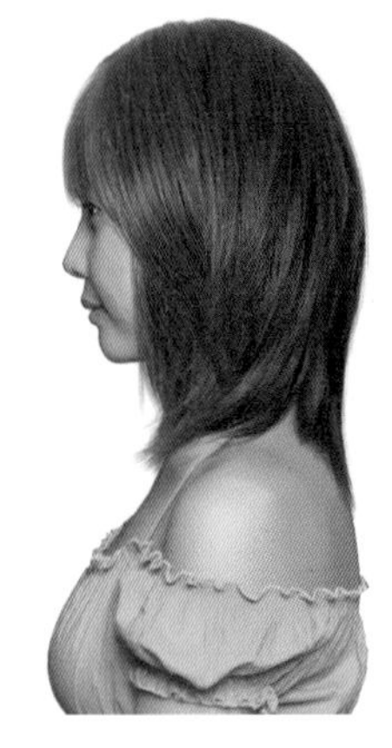

|가벼운 볼륨|

두상에서 볼륨을 고려하여 디자인하여야 하는데 후두부의 백 부분의 볼륨은 그러데이션 기법이 적합하며 두정부에서는 레이어드, 인크리스 레이어드의 짧은 길이가 풍성한 볼륨을 연출하기 때문에 적합합니다.

형태 라인이 가벼워지고 가늘어지게 하거나 숱이 많은 모발은 가볍고 부드러운 흐름을 만들기 위해서 인크리스 레이어드가 적합하고 그러데이션에서 나타나는 리지 라인(무게감)을 줄이기는 것은 레이어드로, 인크리스 레이어드의 기법이 적합하므로 고객의 조건을 고려하여 디자인하여야 합니다.

|콤비네이션 헤어스타일(Combination Style) - 혼합 헤어스타일|

|기본 콤비네이션 헤어스타일 구성|

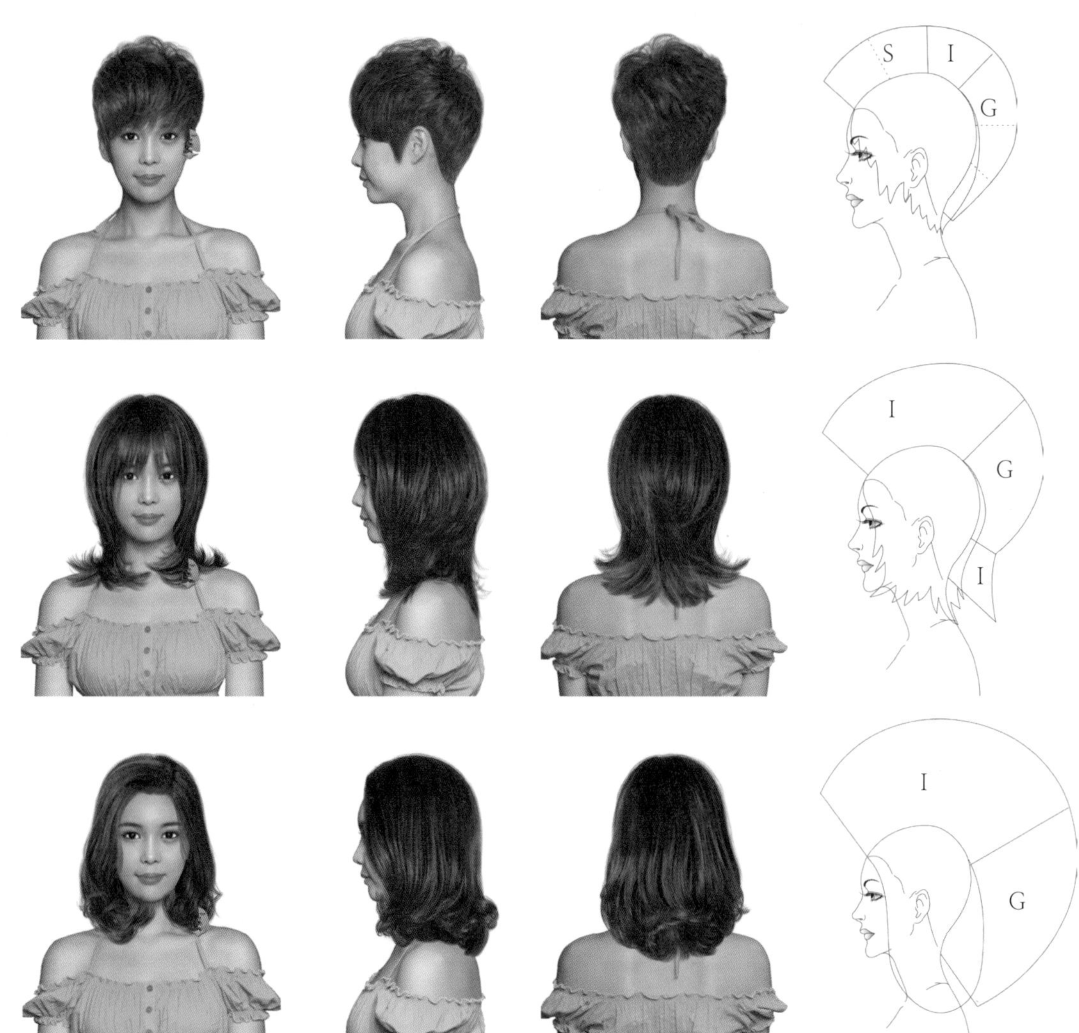

남성 헤어스타일이나 숏 헤어스타일은 두정부에서 레이어드, 인크리스 레이어드와 두상의 미들 섹션, 언더 섹션에서는 하이 그러데이션 기법이 혼합된 콤비네이션 기법이 많이 응용됩니다.

미디엄 스타일에서는 인크리스 레이어드와 미들 섹션과 언더 섹션에서는 그러데이션과 인크리스 레이어드의 기법이 혼합되는 구성을 보여 주고 있습니다.

두정부에서는 인크리스 레이어드, 언더 섹션에서는 그러데이션 기법이 혼합되어 무겁고 차분한 스타일을 연출하는 구성을 보여 주고 있습니다.

|콤비네이션 헤어스타일(Combination Style) - 혼합 헤어스타일|

|IG 헤어스타일 - 인크리스, 그러데이션 콤비네이션 헤어스타일|

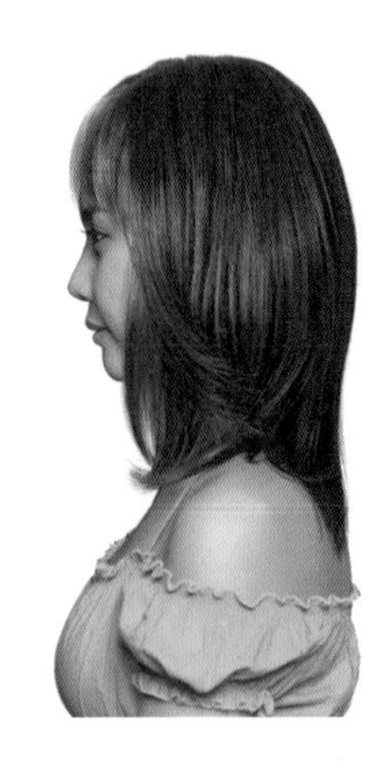

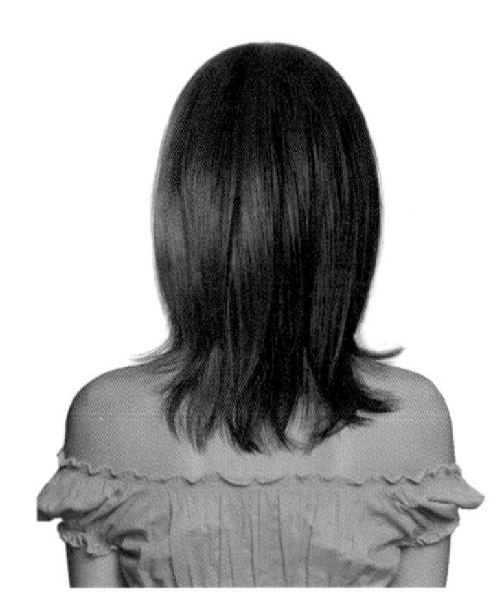

언더 섹션에서는 인크리스 레이어드, 미들 섹션에서는 그러데이션, 톱에서는 인크리스 레이어드 기법으로 톱 미들 섹션에서 부드러운 곡선의 실루엣을 연출하고 언더에서는 목선, 어깨선을 타고 뻗치는 흐름을 연출하는 헤어스타일입니다.

곡선의 실루엣과 율동감을 주는 부드러운 모발 흐름은 여성스러움과 큐트한 감성을 주면서도 활동성을 느끼게 하는 손질하기 편한 헤어스타일입니다.

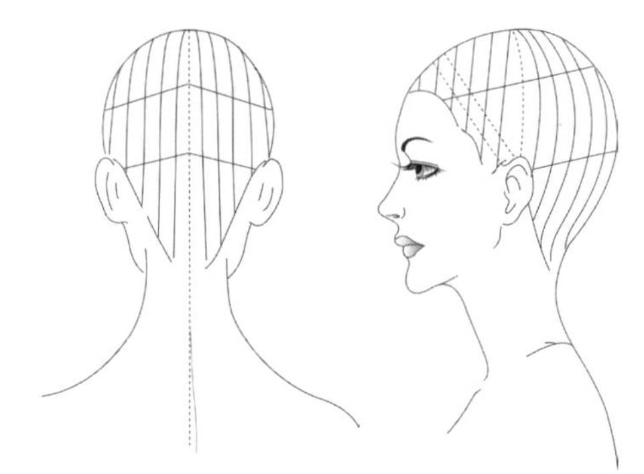

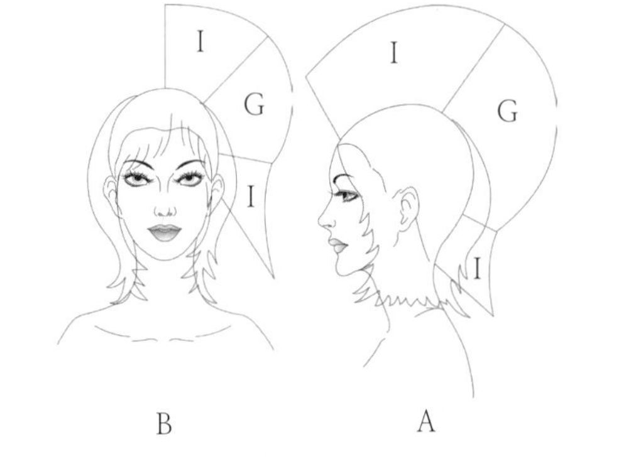

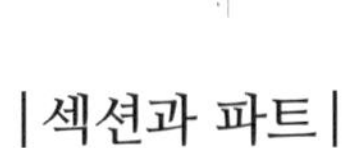

|섹션과 파트|

정중선과 측중선으로 나누고 후두부의 정중선에서는 수직 슬라이스, 양쪽 앞 방향으로 이어지는 슬라이스는 수직에 가까운 앞 방향 사선 슬라이스를 합니다.
앞머리 옆머리의 페이스 라인의 표정 연출은 뒤 방향 사선 슬라이스를 합니다.

|구조|

A. I 부분은 인크리스 레이어드 기법으로 프런트에서 톱까지 길이가 길어지고 G 부분에서 점점 길이가 짧아져서 I 부분은 목둘레에서 길이가 길어집니다

B. 톱의 I 부분에서 길이가 길어지고 G 부분에서 점점 길이가 짧아지고 I 부분에서는 사이드의 언더 부분으로 길이가 길어집니다.

|콤비네이션 헤어스타일(Combination Style) - 혼합 헤어스타일|

|IG 헤어스타일 - 인크리스, 그러데이션 콤비네이션 헤어스타일|

1

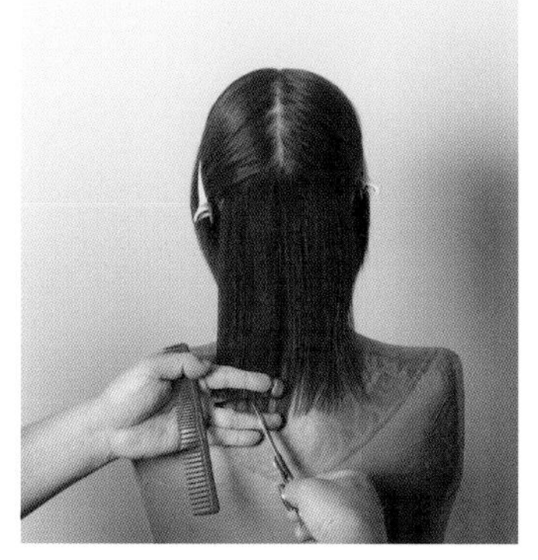

정중선과 측중선으로 나누고 백 포인트까지 섹션을 나누고 수직으로 빗질하여 둥근 가이드 라인을 커트합니다.

2

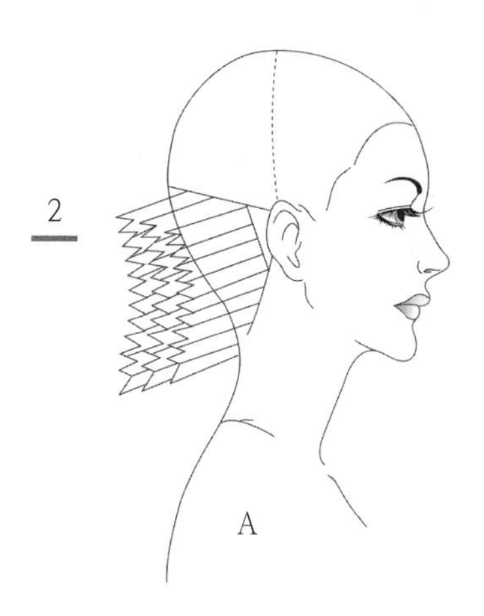

3

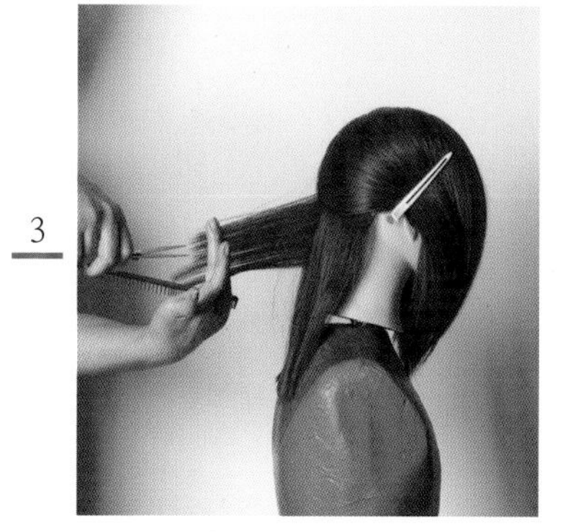

후두부의 정중선에서 수직으로 슬라이스하고 그림 A처럼 그러데이션 커트를 시작하고 인크리스 레이어드 기법으로 길이가 길어지게 합니다.

4

정중선에서 이어지는 슬라이스는 수직에 가까운 앞 방향 사선 슬라이스를 하면서 3번과 동일하게 커트를 합니다.

5

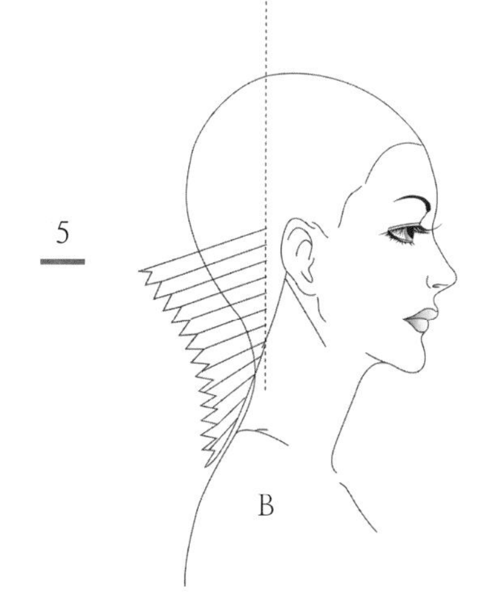

6

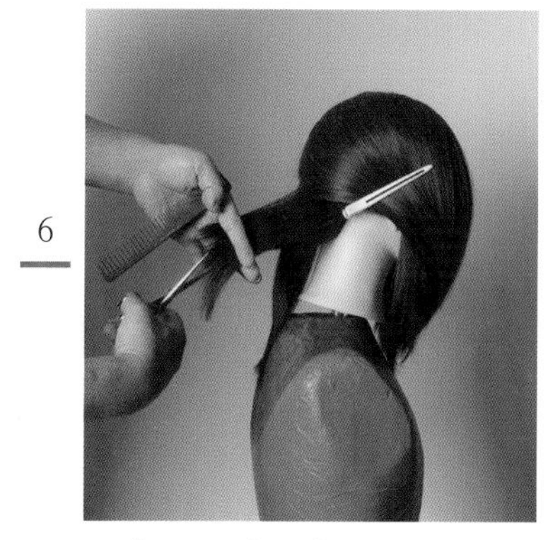

그림 B를 커트할 때 언더의 형태 라인이 커트되지 않도록 주의하면서 층을 연결합니다.

| 콤비네이션 헤어스타일(Combination Style) - 혼합 헤어스타일 |

| IG 헤어스타일 - 인크리스, 그러데이션 콤비네이션 헤어스타일 |

7

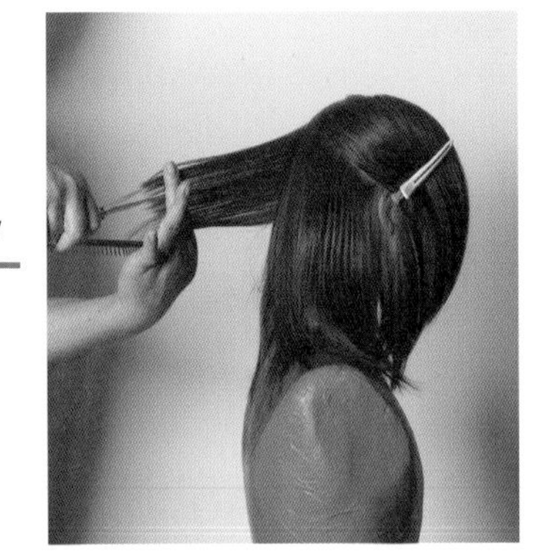

미들 섹션의 정중선에서 수직 슬라이스를 하고 그러데이션 커트를 하여 후두부의 볼륨을 만들기 시작합니다.

8

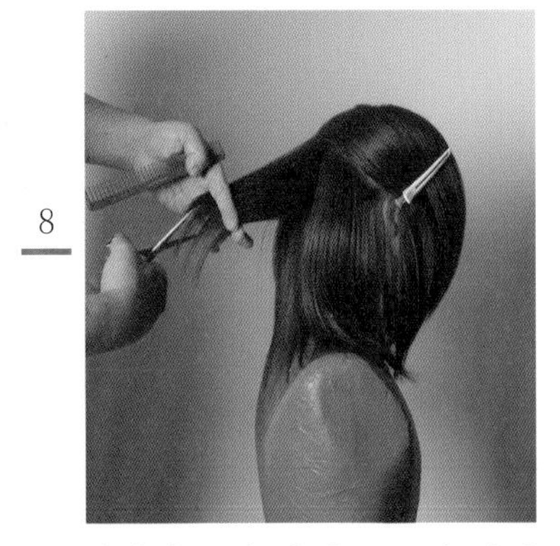

이어지는 슬라이스는 수직에 가가운 앞 방향 사선 슬라이스를 하면서 그러데이션 커트로 세밀한 층을 연결합니다.

9

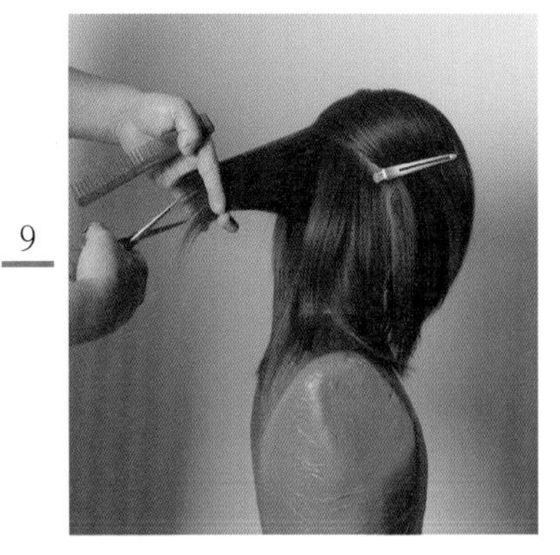

사이드로 이동하면서 슬라이스를 세밀하게 하여 층을 연결합니다.

10

톱 섹션의 정중선에서 수직 슬라이스를 하면서 그러데이션 커트로 볼륨 있고 부드러운 층을 연결합니다.

11

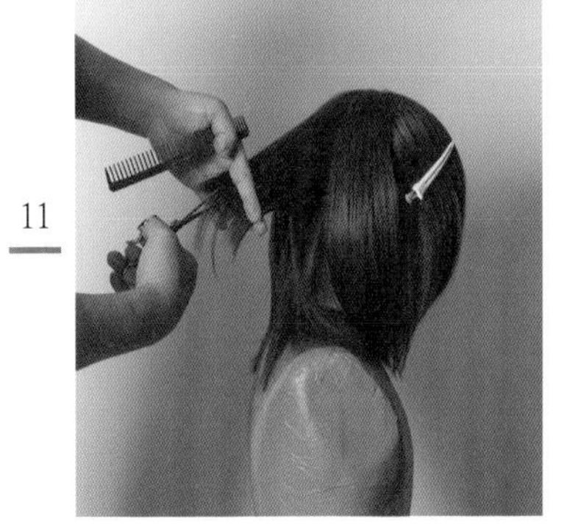

둥근 두상을 따라서 방사상 수직 슬라이스를 하면서 볼륨 있고 부드러운 층을 연결합니다.

12

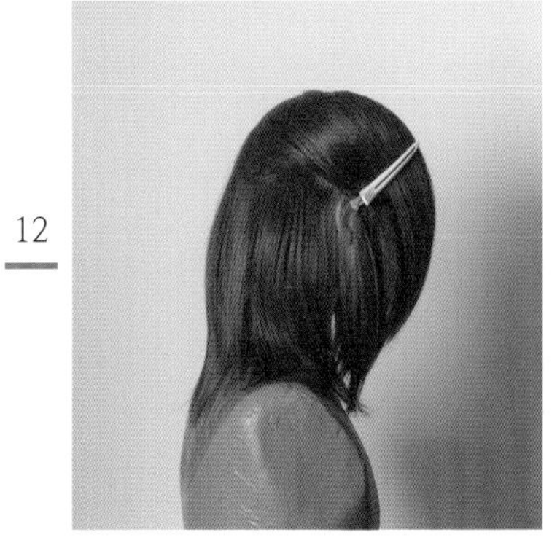

후두부에서 아름다운 곡선이 실루엣이 연출되었습니다.

|콤비네이션 헤어스타일(Combination Style) - 혼합 헤어스타일|

|IG 헤어스타일 - 인크리스, 그러데이션 콤비네이션 헤어스타일|

13

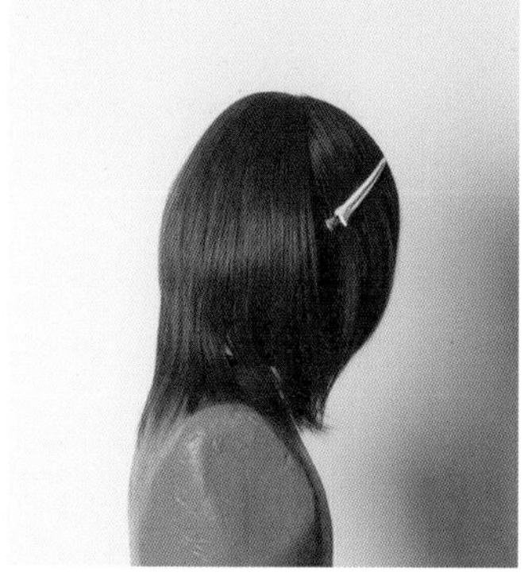

브러싱과 모발을 털어 주면서 부드러운 곡선의 실루엣과 부드러운 모발 흐름이 연출되었는지 확인합니다.

14

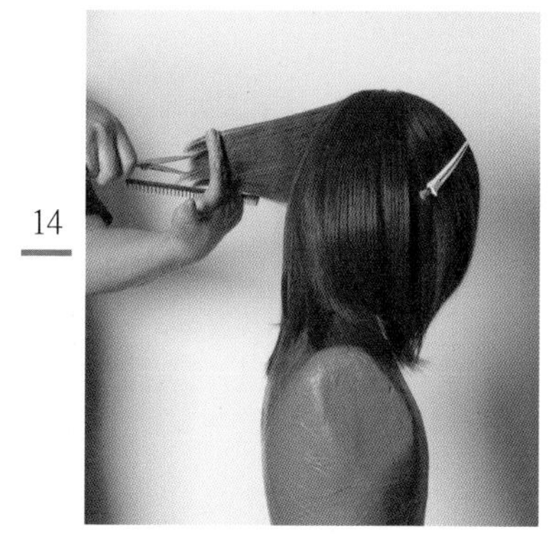

반대쪽도 방사상 수직 슬라이스를 하면서 볼륨 있고 부드러운 모발 흐름을 연출합니다.

15

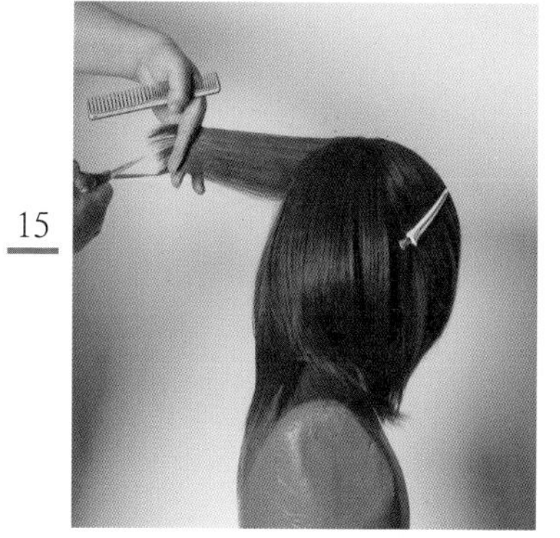

조금씩 세밀하게 방사상 수직 슬라이스를 하면서 섬세한 층을 만들어 갑니다.

16

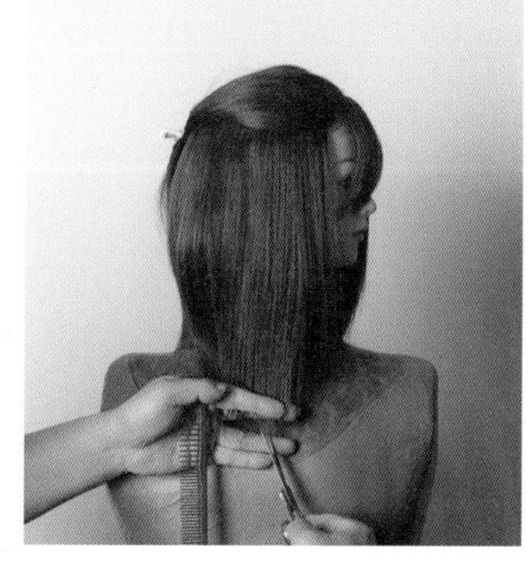

사이드를 미들 섹션까지 나누고 수직 흐름으로 빗질하여 수평에 가까운 곡선의 형태 라인을 연출합니다.

17

후두부와 연결하는 수직에 가까운 앞 방향 사선 슬라이스를 하면서 인크리스 레이어드를 커트하는데 언더의 형태 라인이 커트되지 않도록 주의합니다.

18

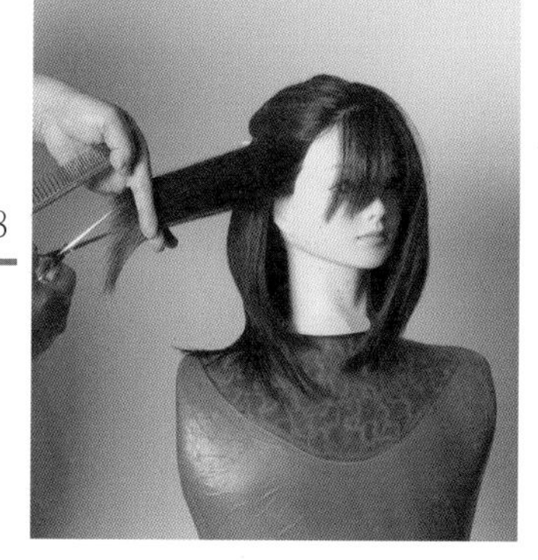

세밀하게 슬라이스하여 사이드를 인크리스 레이어드 커트를 합니다.

| IG 헤어스타일 - 인크리스, 그러데이션 콤비네이션 헤어스타일 |

19

섹션을 나누고 후두부와 연결하는 수직에 가까운 앞 방향 사선 슬라이스를 하면서 그러데이션 커트를 하여 볼륨 있는 모발 흐름을 연출합니다.

20

톱 섹션에서 세밀하게 슬라이스를 하면서 볼륨 있는 부드러운 모발 흐름을 연출합니다.

21

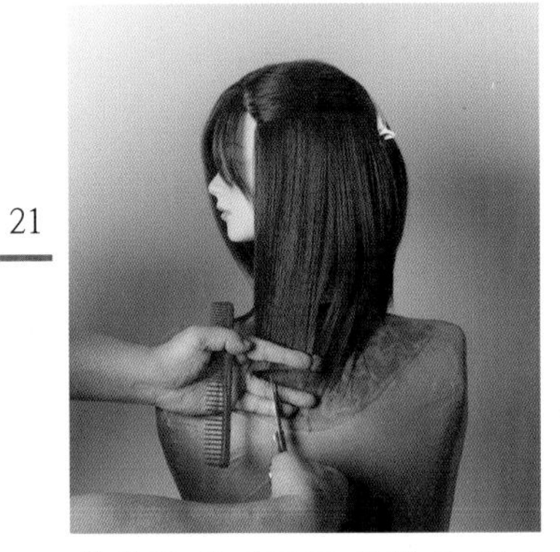

반대쪽 사이드도 양쪽의 길이가 차이 나지 않도록 주의하며 형태 라인을 커트합니다.

22

이어지는 슬라이스는 후두부와 연결하여 수직에 가까운 앞 방향 사선 슬라이스를 하면서 인크리스 레이어드로 가늘어지고 길어지는 흐름을 연출합니다.

23

미들 섹션과 톱 섹션에서는 그러데이션 커트를 하여 풍성한 볼륨과 부드러운 모발 흐름을 연출합니다.

24

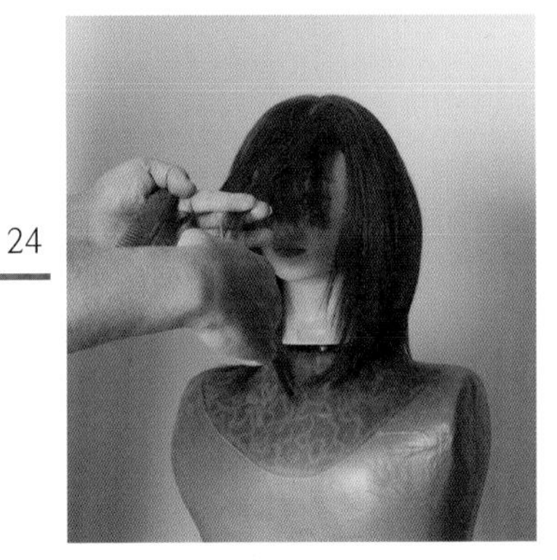

양쪽 사이드가 얼굴을 감싸는 흐름의 층을 연출하기 위해 프런트에서 적당한 길이를 설정하고 커트를 합니다.

|콤비네이션 헤어스타일(Combination Style) – 혼합 헤어스타일|

|IG 헤어스타일 – 인크리스, 그러데이션 콤비네이션 헤어스타일|

25

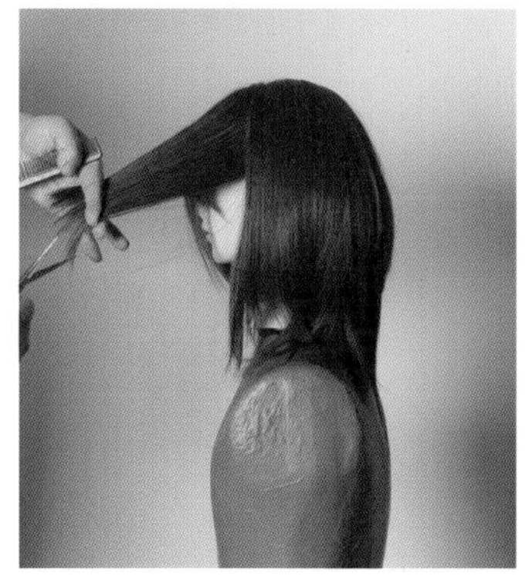

프런트의 가이드 길이와 연결하여 사이드에서는 뒤 방향 사선 슬라이스를 하면서 사선으로 층을 연결하는 커트를 바이어스 블런트 커트를 예리하게 합니다.

26

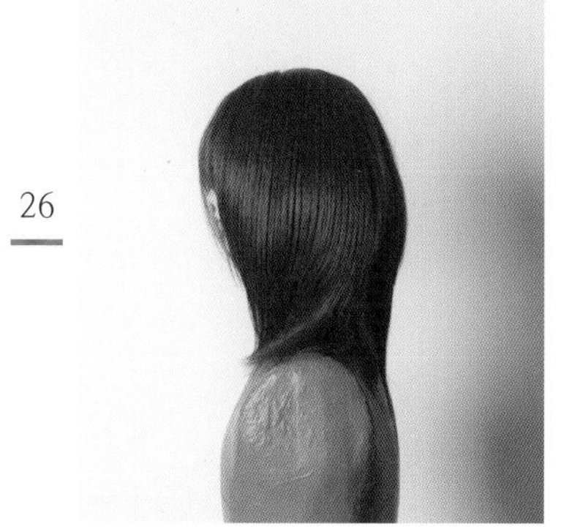

프런트와 사이드에서 부드러운 층을 만들어 곡선의 실루엣과 부드러운 모발 흐름을 연출했습니다.

27

그러데이션 형태에서 나타나는 무게감을 부드러운 곡선의 흐름을 연출하기 위해 두정부의 정중선에서 가로 슬라이스를 하고 길이를 조절하여 가이드 길이를 커트합니다.

28

가이드 길이와 연결하여 수직 슬라이스를 하면서 레이어드 커트를 합니다.

29

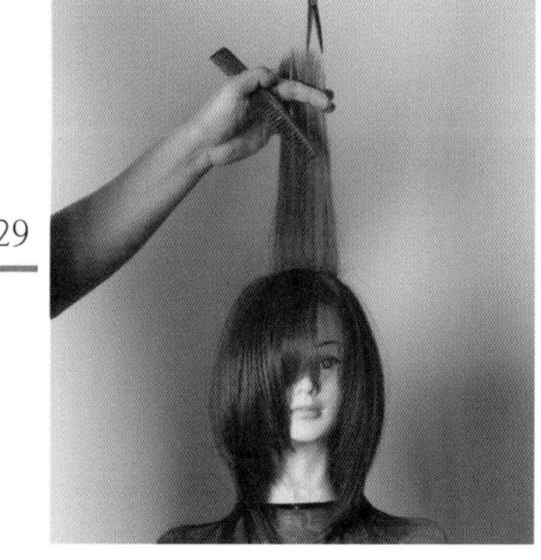

반대쪽도 레이어드 커트를 하여 가볍고 부드러운 모발 흐름을 연출합니다.

30

양쪽의 길이가 달라지지 않도록 슬라이스 각도를 일정하게 하고 커트하여 균형미 있는 실루엣과 모발 흐름을 연출합니다.

| 콤비네이션 헤어스타일(Combination Style) - 혼합 헤어스타일 |

| IG 헤어스타일 - 인크리스, 그러데이션 콤비네이션 헤어스타일 |

31

조금씩 세밀하게 수직 슬라이스를 하면서 레이어드 커트를 하여 부드러운 모발 흐름을 연출합니다.

32

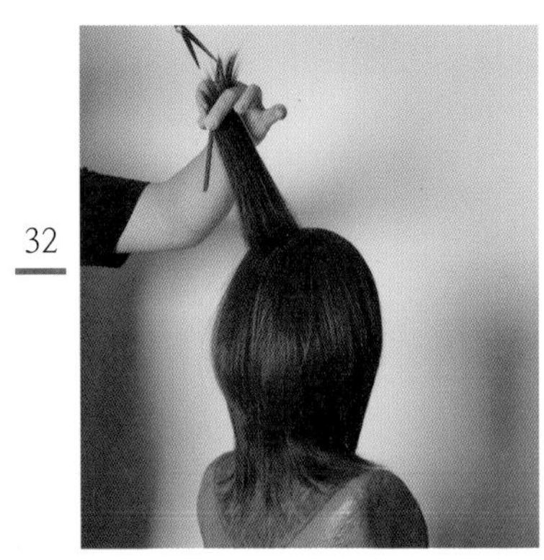

후두부의 정중선을 따라서 수직 슬라이스를 하고 레이어드 커트를 하여 부드러운 곡선의 실루엣을 연출합니다.

33

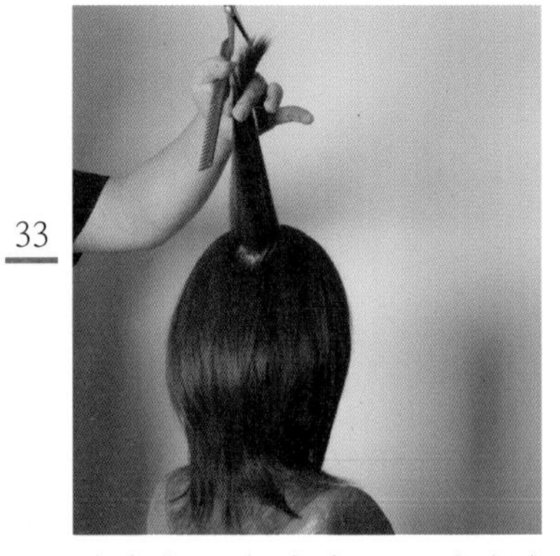

이어지는 슬라이스는 방사상 수직 슬라이스를 하면서 둥근 두상에 따라 일정한 각도를 유지하고 커트를 하여 균형 있는 스타일을 연출합니다.

34

모발 길이 중간, 끝부분에서 틴닝 커트를 하여 모발량을 조절하여 가볍고 부드러운 모발 흐름을 연출합니다.

35

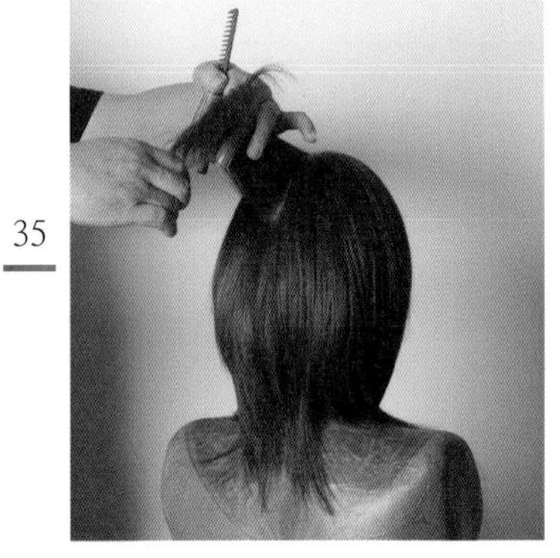

둥근 두상에 따라서 수직 슬라이스, 방사상 수직 슬라이스를 하면서 세밀하게 틴닝 커트를 하여 모발량을 조절합니다.

36

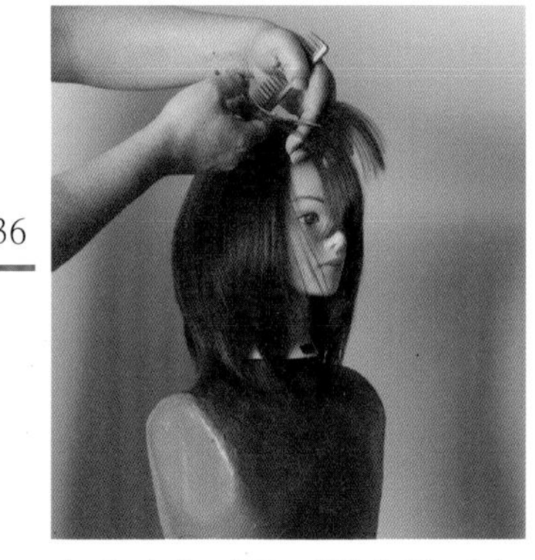

슬라이딩 커트 기법으로 가늘어지고 가벼운 헤어스타일 표정을 연출합니다.

| 콤비네이션 헤어스타일(Combination Style) – 혼합 헤어스타일 |

| IG 헤어스타일 – 인크리스, 그러데이션 콤비네이션 헤어스타일 |

37

헤어스타일의 흐름을 관찰하고 모발량을 조절하는 틴닝 커트를 합니다.

38

헤어스타일이 율동감 있는 모발 흐름이 되도록 슬라이딩 커트를 합니다.

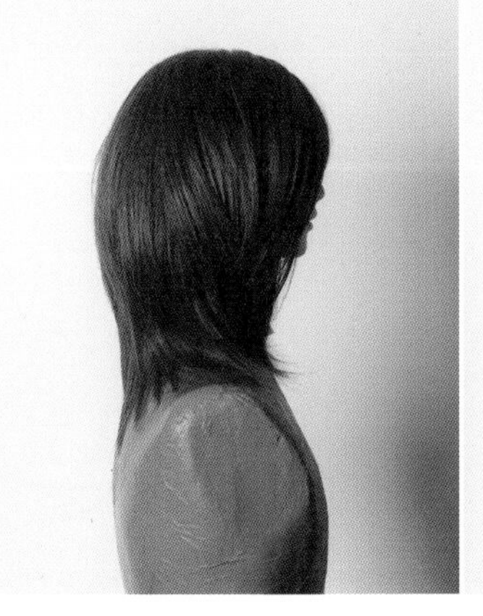

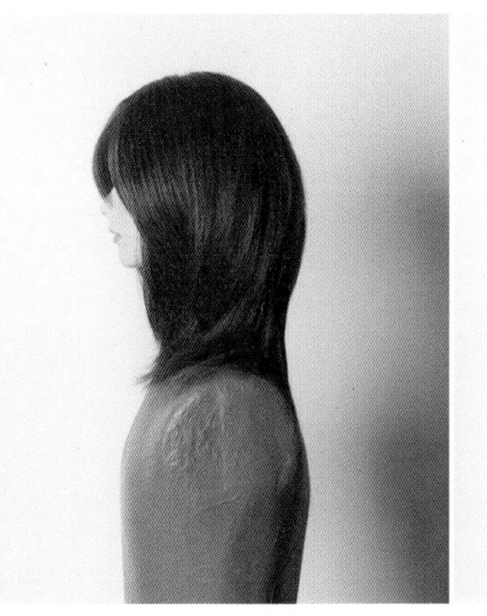

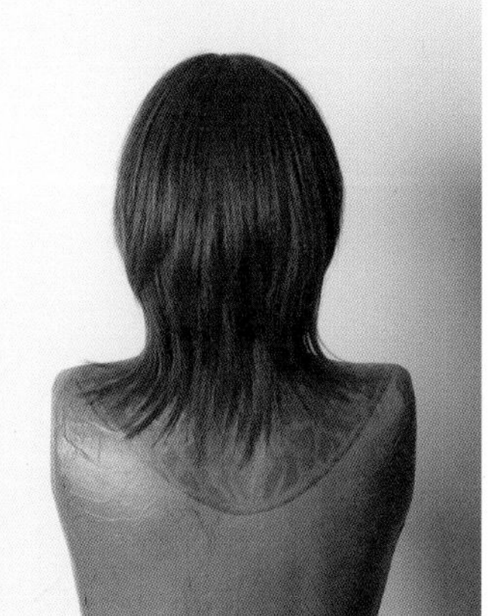

|콤비네이션 헤어스타일(Combination Style) - 혼합 헤어스타일|

|IG 헤어스타일 - 둥근 라인의 롱 헤어(인크리스 레이어드, 그러데이션 콤비네이션 헤어스타일)|

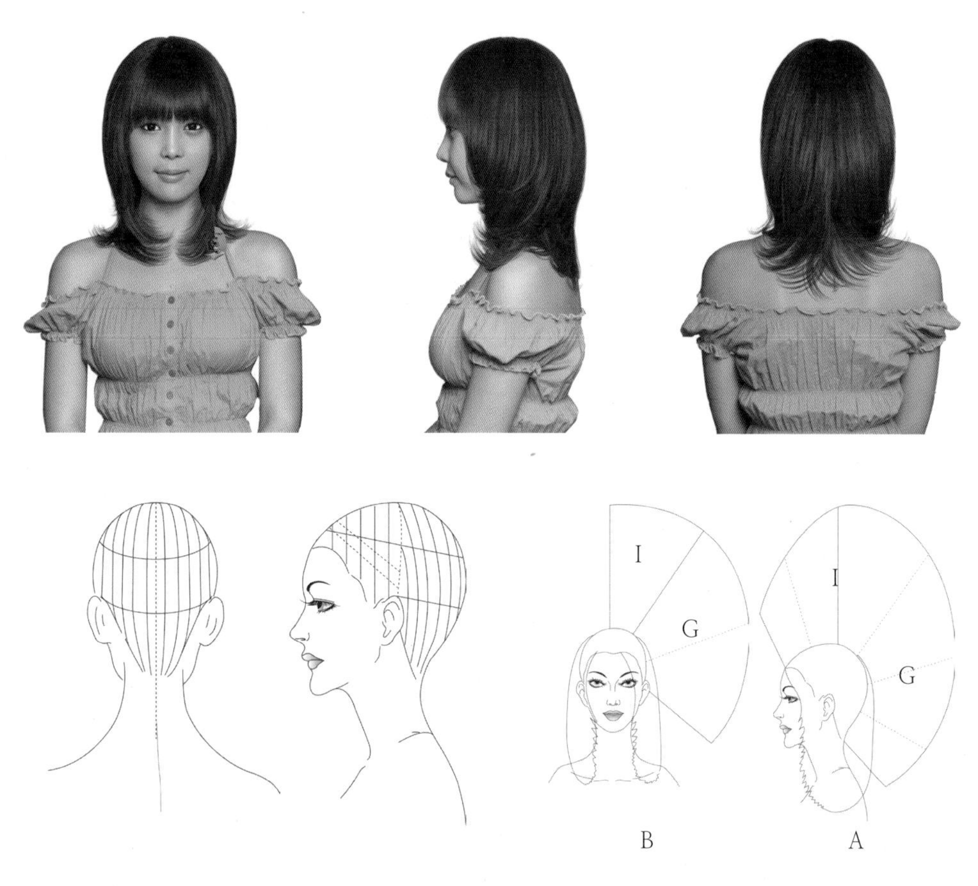

톱 섹션에서는 인크리스 레이어드, 미들 섹션에서는 그러데이션으로 연결되어 부드러운 볼륨을 만들어 여성스럽고 지적인 아름다움을 표현하는 롱 헤어스타일입니다.
부드러운 곡선의 실루엣과 율동하는 듯 모발 흐름을 표현해야 합니다.

|구조|

A. 네이프에서 짧고 톱으로 길어지다 프런트로 짧아집니다.
B. 귀 부분에서 짧고 미들 섹션까지 조금씩 길어지다 톱 쪽으로 짧아집니다.

|섹션과 파트|

정중선과 측중선으로 나누고 후두부의 정중선에서는 수직 슬라이스, 섹션은 뒤 방향으로 사선 슬라이스를 합니다.
앞머리 옆머리의 페이스 라인의 표정 연출은 뒤 방향 사선 슬라이스를 합니다.

|콤비네이션 헤어스타일(Combination Style) - 혼합 헤어스타일|

|IG 헤어스타일 - 둥근 라인의 롱 헤어(인크리스 레이어드, 그러데이션 콤비네이션 헤어스타일)|

1

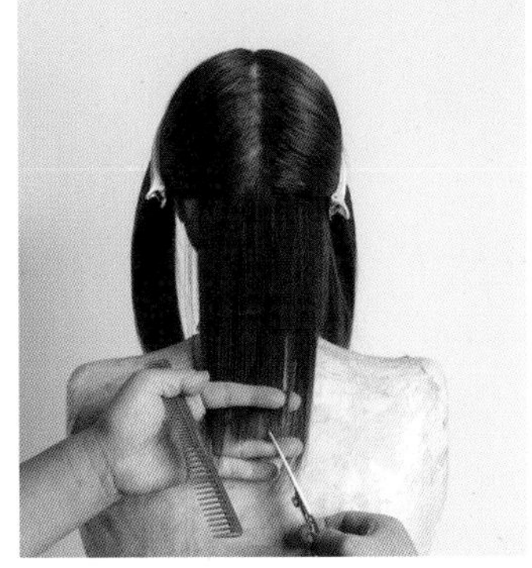

정중선과 측중선으로 섹션을 분할하고 수직으로 빗고 둥근 라인의 형태 라인을 커트를 합니다.

2

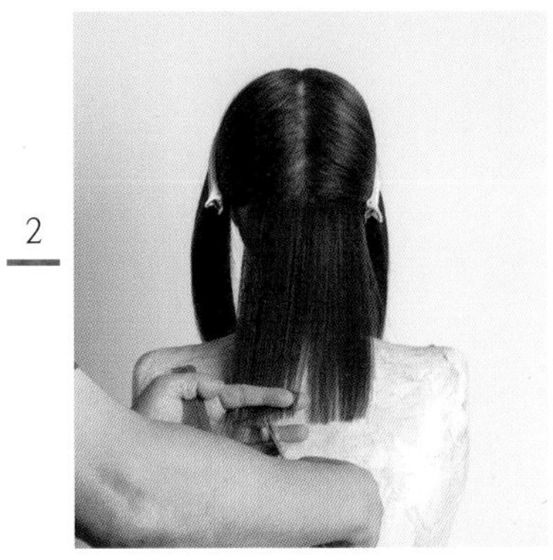

빗질이 굴곡지지 않도록 섬세하게 빗질하여 둥근 가이드라인을 커트를 합니다.

3

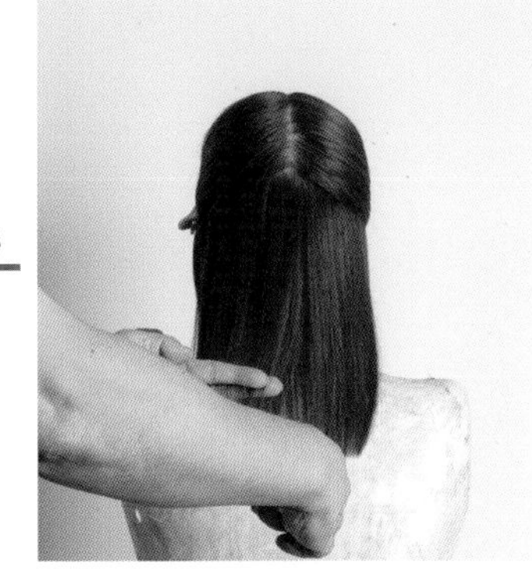

미들 섹션으로 각도를 조금씩 들어 올려서 가이드라인과 연결하여 커트를 합니다.

4

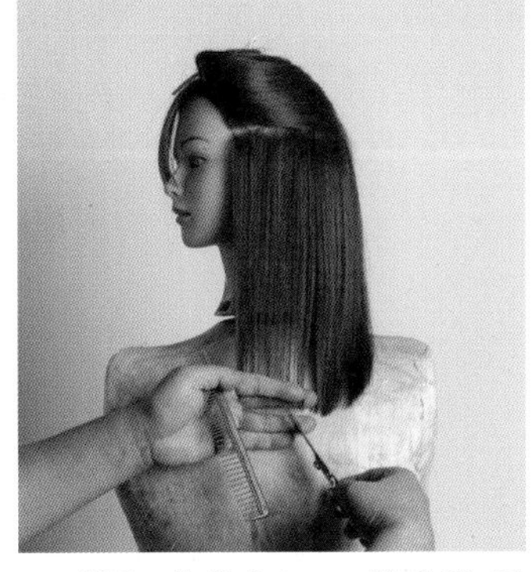

고개를 어깨선으로 최대한 돌리고 수직 흐름으로 후두부의 둥근 라인과 연결하여 커트를 합니다.

5

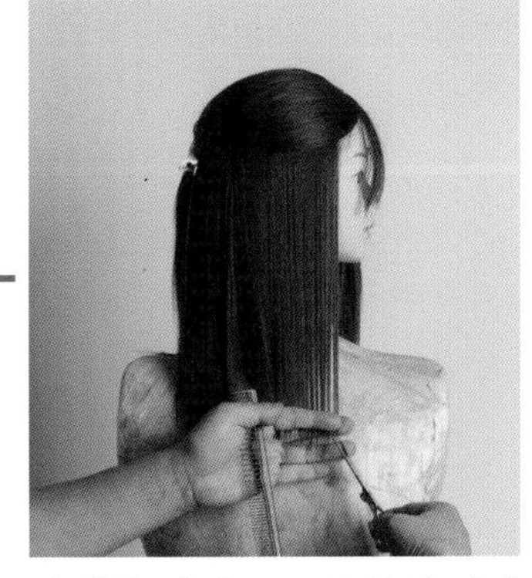

반대쪽 사이드도 양쪽의 길이가 다르지 않도록 둥근 라인을 커트를 합니다.

6

수직 흐름으로 세밀하게 빗질하여 둥근 라인의 형태 라인을 만듭니다.

| 콤비네이션 헤어스타일(Combination Style) - 혼합 헤어스타일 |

| IG 헤어스타일 - 둥근 라인의 롱 헤어(인크리스 레이어드, 그러데이션 콤비네이션 헤어스타일) |

7

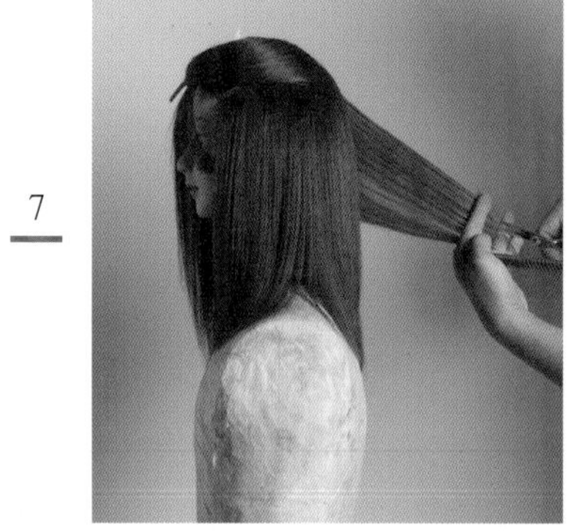

후두부의 정중선에서 수직 슬라이스를 하고 그러데이션 커트를 합니다.

8

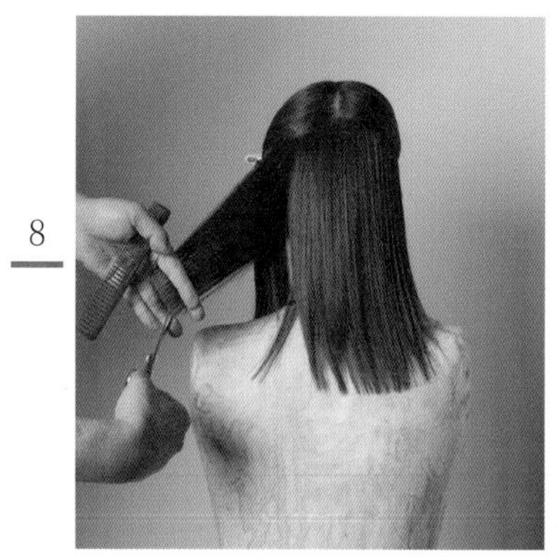

둥근 두상을 따라서 수직 슬라이스를 하면서 그러데이션 커트를 하여 부드러운 볼륨을 연출합니다.

9

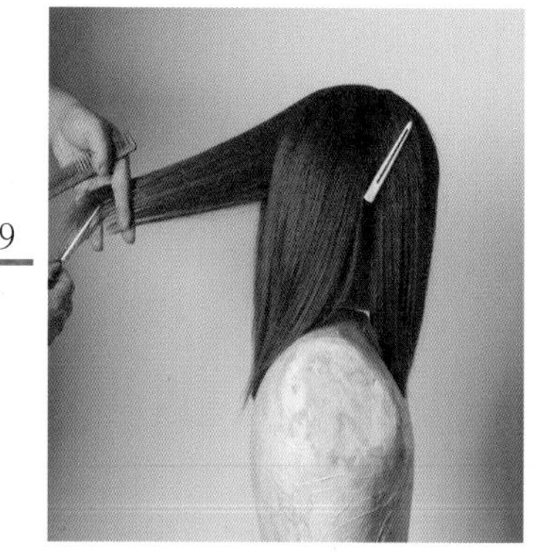

정수리에서 정중선을 따라서 수직 슬라이스를 하여 그러데이션 커트를 합니다.

10

둥근 두상을 따라서 백 사이드로 조금씩 이동하며 수직 슬라이스하여 부드럽고 율동감 있는 모발 흐름을 연출합니다.

11

세밀하게 방사상 수직 슬라이스를 하면서 섬세하게 그러데이션 커트를 합니다.

12

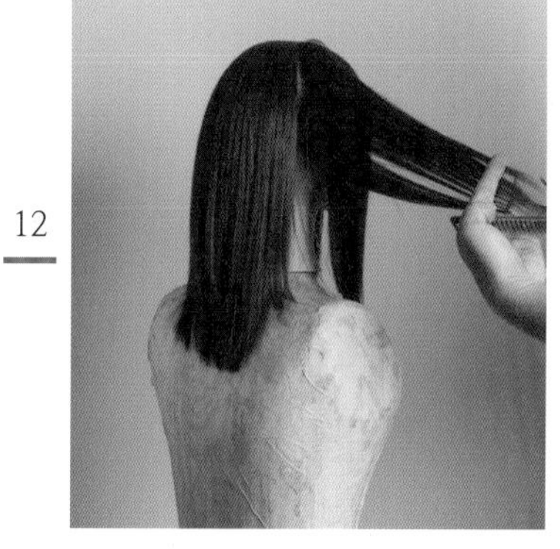

사이드에서는 수직 슬라이스를 하면서 커트하는데 언더의 둥근 라인의 형태 라인을 커트하지 않도록 주의합니다.

| IG 헤어스타일 - 둥근 라인의 롱 헤어(인크리스 레이어드, 그러데이션 콤비네이션 헤어스타일) |

13

양쪽 사이드를 촘촘히 수직 슬라이스를 하고 둥근 두상의 위치별 일정한 각도를 유지하여 커트를 합니다.

14

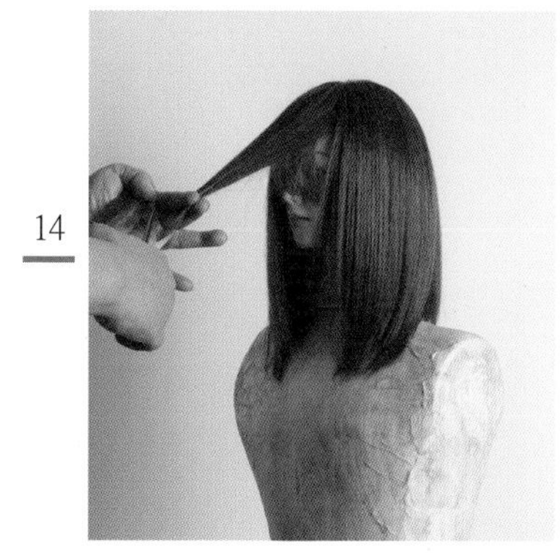

페이스 라인에서 얼굴을 감싸는 듯 부드러운 층을 만들기 위해 프런트에서 가이드 길이를 결정하고 커트를 합니다.

15

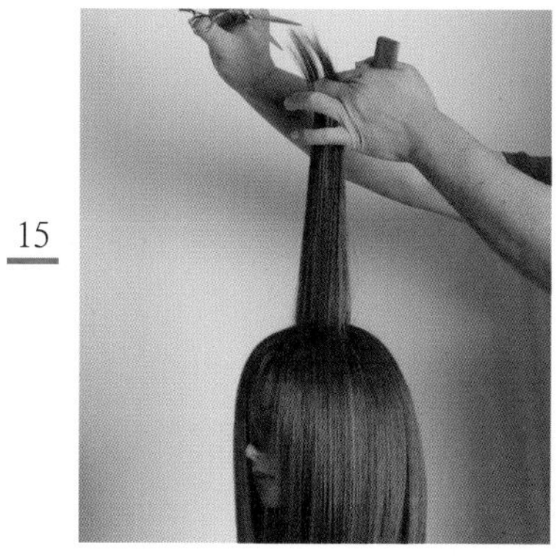

그러데이션 형태에서 나타나는 무게감을 줄여서 부드러운 흐름을 연출하기 위해 레이어드 커트를 합니다.

16

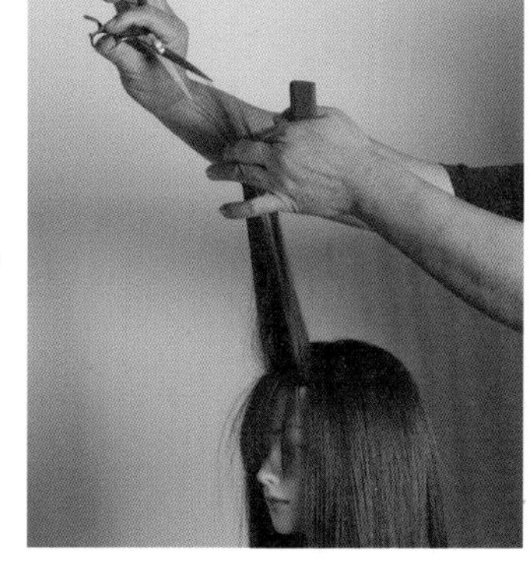

두정부를 따라서 가로 슬라이스를 하고 레이어드 커트를 합니다.

17

정수리의 가이드와 연결하는 수직 슬라이스를 하면서 언더쪽으로 약간 길어지는 인크리스 레이어드 커트를 합니다.

18

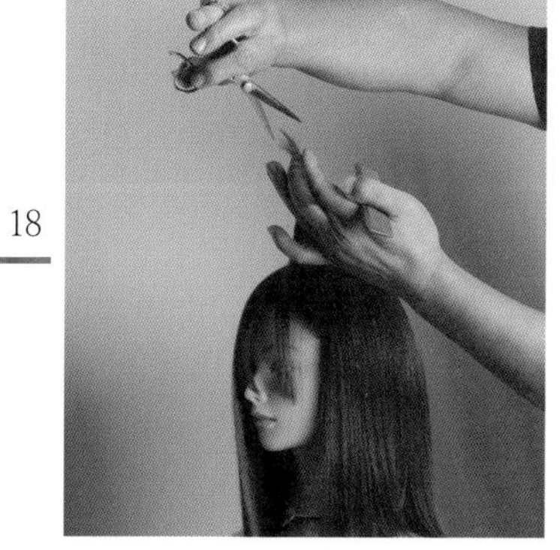

촘촘히 수직 슬라이스를 하면서 부드러운 인크리스 레이어드 층을 연출합니다.

| 콤비네이션 헤어스타일(Combination Style) - 혼합 헤어스타일 |

| IG 헤어스타일 - 둥근 라인의 롱 헤어(인크리스 레이어드, 그러데이션 콤비네이션 헤어스타일) |

19

반대쪽도 정수리의 가이드와 연결하여 슬라이스를 하고 인크리스 레이어드 커트를 합니다.

20

둥근 두상을 따라서 수직 슬라이스를 하고 상하 각도를 조절하여 부드러운 곡선의 실루엣과 모발 흐름을 연출합니다.

21

프런트 사이드까지 세밀하게 슬라이스를 하고 동일한 각도를 유지하여 커트를 합니다.

22

둥근 두상을 따라 수직 슬라이스를 하면서 세밀하게 커트를 하여 부드러운 모발 흐름을 연출합니다.

23

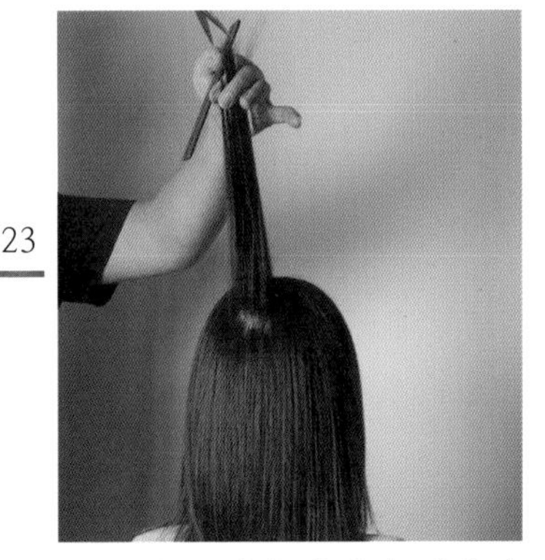

후두부는 정수리에서 방사상 수직 슬라이스를 하면서 언더 쪽으로 약간 길어지는 인크리스 레이어드 커트를 합니다.

24

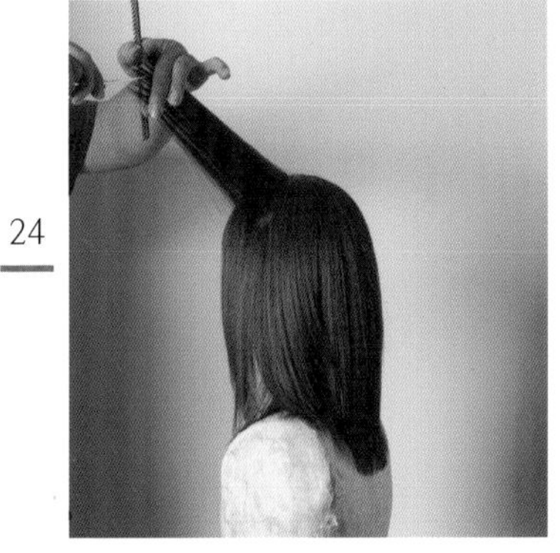

둥근 두상을 따라서 전두부는 수직 슬라이스, 후두부는 방사상 수직 슬라이스를 하여 부드러운 층을 연출합니다.

| IG 헤어스타일 - 둥근 라인의 롱 헤어(인크리스 레이어드, 그러데이션 콤비네이션 헤어스타일) |

25

슬라이딩 커트 기법으로 사이드의 모발 흐름을 율동감 있게 연출합니다.

26

페이스 라인을 세밀하게 슬라이스를 하여 자연스럽고 율동감 있는 표정을 연출합니다.

27

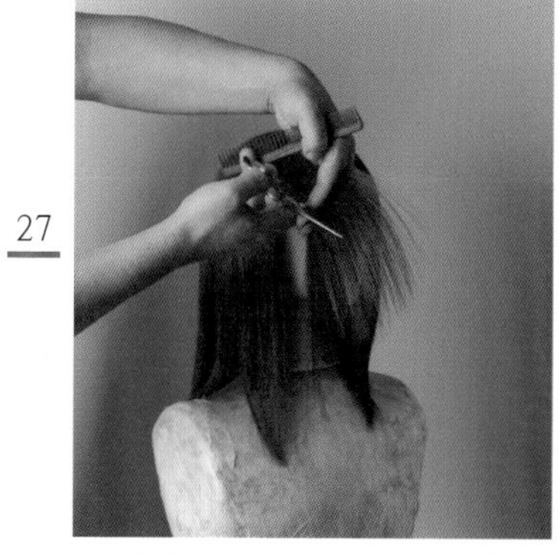

반대쪽 사이드도 슬라이딩 커트를 하여 헤어스타일의 표정을 연출합니다.

28

후두부는 모발 길이 중간, 끝부분에서 틴닝 커트를 하여 가볍고 부드러운 모발 흐름을 연출합니다.

29

둥근 두상을 따라서 모발량을 조절하여 부드러운 헤어스타일을 연출합니다.

30

앞머리의 길이를 결정하고 짧아지지 않도록 부드러운 텐션으로 커트를 합니다.

| 콤비네이션 헤어스타일(Combination Style) - 혼합 헤어스타일 |

| IG 헤어스타일 - 둥근 라인의 롱 헤어(인크리스 레이어드, 그러데이션 콤비네이션 헤어스타일) |

31

앞머리의 슬라이스를 각도롤 조금씩 들어서 끝부분이 가벼운 층을 연출합니다.

32

슬라이딩 커트로 자연스러운 앞머리 표정을 연출합니다.

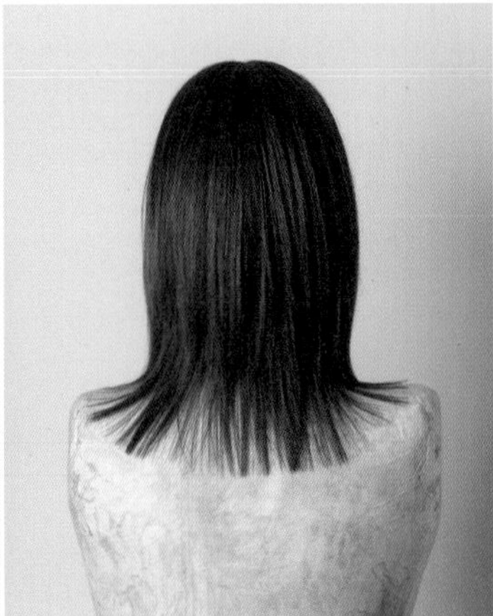

| 콤비네이션 헤어스타일(Combination Style) - 혼합 헤어스타일 |

| IG2 롱 헤어스타일 - 가늘어지고 가벼워지는 인크리스 레이어드, 그러데이션 헤어스타일 |

톱 섹션에서는 인크리스 레이어드, 미들 섹션에서는 그러데이션으로 연결되어 부드러운 볼륨을 만들고 언더 섹션에서는 인크리스 레이어드로 곡선의 실루엣을 만들면서 길이가 길어지고 가늘어지는 롱 헤어스타일입니다.
부드러운 곡선과 율동하는 듯 실루엣 흐름이 아름다운 헤어스타일입니다.

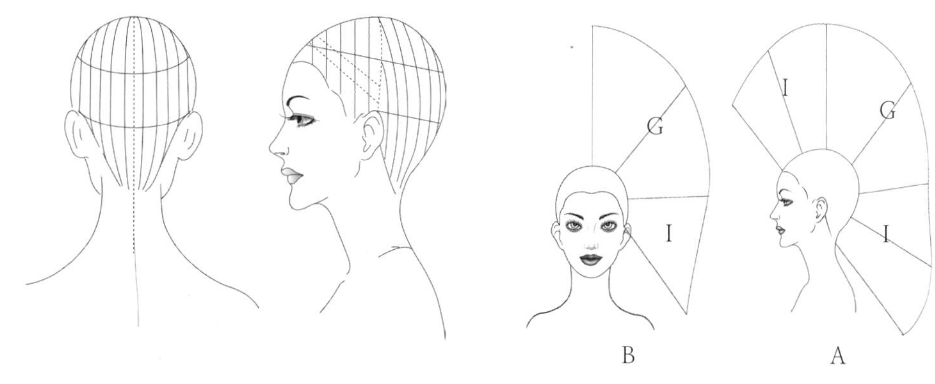

| 구조 |

A. 프런트에서 정수리까지 길이가 길어지고. 백 포인트까지 짧아지다 네이프로 길이가 길어집니다.

B. 두정부에서 미들 섹션으로 길이가 짧아지다 귀 부분의 언더 쪽으로 길이가 길어집니다.

| 섹션과 파트 |

정중선과 측중선으로 나누고 전두부에서는 수직 슬라이스 후두부는 방사상 수직 슬라이스를 합니다.
앞머리 옆머리의 페이스 라인의 표정 연출은 뒤 방향 사선 슬라이스를 합니다.

| IG2 롱 헤어스타일 - 가늘어지고 가벼워지는 인크리스 레이어드, 그러데이션 헤어스타일 |

1

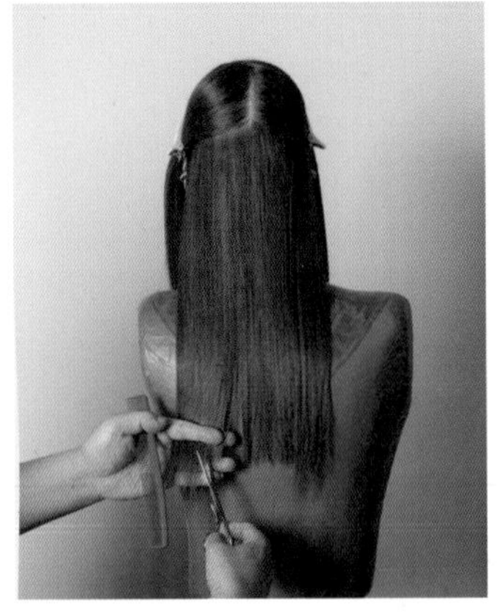

정중선과 측중선으로 나누고 미들 섹션까지 수직으로 빗질하고 수평에 가까운 둥근 라인으로 가이드라인을 커트합니다.

2

후두부의 정중선에서 수직 슬라이스를 하고 인크리스 레이드 커트를 합니다.

3

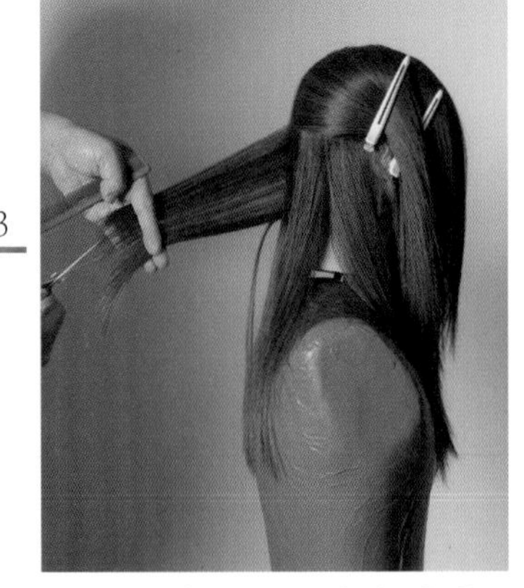

2cm 두께로 조금씩 슬라이스를 하면서 층을 연결하여 커트를 하는데 언더 부분의 형태 라인이 커트되지 않도록 합니다.

4

둥근 두상의 곡선을 따라서 촘촘히 수직 슬라이스를 하면서 인크리스 레이어드 커트를 합니다.

5

세밀하게 슬라이스를 하고 끝 부분이 가늘어지고 가볍도록 바이어스 블런트 커트를 깊고 예리하게 커트합니다.

6

백 포인트 윗부분부터는 언더 섹션의 인크리스 층과 연결하여 길이가 조금씩 길어지는 그러데이션 커트를 하여 크라운 부분의 볼륨을 연출합니다.

|IG2 롱 헤어스타일 – 가늘어지고 가벼워지는 인크리스 레이어드, 그러데이션 헤어스타일|

7

크라운 부분과 사이드 방향으로 수직 슬라이스를 하면서 그러데이션 커트를 하여 부드러운 모발 흐름을 연출합니다.

8

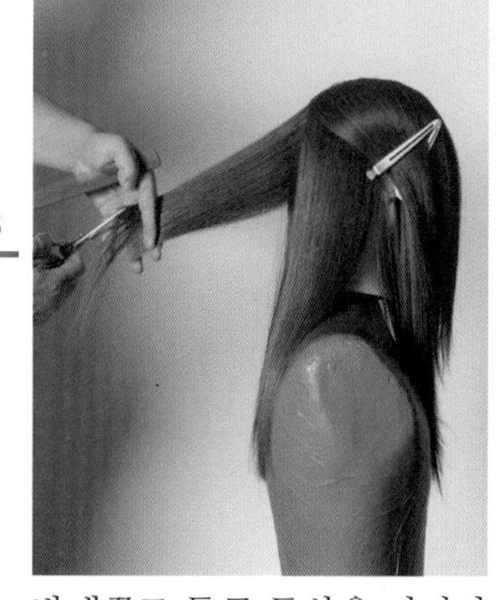

반대쪽도 둥근 두상을 따라서 수직 슬라이스를 하면서 그러데이션 커트를 합니다.

9

균일하게 층을 연결하면서 그러데이션 커트를 합니다.

10

정수리의 정중선에서 수직 슬라이스를 하고 그러데이션 커트를 하여 미들 섹션과 층을 연결합니다.

11

이어지는 슬라이스는 방사상 수직 슬라이스를 하고 섬세하게 그러데이션 커트를 하여 층을 연결합니다.

12

사이드 방향으로 촘촘히 슬라이스를 하고 볼륨 있는 부드러운 모발 흐름을 연출합니다.

|콤비네이션 헤어스타일(Combination Style) - 혼합 헤어스타일|

|IG2 롱 헤어스타일 - 가늘어지고 가벼워지는 인크리스 레이어드, 그러데이션 헤어스타일|

13

정중선의 가이드 길이와 연결하여 방사상 수직 슬라이스를 하면서 그러데이션 커트를 합니다.

14

사이드 방향으로 이동하면서 방사상 수직 슬라이스를 하고 그러데이션 커트를 합니다.

15

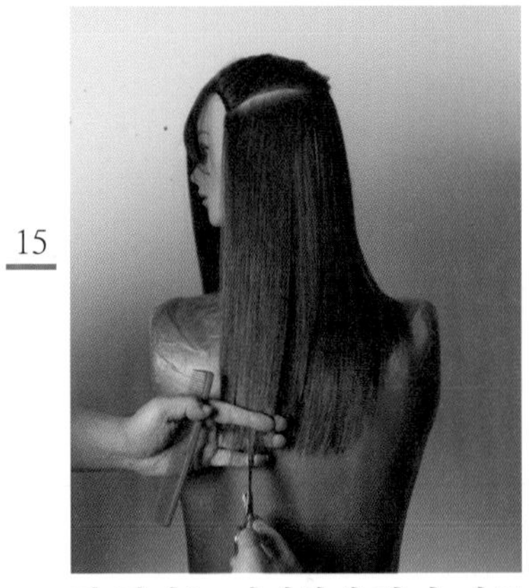

긴 길이는 어깨선에 닿기 때문에 고개를 최대한 돌리고 빗질하여 둥근 라인으로 가이드 길이를 커트합니다.

16

미들 섹션까지의 사이드는 수직 슬라이스를 하면서 인크리스 레이어드 커트를 합니다.

17

세밀하게 슬라이스를 하면서 부드러운 인크리스 층을 연결합니다.

18

톱 섹션은 미들 섹션의 인크리스 층과 연결하여 조금씩 길어지도록 그러데이션 커트를 합니다.

|콤비네이션 헤어스타일(Combination Style) - 혼합 헤어스타일|

|IG2 롱 헤어스타일 - 가늘어지고 가벼워지는 인크리스 레이어드, 그러데이션 헤어스타일|

19

세밀하게 수직 슬라이스를 하면서 그러데이션 커트를 합니다.

20

둥근 두상을 따라서 수직 슬라이스를 하면서 층을 연결합니다.

21

반대쪽 사이드도 고개를 최대한 돌리고 수직 흐름으로 빗질하여 둥근 형태 라인을 커트합니다.

22

후두부 층과 연결하여 인크리스 레이어드 커트를 합니다.

23

앞 방향으로 이동하면서 섬세하게 연결되는 인크리스 레이어드 커트를 합니다.

24

언더 부분의 형태 라인이 커트되지 않도록 주의하면서 인크리스 레이어드 커트를 합니다.

| IG2 롱 헤어스타일 – 가늘어지고 가벼워지는 인크리스 레이어드, 그래데이션 헤어스타일 |

25

톱 섹션은 미들 섹션의 인크리스 레이어드 층과 연결하여 조금씩 길어질 수 있도록 그래데이션 커트를 합니다.

26

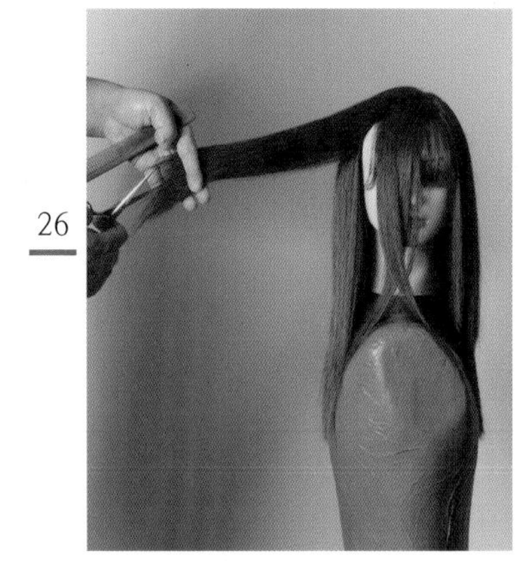

조금씩 세밀하게 슬라이스를 하면서 섬세하게 커트를 하여 층을 연결합니다.

27

부드러운 곡선의 실루엣과 부드러운 모발 흐름으로 커트되었습니다.

28

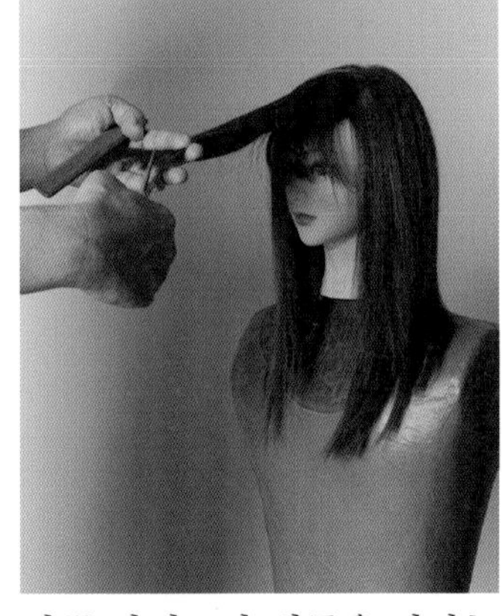

양쪽 사이드가 얼굴을 감싸는 층을 연출하기 위해서 프런트에서 적당한 길이의 가이드라인을 설정하고 커트를 합니다.

29

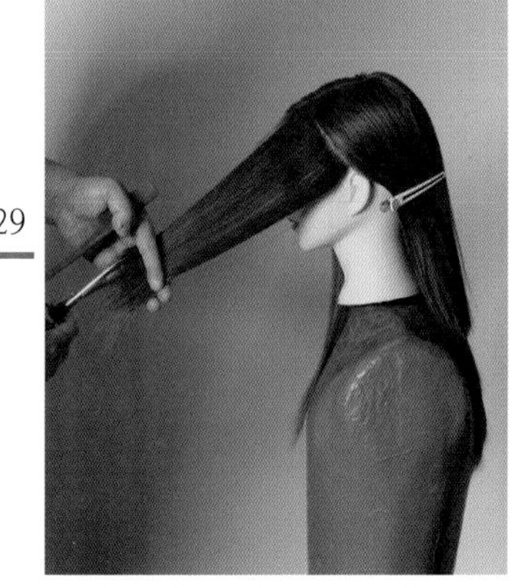

프런트의 가이드 길이와 연결하여 뒤 방향 사선 라인으로 슬라이스를 하고 사선 라인의 층을 연결합니다.

30

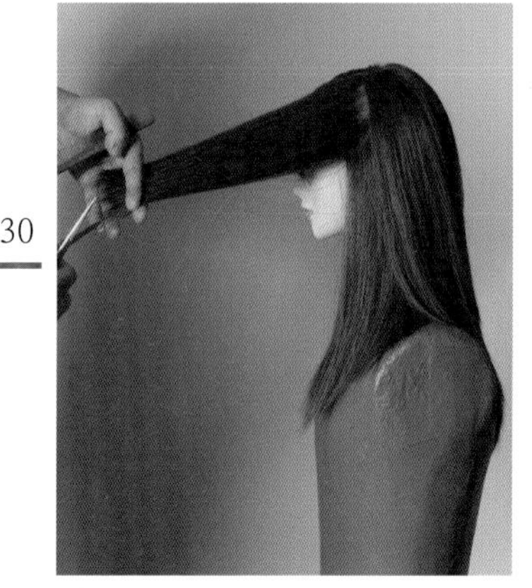

사선으로 슬라이스를 하면서 부드러운 층을 연결합니다.

| 콤비네이션 헤어스타일(Combination Style) – 혼합 헤어스타일 |

| IG2 롱 헤어스타일 – 가늘어지고 가벼워지는 인크리스 레이어드, 그러데이션 헤어스타일 |

31

반대쪽 사이드도 동일한 기법으로 커트하여 양쪽 길이가 달라지지 않도록 주의합니다.

32

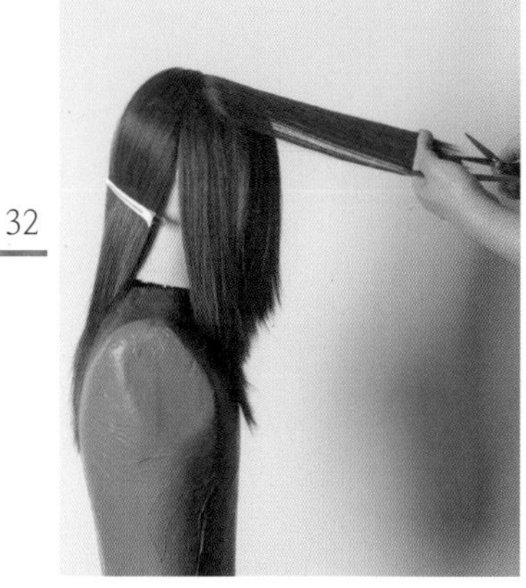

촘촘히 조금씩 뒤 방향 사선 슬라이스를 하면서 부드러운 층을 연결합니다.

33

무게감을 줄이기 위해 두정부의 정중선에서 뒤 방향으로 길어지는 인크리스 레이어드 커트를 합니다.

34

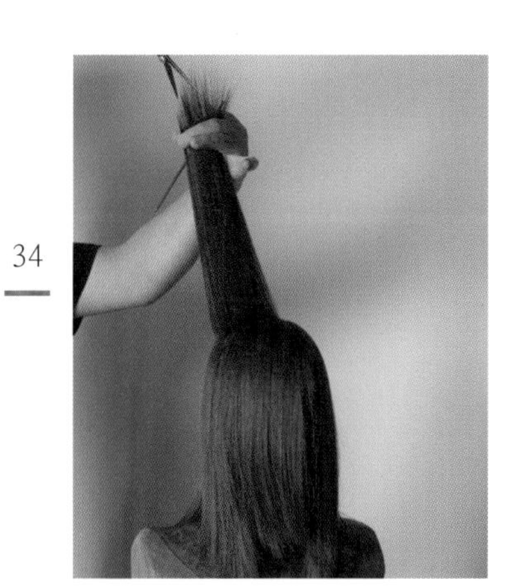

설정된 가이드 길이와 연결하여 수직 슬라이스를 하고 레이어드 커트로 부드러운 곡선의 실루엣을 연출합니다.

35

반대쪽도 정수리와 사이드를 연결하는 수직 슬라이스를 하고 레이어드 커트를 합니다.

34

둥근 두상을 따라서 수직 슬라이스를 하고 상하 각도를 조절하여 레이어드 커트를 합니다.

|IG2 롱 헤어스타일 - 가늘어지고 가벼워지는 인크리스 레이어드, 그러데이션 헤어스타일|

35

정수리에서 후두부의 정중선을 따라서 수직 슬라이스를 하고 레이어드 커트를 하여 부드러운 모발 흐름을 연출합니다.

36

후두부의 이어지는 슬라이스는 방사상 수직 스라이스를 하면서 레이어드 커트를 하여 부드러운 모발 흐름을 연출합니다.

37

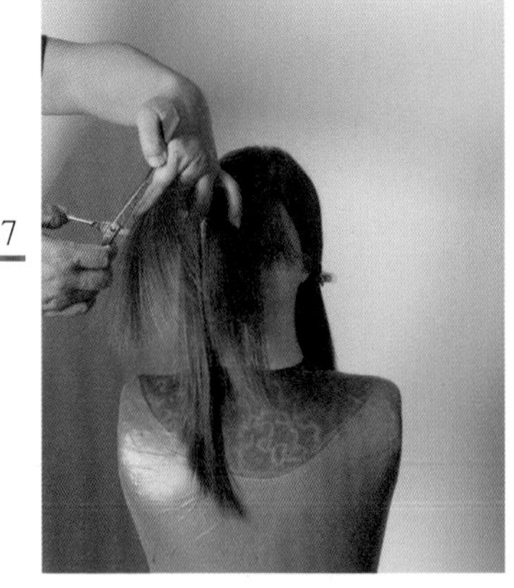

가볍고 자연스러운 흐름을 연출하기 위해서 모발 길이 중간, 끝부분에서 틴닝 커트를 하여 모발량을 조절합니다.

38

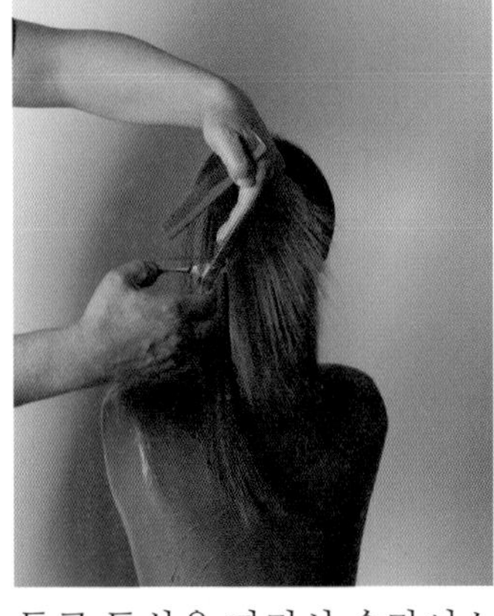

둥근 두상을 따라서 슬라이스를 하고 틴닝 커트를 하여 율동감 있는 부드러운 모발 흐름을 연출합니다.

39

불규칙한 솎아내기가 되지 않도록 빗질을 반복하면서 모발량을 균일하게 조절합니다.

40

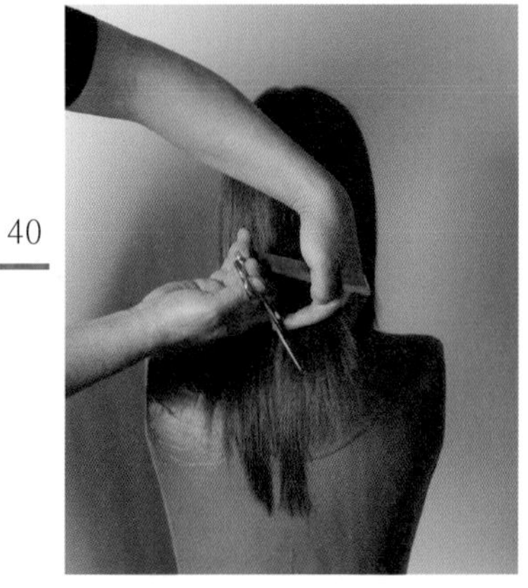

슬라이딩 커트 기법으로 가늘어지고 가벼운 모발 흐름을 연출합니다.

|콤비네이션 헤어스타일(Combination Style) – 혼합 헤어스타일|

|IG2 롱 헤어스타일 – 가늘어지고 가벼워지는 인크리스 레이어드, 그러데이션 헤어스타일|

41

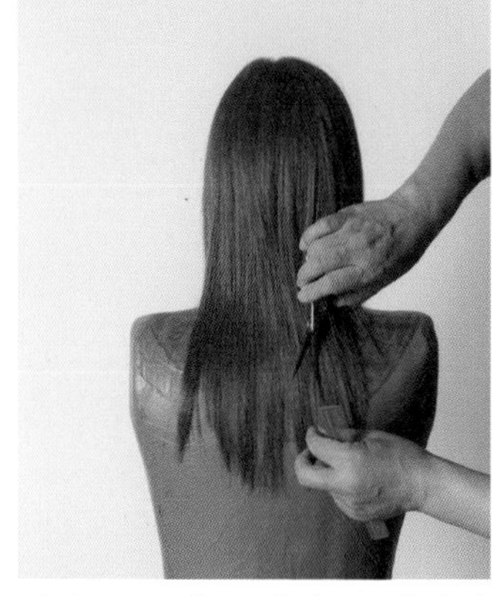

자유로운 율동감을 표현하기 위해서 슬라이딩 기법으로 헤어스타일 표정을 연출합니다.

42

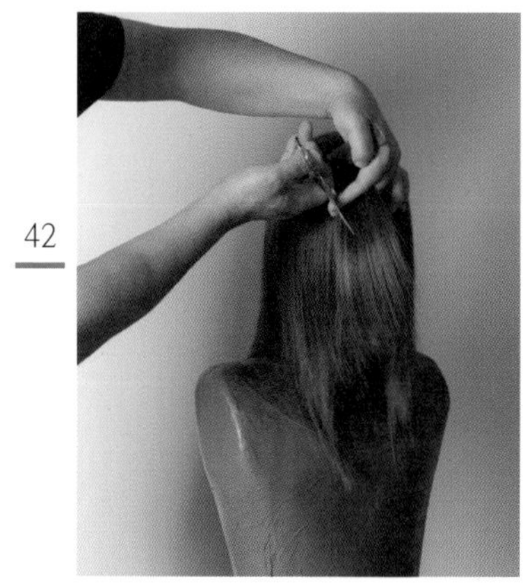

페이스 라인도 섬세하게 슬라이딩 커트를 하여 헤어스타일의 표정을 연출합니다.

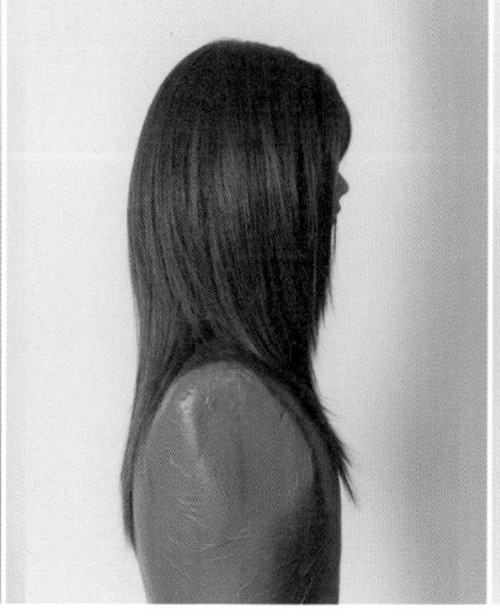

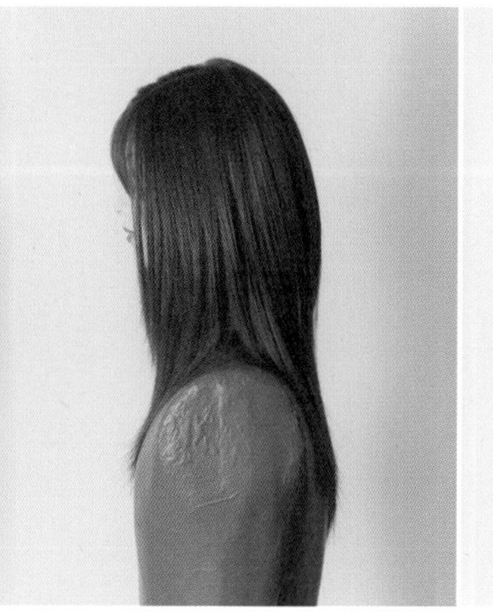

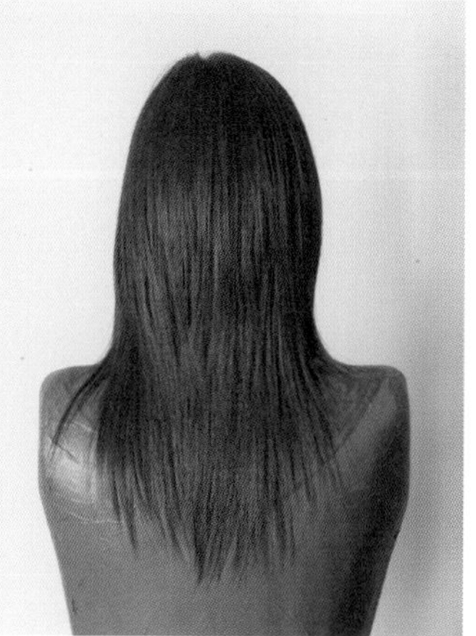

Innovation by Design

예술과 과학을 통한 아름다움 창조

최신 모발학

장병수, 이귀영 공저
46배판 / 384쪽 / 정가 : 30,000원 / 컬러
ISBN : 978-89-7093-608-6

기초 헤어커트 실습서

최은정, 강갑연 공저
국배판 / 104쪽 / 정가 : 14,000원
ISBN : 978-89-7093-829-5

남성 기초커트(생활편)

한국우리머리연구소 채선숙, 윤아람, 전혜민 공저
46배판 / 152쪽 / 정가 : 19,000원
ISBN : 978-89-7093-818-9

반영구 뷰티 메이크업 이론 및 실습

변채영, 신채원, 이화순 공저
국배판 / 208쪽 / 정가 : 25,000원
ISBN : 978-89-7093-399-3

NCS 기반
베이직 헤어커트

최은정, 김동분 공저
국배판 / 176쪽 / 정가 : 24,000원
ISBN : 978-89-7093-913-1

두피 모발 관리학

강갑연, 석유나, 이명화, 임순녀 공저
46배판 / 256쪽 / 정가 : 20,000원
ISBN : 978-89-7093-856-1

토털 반영구화장

김도연 저
국배판 / 224쪽 / 정가 : 25,000원
ISBN : 978-89-7093-445-7

실전 남성커트 & 이용사 실기 실습서

최은정, 진영모 공저
국배판 / 128쪽 / 정가 : 19,000원
ISBN : 978-89-7093-830-1

NCS 기반
응용 디자인 헤어 커트

최은정, 문금옥 공저
국배판 / 232쪽 / 정가 : 25,000원
ISBN : 978-89-7093-530-0

헤어컷 디자인

오지영, 반효정, 이부형, 배선향, 심은옥 공저
46배판 / 208쪽 / 정가 : 25,000원 / 컬러
ISBN : 978-89-7093-765-6

NCS기반
두피모발관리

전희영, 김모진, 김해영, 이부형, 김동분 공저
46배판 / 152쪽 / 정가 : 20,000원
ISBN : 978-89-7093-840-0

NCS기반 헤어트렌드 분석 및 개발
헤어 캡스톤 디자인

최은정, 맹유진 공저
국배판 / 272쪽/ 정가 : 28,000원
ISBN : 978-89-7093-934-6

블로드라이&업스타일

김혜경, 김신정, 김정현, 권기형, 유선이, 유의경, 이윤주, 송미라, 강영숙, 강은란, 정용성 공저
46배판 / 224쪽 / 정가 : 23,000원
ISBN : 978-89-7093-409-9

최신
업&스타일링

신부섭, 심인섭, 고성현, 강갑연, 이부형, 이영미, 강은란 공저
국배판 / 158쪽 / 정가 : 30,000원
ISBN : 978-89-7093-683-3

Hair mode

임경근 저
국배판 / 143쪽 / 정가 : 35,000원 / 컬러
ISBN : 978-89-7093-272-9

최신 NCS 기반
블로우드라이 & 아이론 헤어스타일링

최은정, 신미주, 하성현, 제갈美, 최옥순 공저
국배판 / 216쪽/ 정가 : 25,000원
ISBN : 978-89-7093-932-2

헤어디자인 창작론

최은정, 노인선, 진영모 지음
국배판 / 256쪽/ 정가 : 27,000원
ISBN : 978-89-7093-881-3

Hair DESIGN & Illustration

임경근 저
국배판 / 207쪽 / 정가 : 38,000원 / 컬러
ISBN 978-89-7093-273-6

업스타일 정석

김환, 장선엽, 이현진 공저
국배판 / 200쪽 / 정가 : 32,000원
ISBN : 978-89-7093-723-6

업스타일링

김지연 , 류은주 , 유명자 공저
국배판 / 134쪽 / 정가 : 24,000원
ISBN : 978-89-7093-718-2

인터랙티브 헤어모드(스타일)

임경근 저
46배판 변형 / 204쪽 /
정가 : 32,000원
ISBN : 978-89-7093-426-6

블로우드라이 & 아이론

정찬이, 김동분, 반세나, 임순녀 공저
국배판 / 176쪽/ 정가 : 27,000원
ISBN : 978-89-7093-938-4

헤어펌 웨이브 디자인

권미윤, 최영희, 이부형, 안영희 공저
46배판 / 200쪽 / 정가 : 22,000원
ISBN : 978-89-7093-797-7

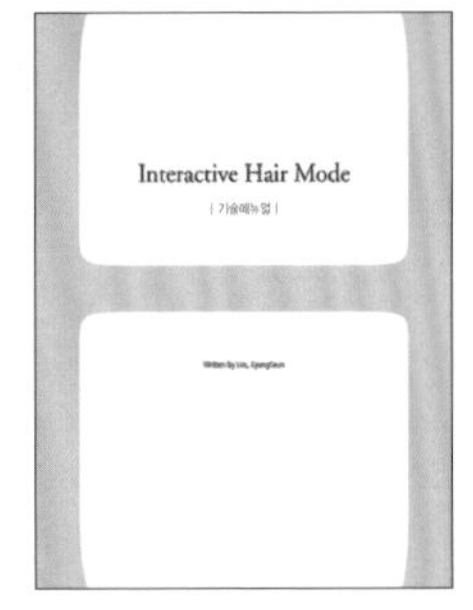

인터랙티브 헤어모드(기술메뉴얼)

임경근 저
46배판 변형 / 243쪽 /
정가 : 27,000원
ISBN : 978-89-7093-427-3

NCS 기반
기초 디자인 헤어커트

최은정, 문금옥, 박명순, 박광희, 이부형 공저
국배판 / 296쪽 / 정가 : 28,000원
ISBN : 978-89-7093-880-6

미용 서비스 관리론

장선엽 지음
46배판 / 185쪽 / 정가 : 24,000원
ISBN : 978-89-7093-773-1

미용경영학&CRM

최영희 , 안현경 , 권미윤, 현경화, 구태규, 이서윤 공저
46배판 / 286쪽 / 정가 : 23,000원
ISBN : 978-89-7093-716-8

헤어컬러링

맹유진 지음
국배판 / 128쪽 / 정가 : 24,000원
ISBN : 978-89-7093-906-3

고전으로 본 전통머리

조성옥, 강덕녀, 김현미, 김윤선, 이인희 공저
46배판 / 248쪽 / 정가 : 28,000원
ISBN : 978-89-7093-640-2

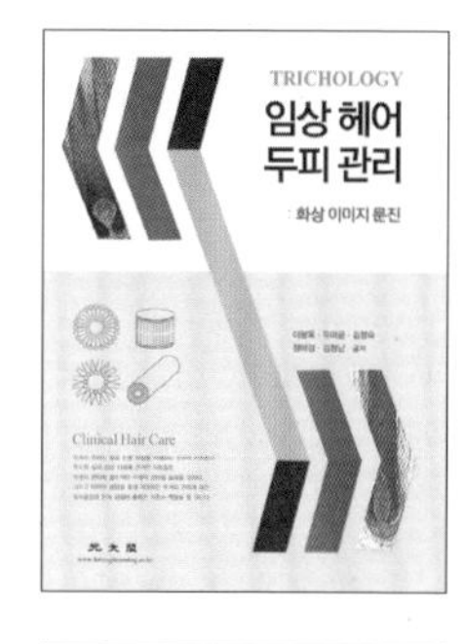

임상헤어 두피관리

이향욱, 유미금, 김정숙, 정미경, 김정남 공저
46배판 / 326쪽 / 정가 : 40,000원
ISBN : 978-89-7093-694-9

NCS 기반
남성헤어커트&캡스톤 디자인

최은정, 진영모, 김광희 공저
국배판 / 288쪽 / 정가 : 28,000원
ISBN : 978-89-7093-977-3

뷰티 디자인

김진숙, 정영신, 차유림, 류지원, 박은준,이선심, 김나연 공저
46배판 / 314쪽 / 정가 : 22,000원
ISBN : 978-89-7093-770-0

NCS 기반으로 한
뷰티 트렌드 분석 및 개발

이현진, 임선희, 유현아, 하성현, 차현희 공저
국배판 / 120쪽 / 정가 : 15,000원
ISBN : 978-89-7093-914-8

모발&두피관리학

전세열, 조중원, 송미라, 강갑연, 이부형, 윤정순, 유미금 공저
46배판 / 264쪽 / 정가 : 18,000원
ISBN : 978-89-7093-388-7

미용문화사

정현진, 정매자, 이명선, 이점미 공저
신국판 / 216쪽 / 정가 : 20,000원
ISBN : 978-89-7093-789-2

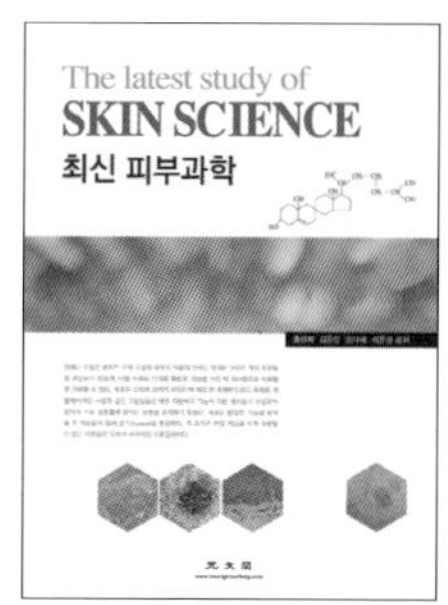

최신 피부과학

홍란희, 김윤정, 송다해, 석은경 공저
46배판 / 200쪽 / 정가 : 22,000원 / 컬러
ISBN 978-89-7093-703-8

기초 실무 안면피부관리

이연희, 홍승정, 장매화, 김현화, 종서우 공저
46배판 / 128쪽 / 정가 : 17,000원
ISBN : 978-89-7093-667-3

기초 피부관리 실습

김금란, 이유미, 장순남, 이주현 공저
46배판 / 164쪽 / 정가 : 20,000원
ISBN : 978-89-7093-855-4

화장품 위생관리

최화정, 박미란, 정다빈 공저
46배판 / 264쪽 / 정가 : 20,000원
ISBN : 978-89-7093-563-8

키 성장 마사지 & 체형관리

배정아, 현경화, 김미영 공저
46배판 / 232쪽 / 정가 : 20,000원
ISBN : 978-89-7093-754-0

경락미용과 한방

이덕수, 김문주, 김영순, 차 훈, 김선희, 김 란, 장미경 공저
46배판 / 384쪽 / 정가 : 22,000원
ISBN : 978-89-7093-354-2

화장품 품질관리

최화정, 박미란, 정다빈 공저
46배판 / 324쪽 / 정가 : 22,000원
ISBN : 978-89-7093-559-1

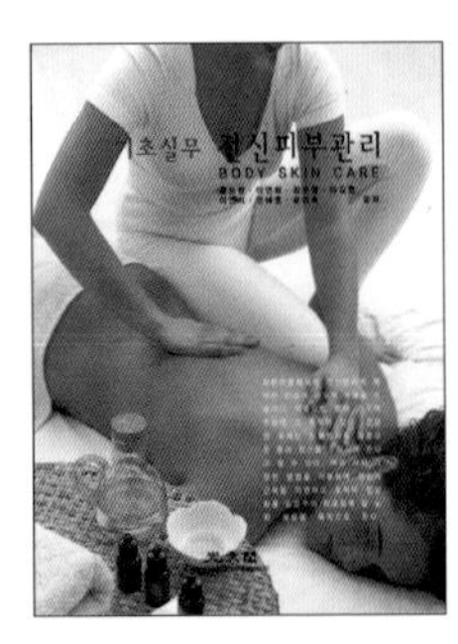

기초 실무 전신피부관리

홍승정, 이연희, 최은영 외 공저
46배판 / 128쪽 / 정가 : 17,000원
ISBN : 978-89-7093-582-9

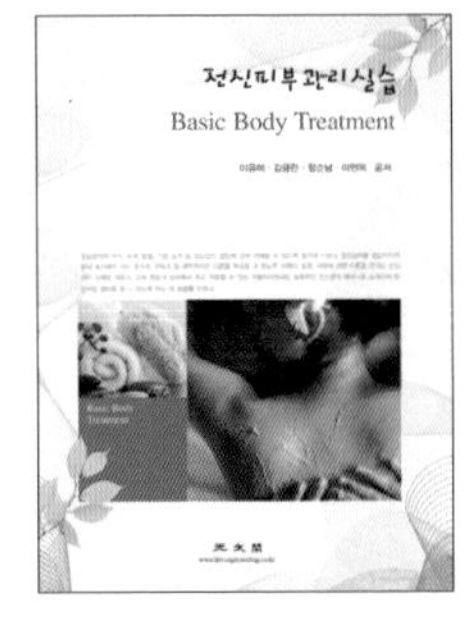

전신피부관리 실습

이유미, 김금란, 장순남, 이인복 공저
46배판 / 168쪽 / 정가 : 20,000원
ISBN : 978-89-7093-638-3

발반사 건강요법

이명선, 오지민, 오영숙, 김주연, 양현옥 공저
46배판 / 172쪽 / 정가 : 22,000원 / 컬러
ISBN : 978-89-7093-631-4

수정괄사요법

한중자연족부괄사건강연구협회, 한국대체요법연구회 저
46배판 / 391쪽 / 정가 : 25,000원
ISBN : 978-89-7093-321-4

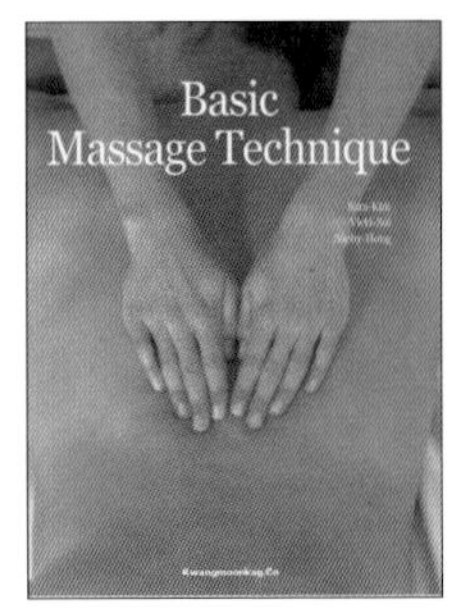

Basic Massage Technique (개정판)

김주연, 설현, 홍승정 공저
국배판 / 175쪽 / 정가 : 17,000원
ISBN : 978-89-7093-345-0

미용과 건강을 위한 활용 아로마테라피

이애란, 현경화, 조아랑, 오영숙 공저
46배판 / 320쪽 / 정가 : 28,000원
ISBN : 978-89-7093-778-6

Lim Kyung Keun

Creative Hair Style Design 6

Technology Manual

초판 1쇄 발행 2022년 10월 1일
초판 1쇄 발행 2022년 10월 10일

지 은 이 | 임경근
펴 낸 이 | 박정태
편집이사 | 이명수 감수교정 | 정하경
편 집 부 | 김동서, 전상은, 김지희
마 케 팅 | 박명준, 박두리 온라인마케팅 | 박용대
경영지원 | 최윤숙

펴낸곳 주식회사 광문각출판미디어
출판등록 2022. 9. 2 제2022-000102호
주소 파주시 파주출판문화도시 광인사길 161 광문각 B/D 3F
전화 031)955-8787
팩스 031)955-3730
E-mail kwangmk7@hanmail.net
홈페이지 www.kwangmoonkag.co.kr

ISBN 979-11-980059-6-0 14590
979-11-980059-0-8 (세트)
가격 32,000원(제6권)
200,000원(전6권 세트)